志田瞳最新

棒针编织花样

Knitting Patterns

260

〔日〕志田瞳　著
风随影动　译

河南科学技术出版社
·郑州·

前言

距2005年出版的第一本编织花样集《志田瞳经典编织花样250例》，已经过去10年了。

在此期间，算上从2009年开始出版的《志目瞳优美花样毛衫编织》系列的春夏版，已经诞生了17本作品集，非常高兴这一次能将这些作品集中的编织花样精选出版为第 2 本棒针编织花样集。

本书中，不仅增加了扇形边花样、圆育克等，饰边的数量也增加了不少。每一个花样都能引出当年的回忆，选择哪些花样实在是一件难以决断的事情。

如果这一本棒针编织花样，能够成为大家创作时的参考，我将非常高兴。

我在设计花样的时候，会一直盯着一个花样看。然后，将那个花样分解成多个部分，再重新组合进行编织，随着编织的推进，最初看到的花样将不断发生变化，会特别想看到结果，于是试织花样的手，就怎么都停不下来了。花样有时会变得很漂亮，但更多的时候会不那么尽如人意。但是，我认为这个过程特别重要，我将一直保持着这种状态，继续探索下去。

一路走来，承蒙大家的关照，我才能与编织为伴，我觉得我非常幸运，对大家充满了感恩之心，今后我仍将一步一个脚印地继续走下去。

最后，向为了本书的出版做出了无私奉献的各位，表示衷心的感谢。

志田瞳

目录

镂空花样

Lacy Patterns

使用挂针和 2 针并 1 针或 3 针并 1 针组成的镂空花样，
可以通过加入小球球、褶边等，展现出不同的感觉，是富有变化的花样。

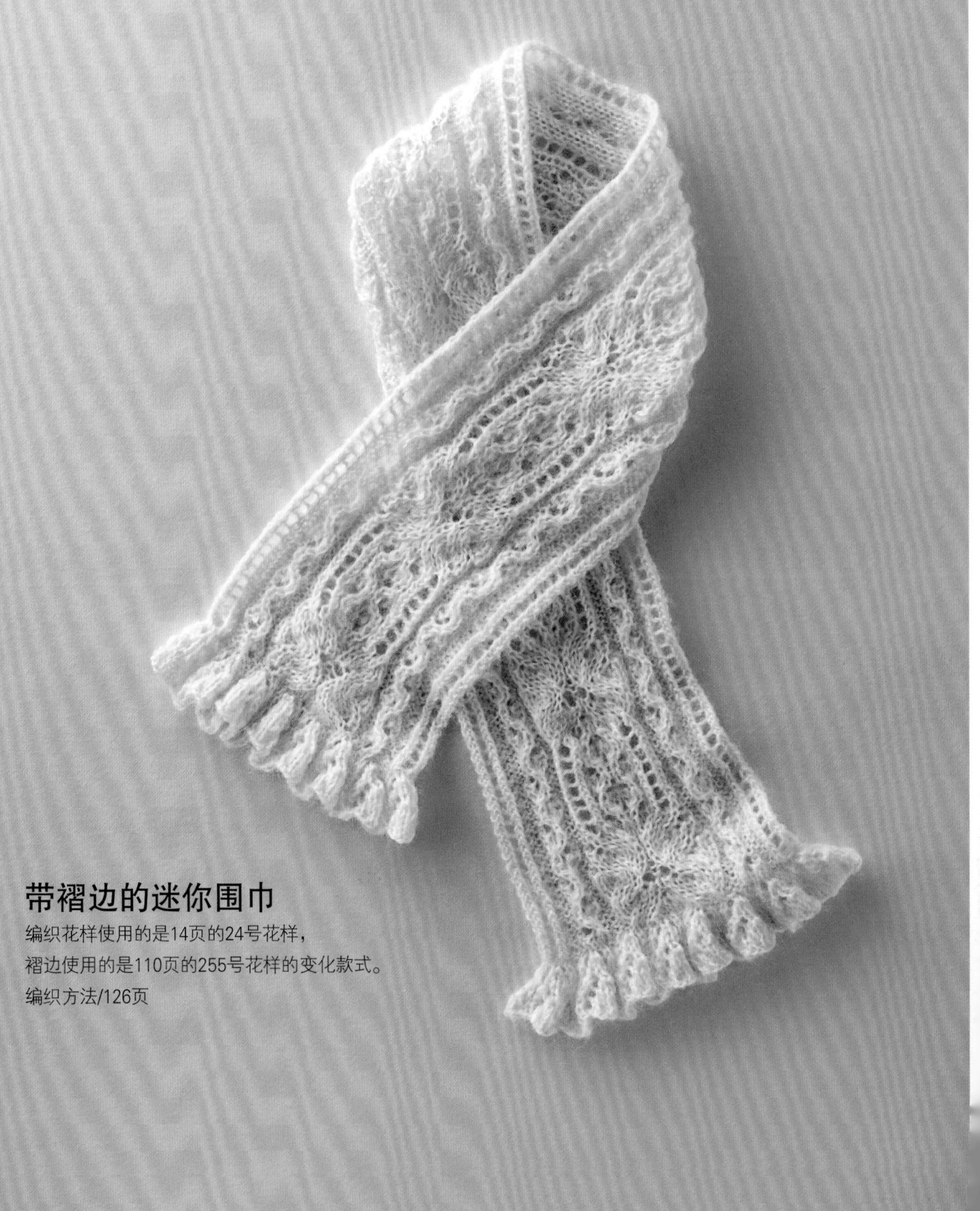

带褶边的迷你围巾

编织花样使用的是14页的24号花样，
褶边使用的是110页的255号花样的变化款式。
编织方法/126页

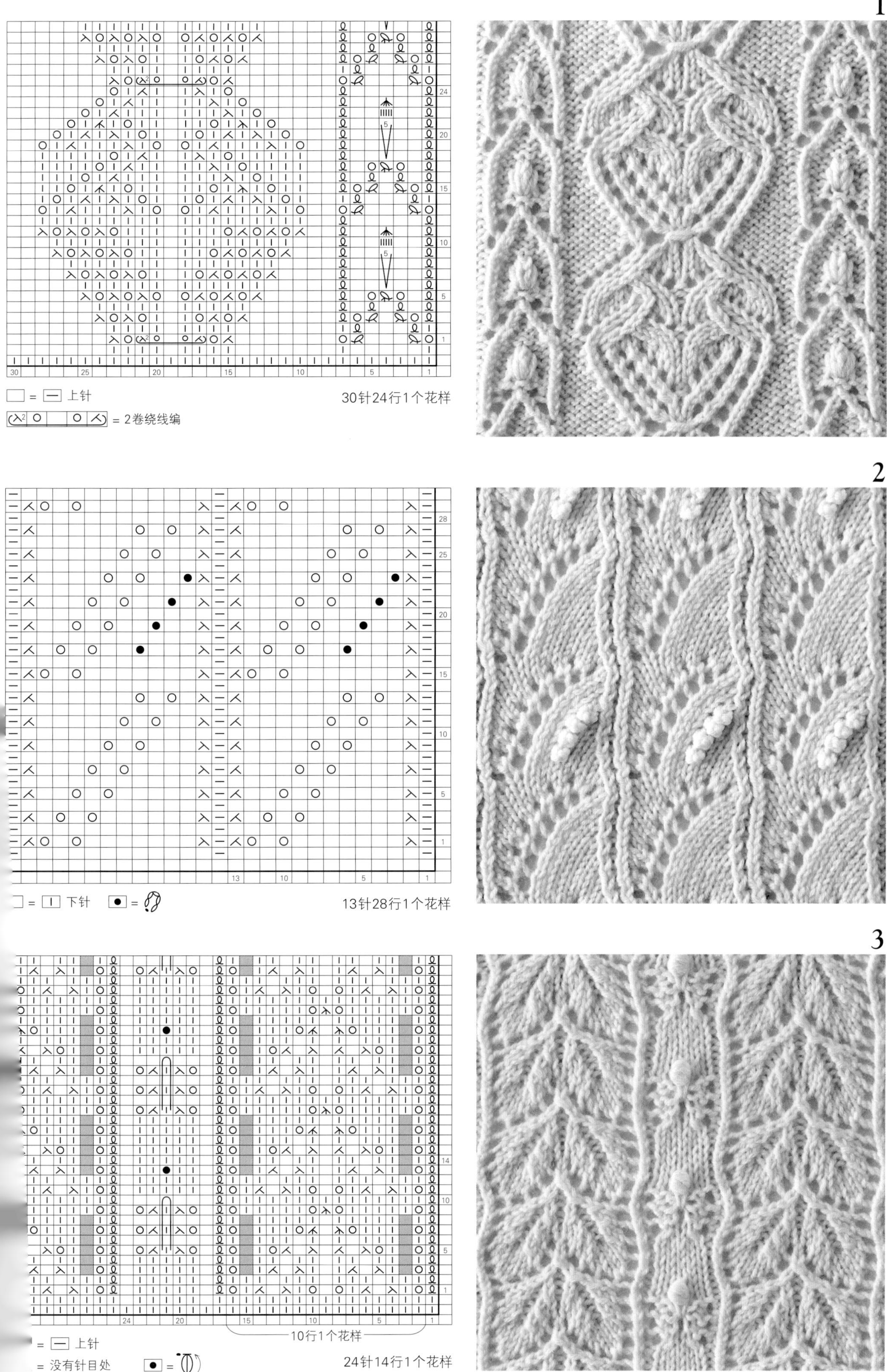
1
= 上针
30针24行1个花样
= 2卷绕线编
2
= 下针
13针28行1个花样
3
= 上针
= 没有针目处
10行1个花样
24针14行1个花样

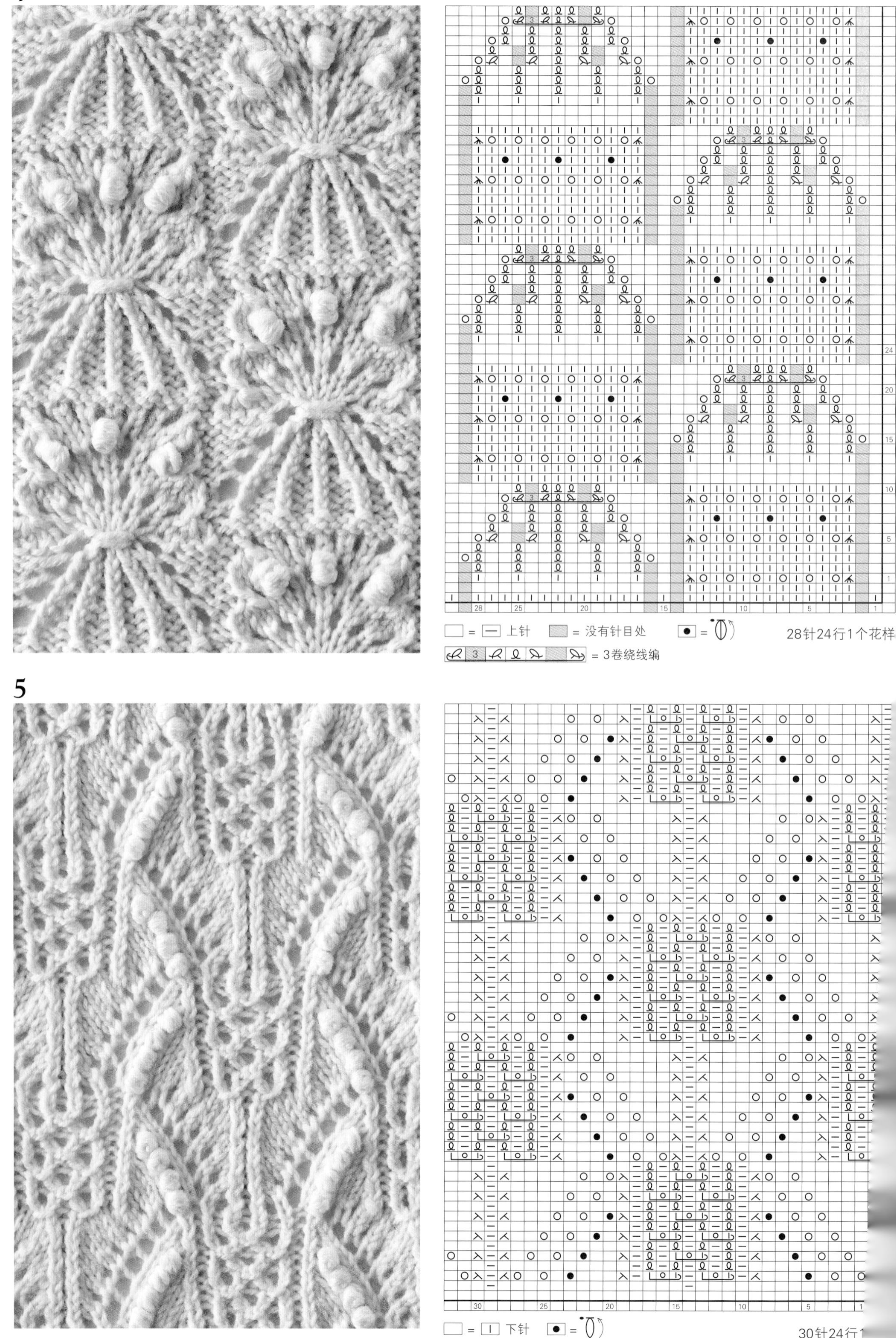
4
= 上针
= 没有针目处
28针24行1个花样
= 3卷绕线编
5
= 下针
30针24行1

6

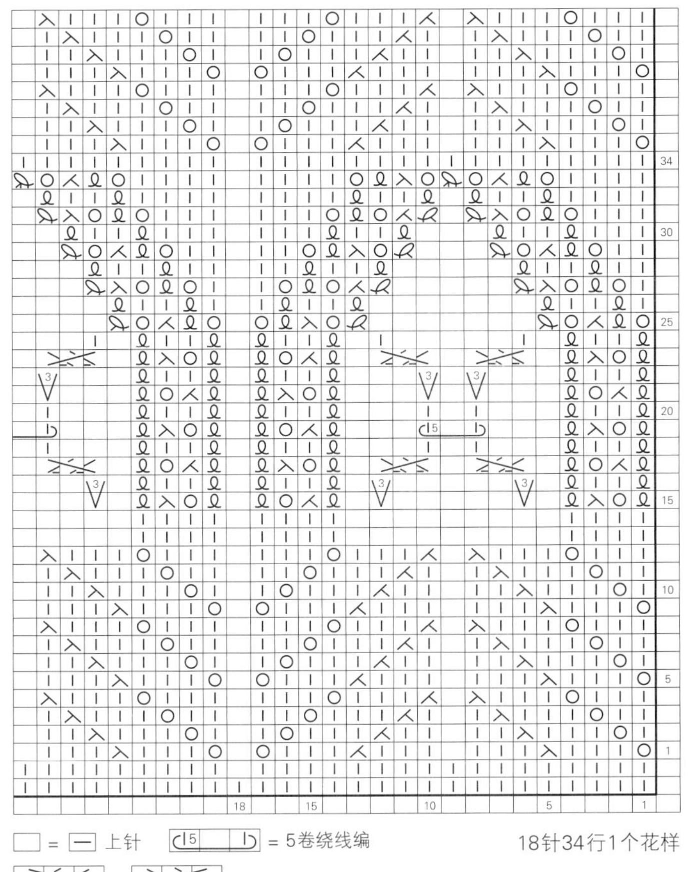

□ = — 上针　(15) = 5卷绕线编

18针34行1个花样

= 参见131页

7

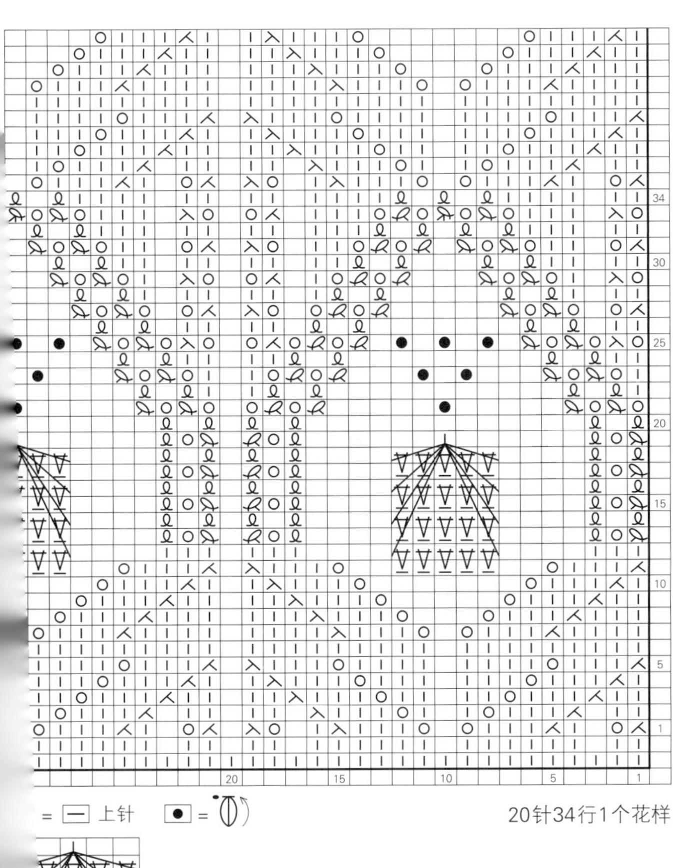

□ = — 上针　● = (0)

20针34行1个花样

= 参见131页

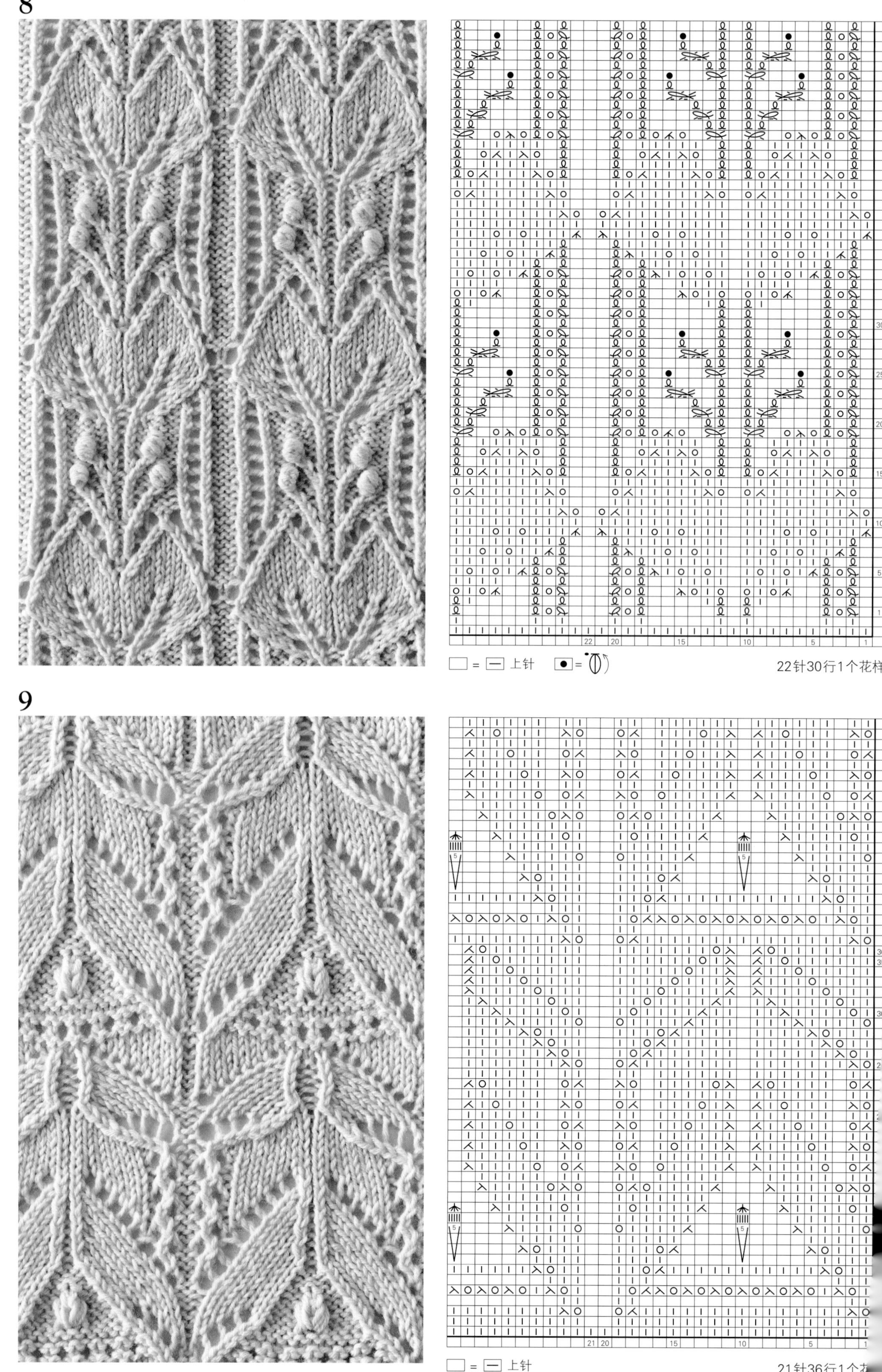
8
□ = ⊟ 上针
22针30行1个花样
9
□ = ⊟ 上针
21针36行1个花

10

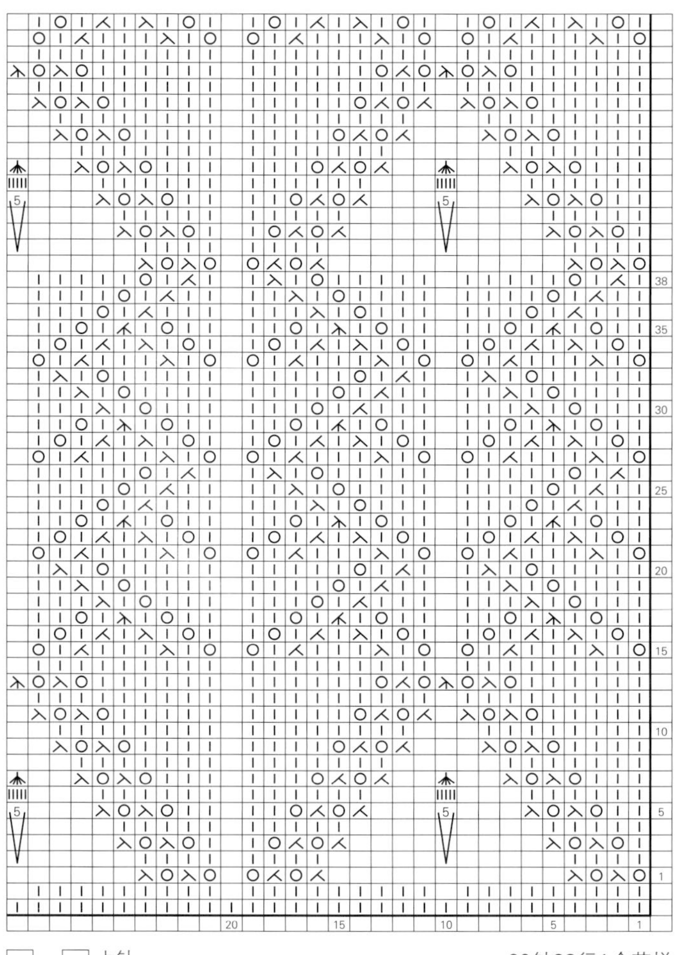

□ = ⊟ 上针

20针38行1个花样

11

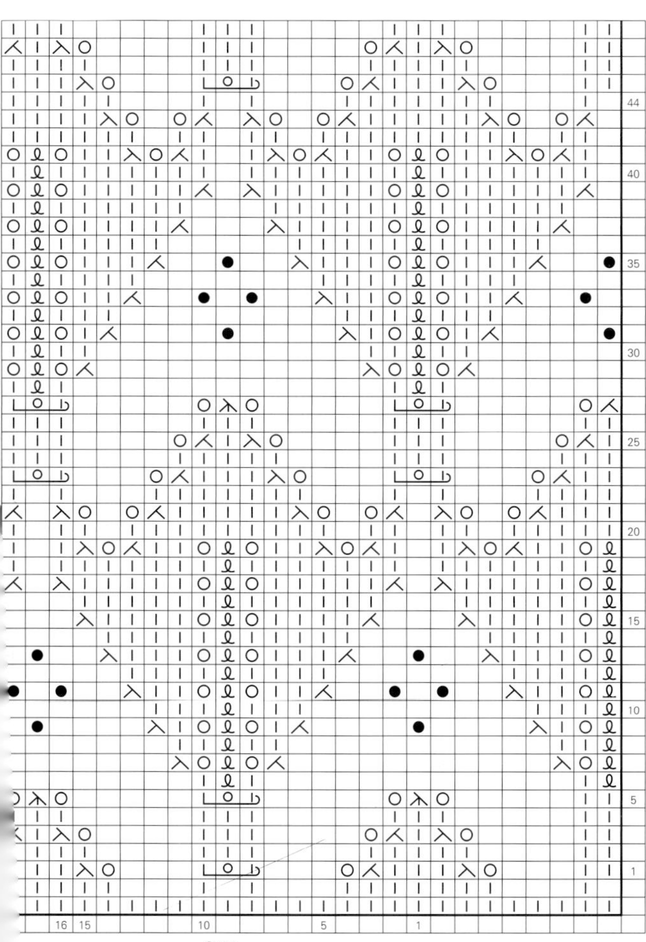

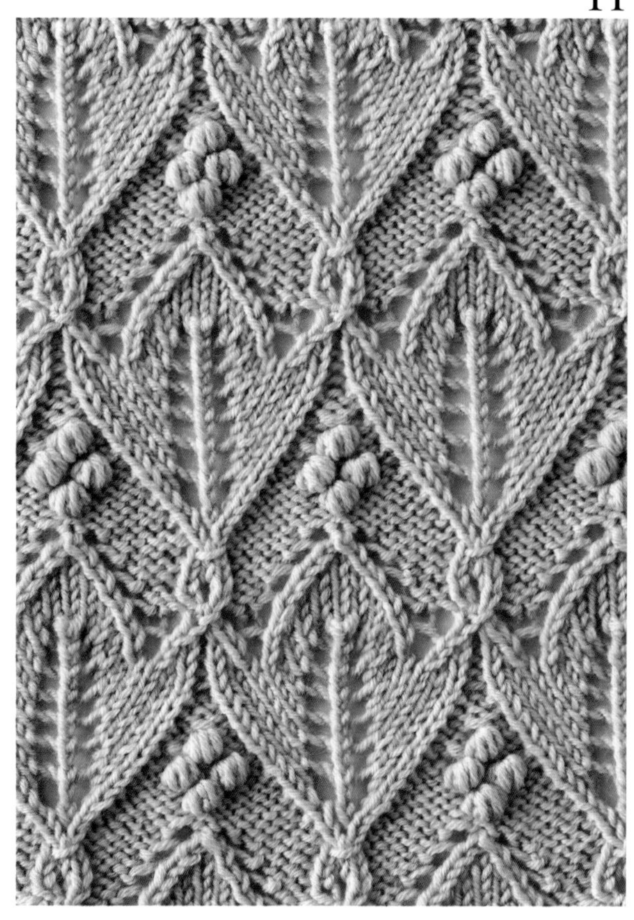

□ = ⊟ 上针　● =

16针44行1个花样

12

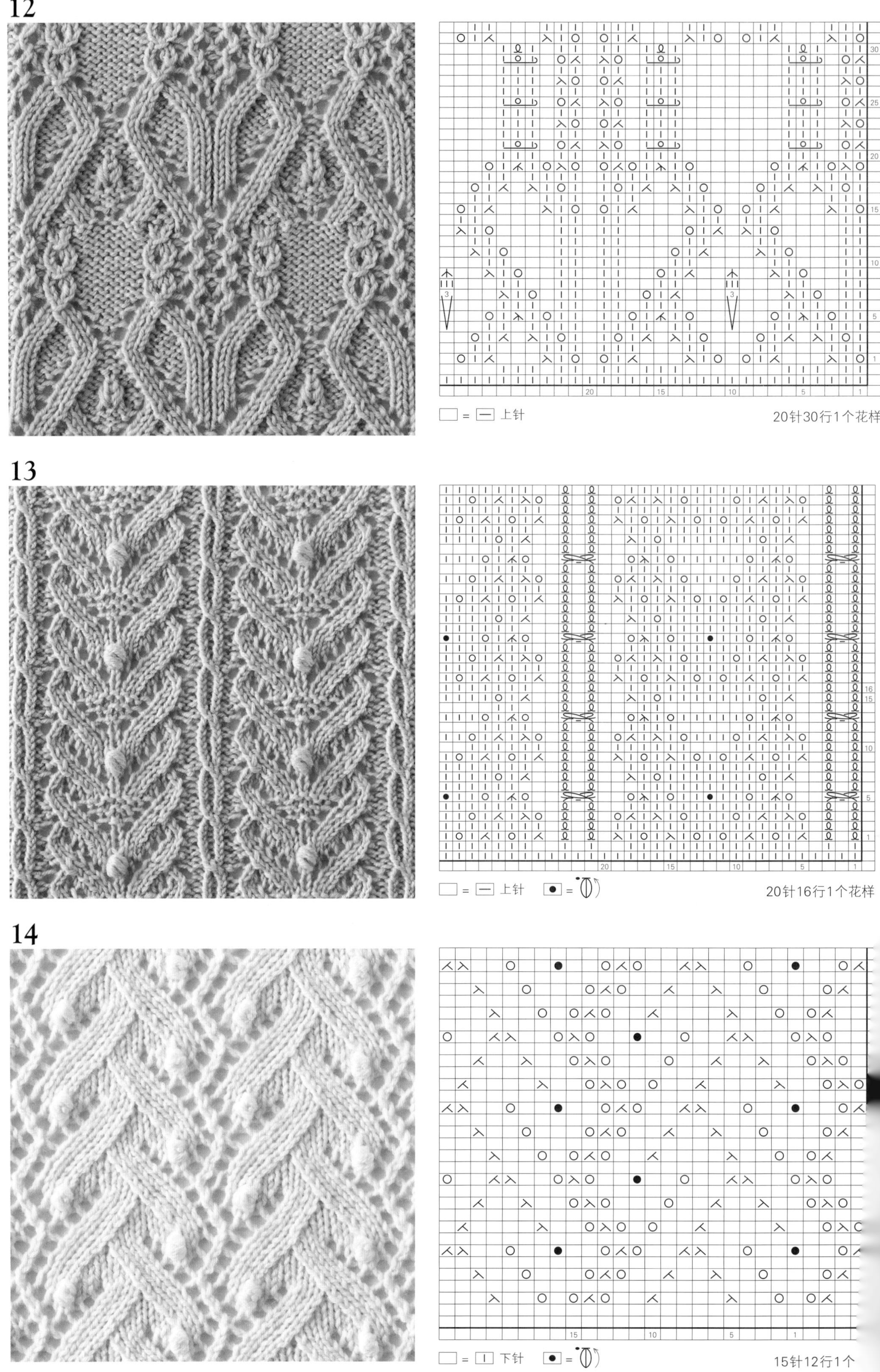

□ = ⊟ 上针

20针30行1个花样

13

□ = ⊟ 上针　● =

20针16行1个花样

14

□ = ⊞ 下针　● =

15针12行1个

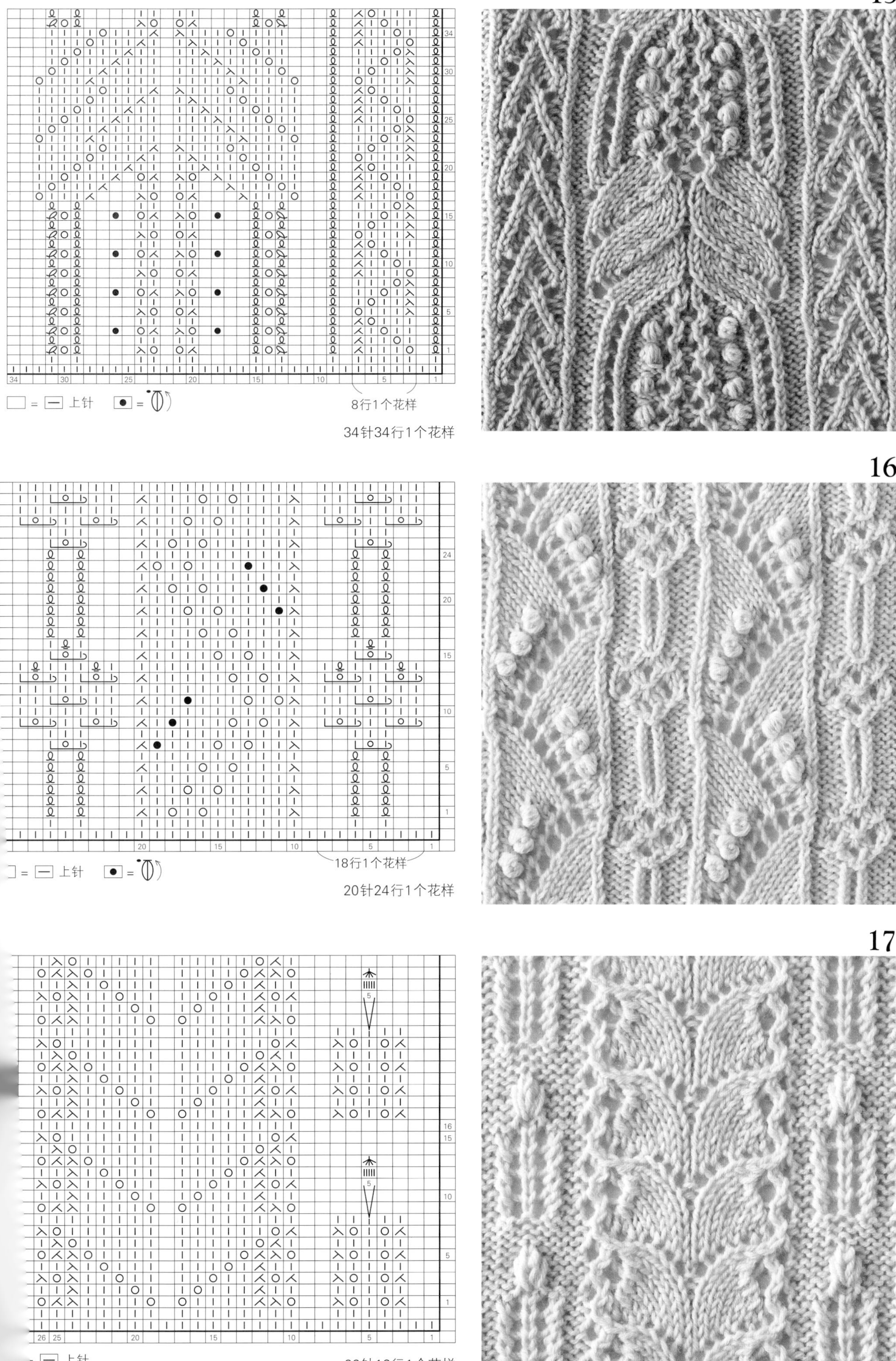
15
□ = ─ 上针
8行1个花样
34针34行1个花样
16
□ = ─ 上针
18行1个花样
20针24行1个花样
17
= ─ 上针
26针16行1个花样

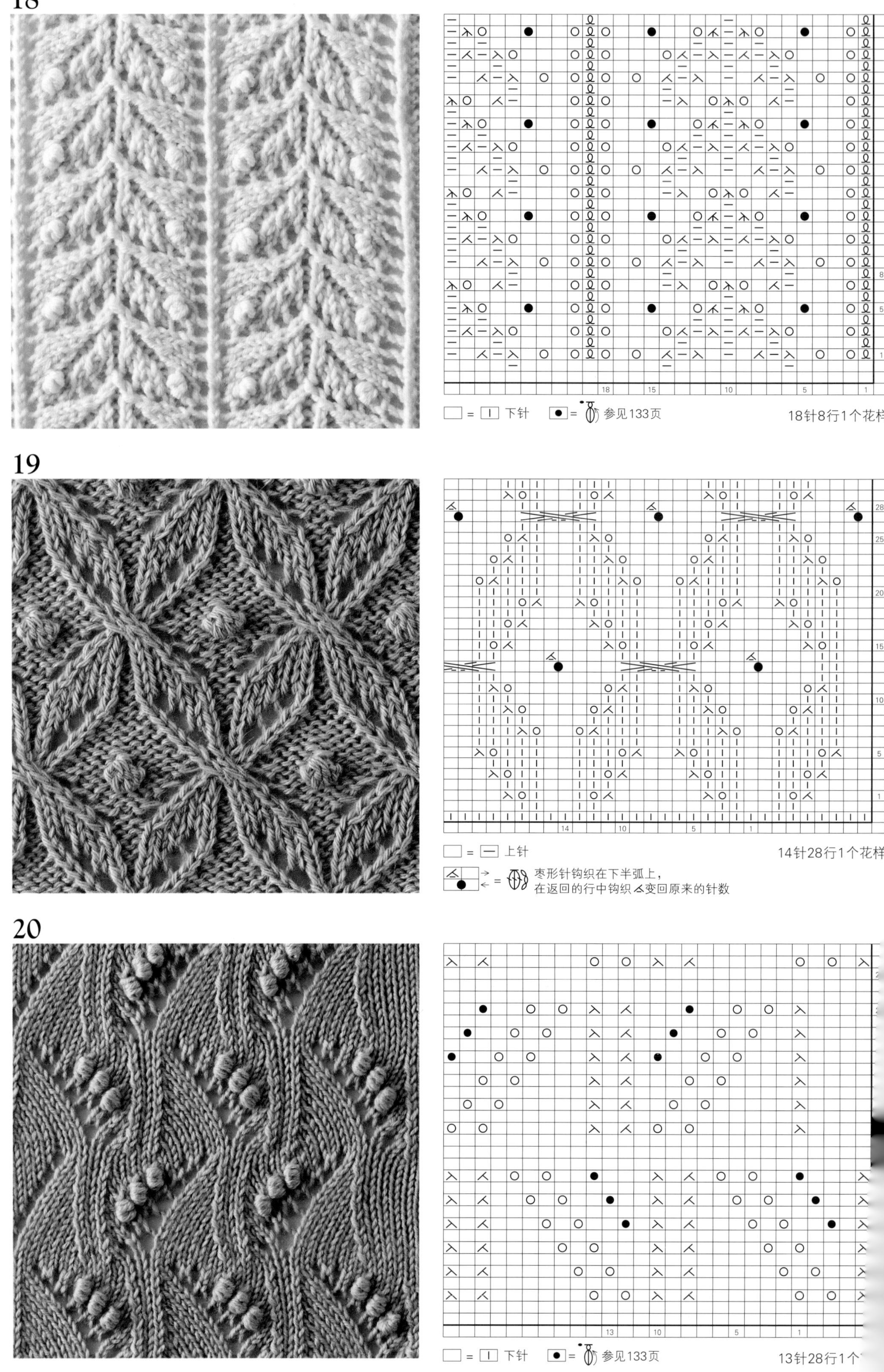
18
□ = □ 下针　● = 参见133页
18针8行1个花样
19
□ = □ 上针
14针28行1个花样
枣形针钩织在下半弧上，
在返回的行中钩织变回原来的针数
20
□ = □ 下针　● = 参见133页
13针28行1个

21

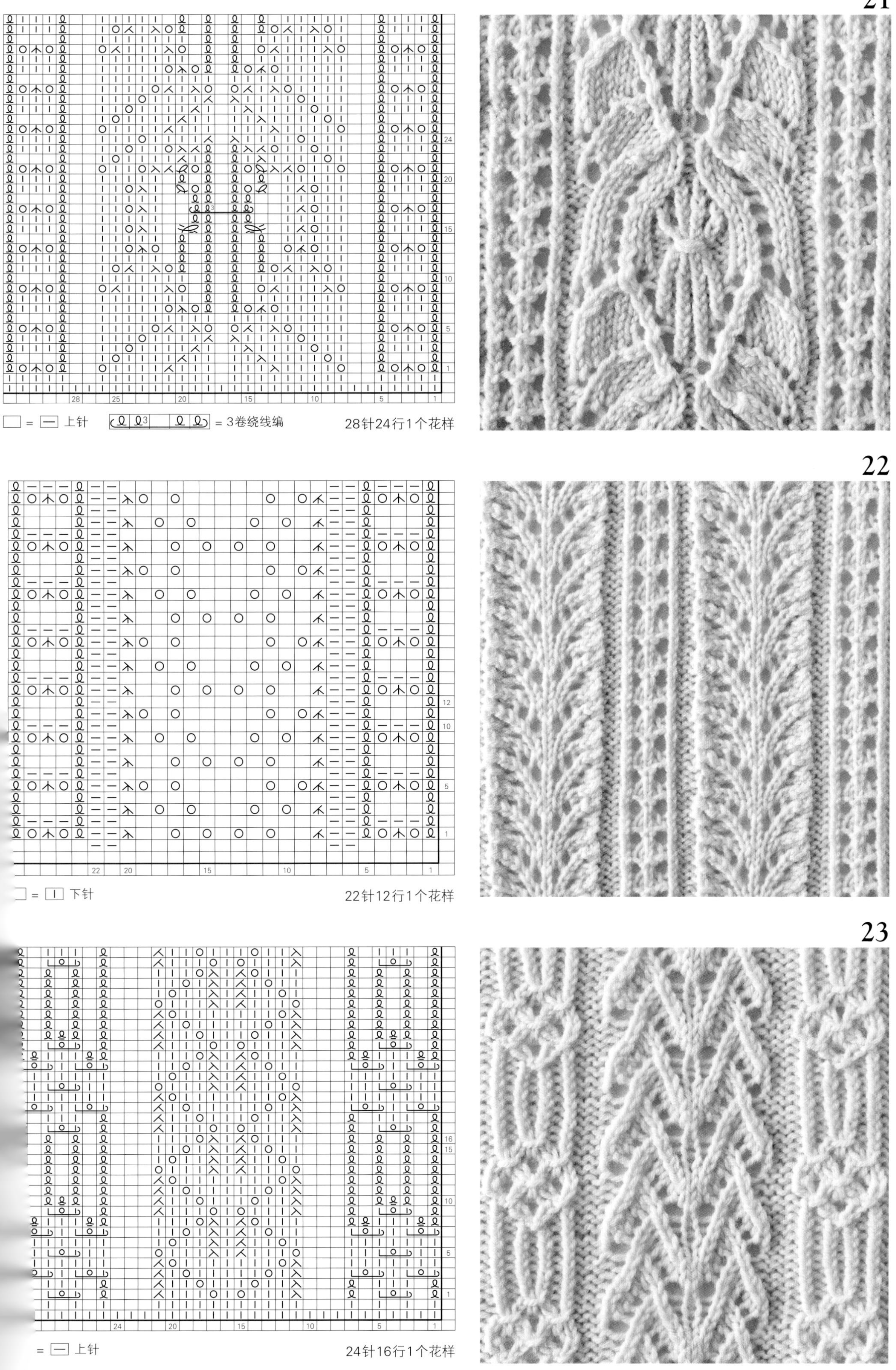

□ = ⊟ 上针　　= 3卷绕线编

28针24行1个花样

22

□ = ⊡ 下针

22针12行1个花样

23

= ⊟ 上针

24针16行1个花样

24

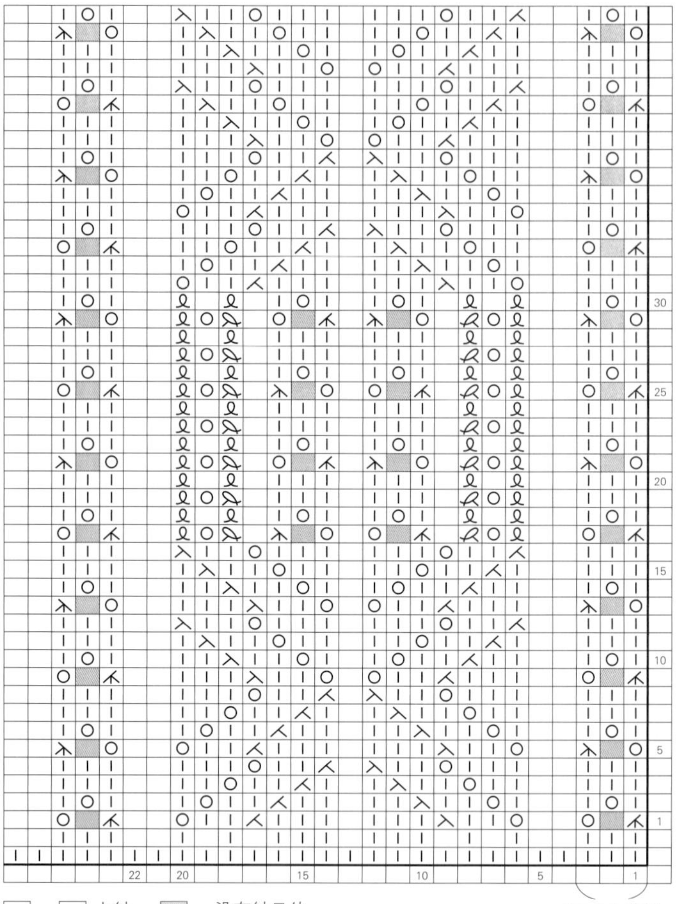

□ = ⊟ 上针　▒ = 没有针目处

8行1个花样

22针30行1个花样

25

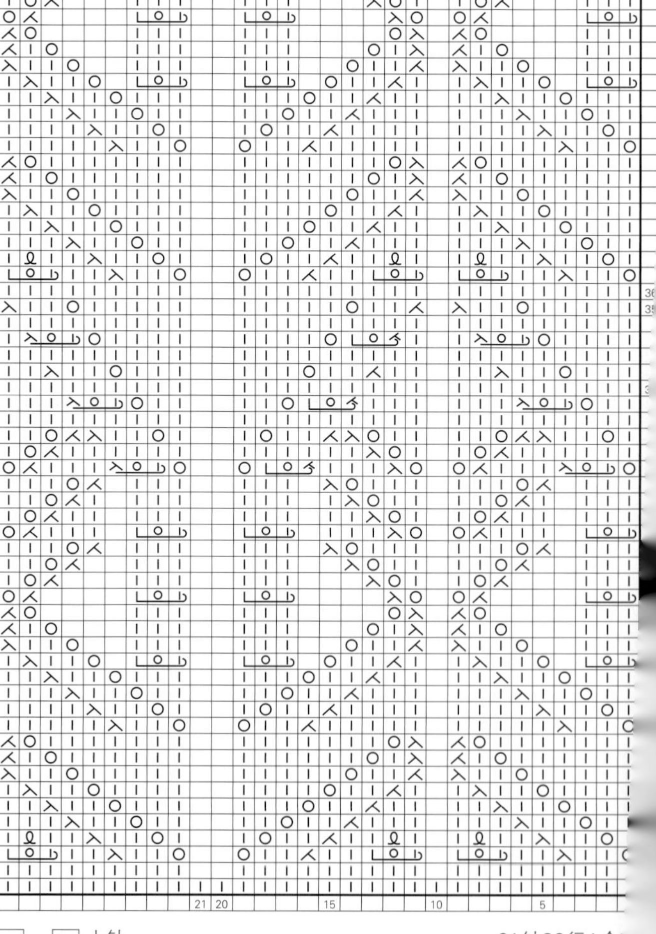

□ = ⊟ 上针

21针36行1个花样

= 参见135页

26

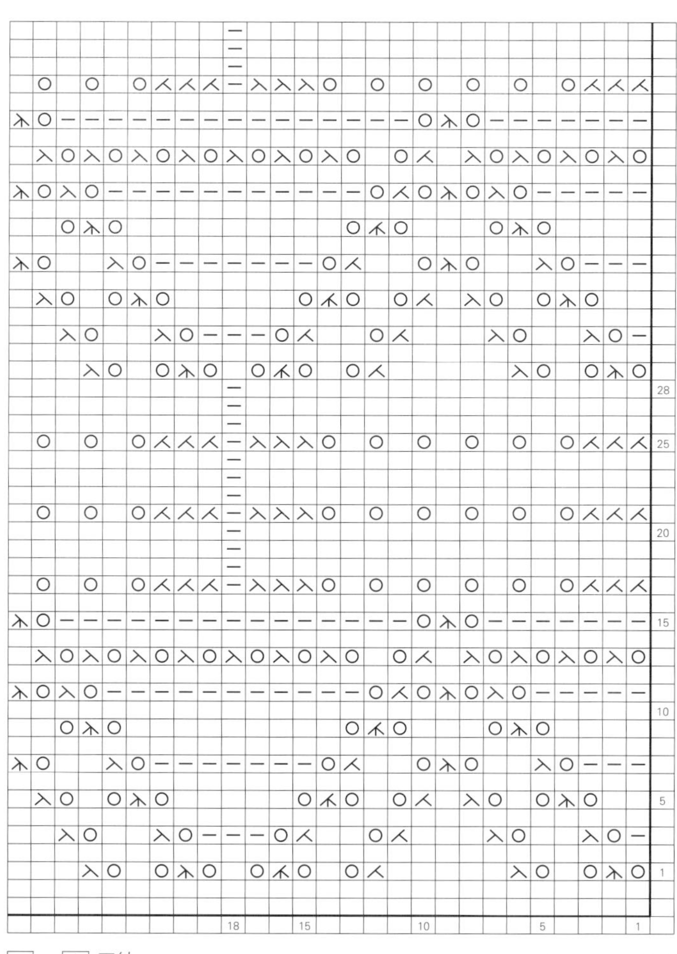

□ = ⎕ 下针

18针28行1个花样

27

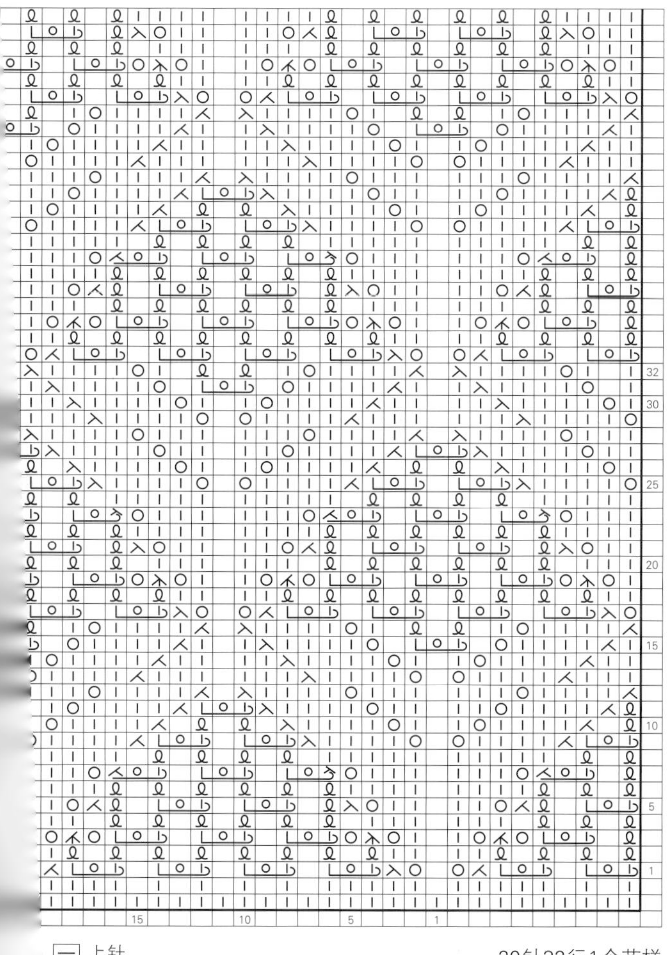

⊟ 上针

20针32行1个花样

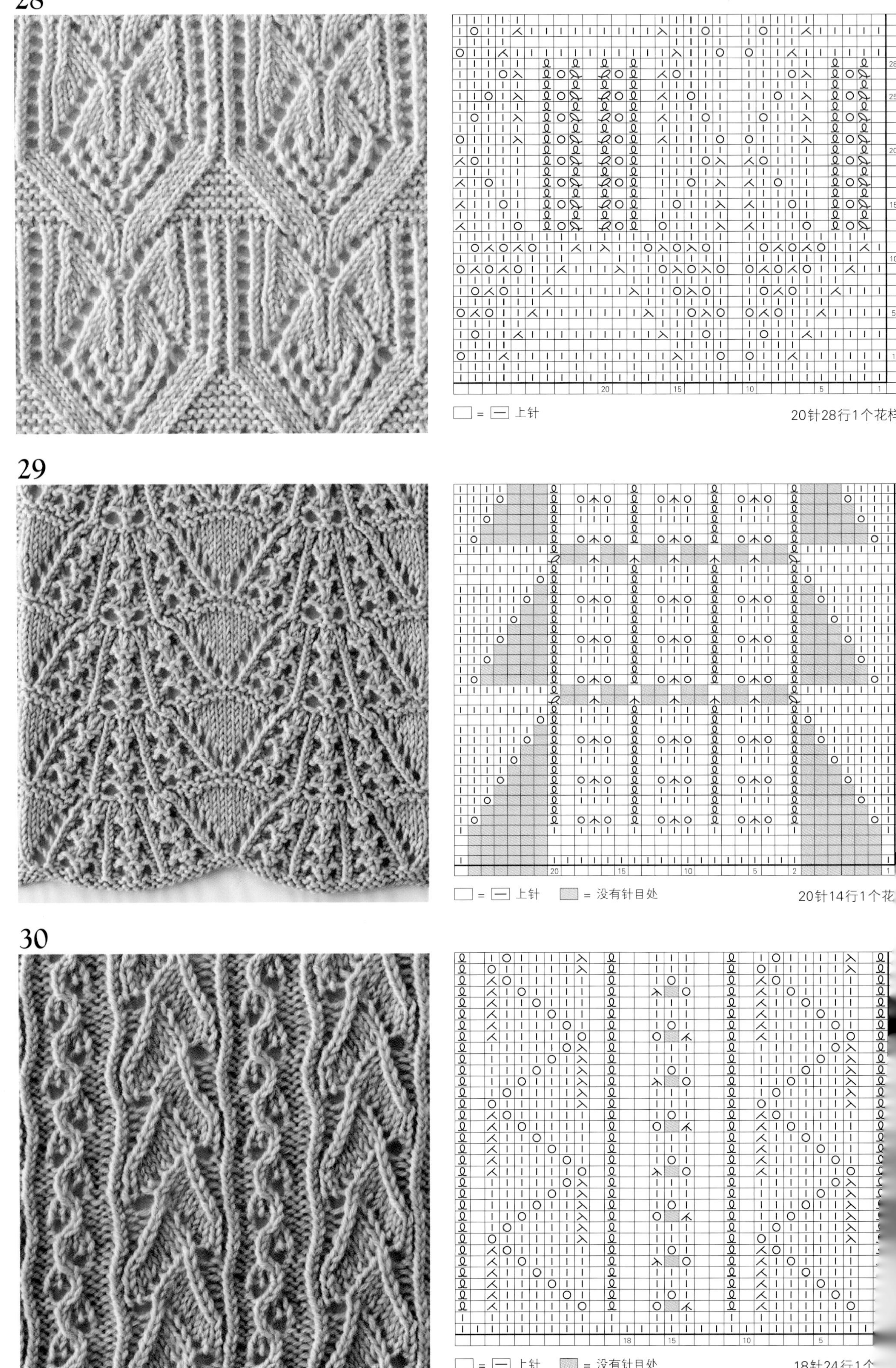
28
□ = — 上针
20针28行1个花样
29
□ = — 上针 ▒ = 没有针目处
20针14行1个花
30
□ = — 上针 ▒ = 没有针目处
18针24行1个

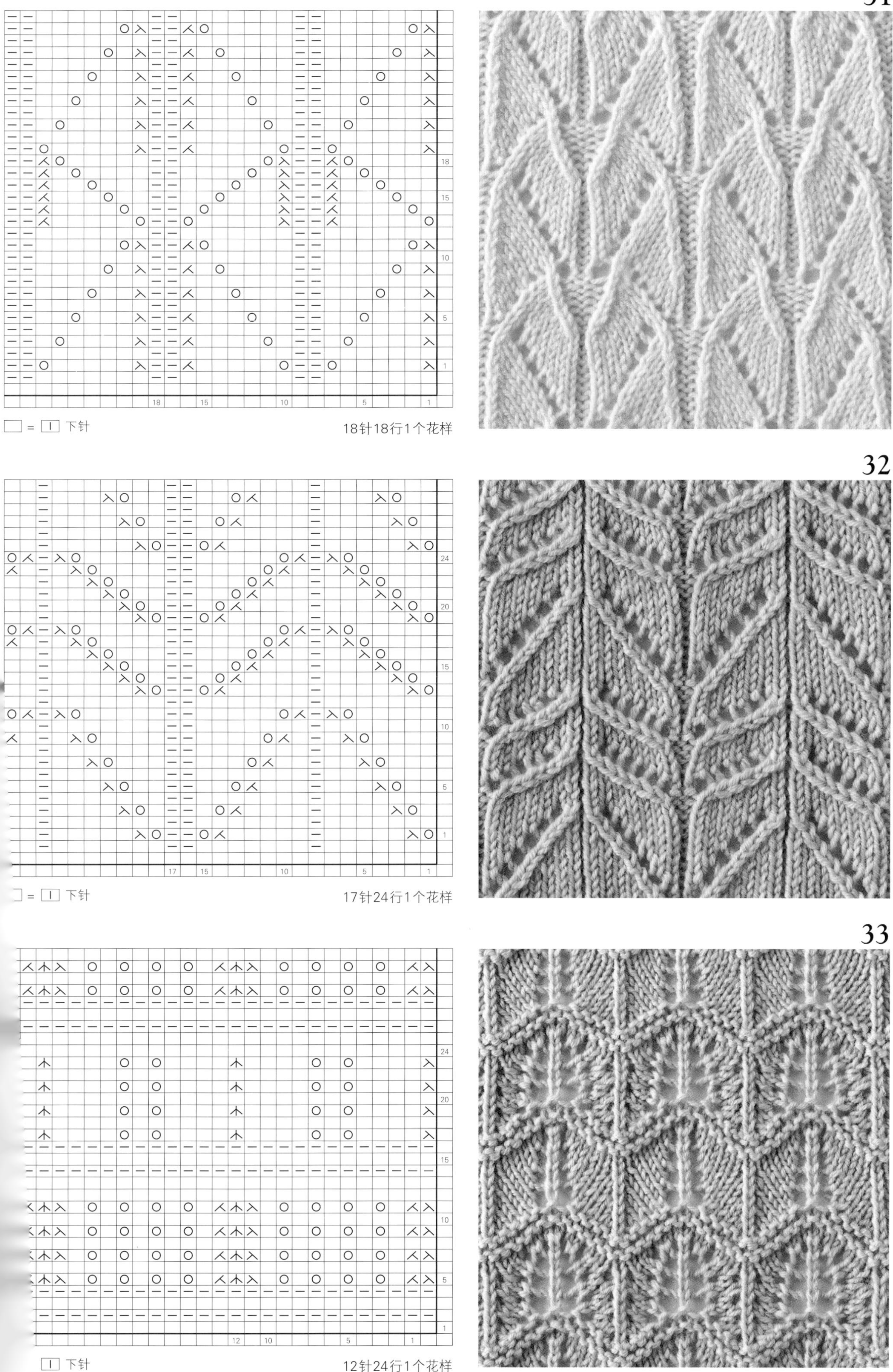
31
□ = 丨 下针
18针18行1个花样
32
□ = 丨 下针
17针24行1个花样
33
丨 下针
12针24行1个花样

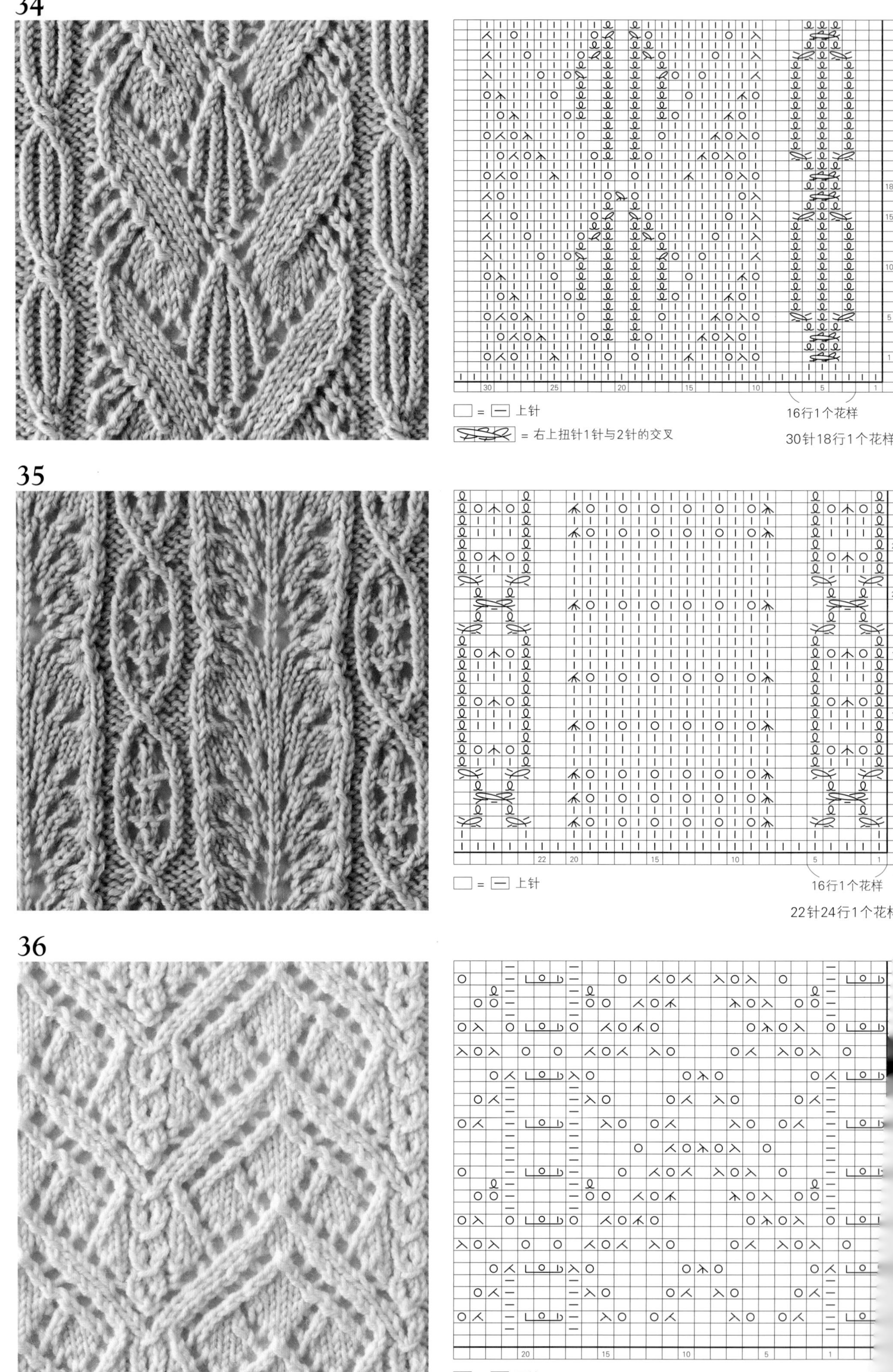
34
□ = ⊟ 上针
= 右上扭针1针与2针的交叉
16行1个花样
30针18行1个花样
35
□ = ⊟ 上针
16行1个花样
22针24行1个花样
36
□ = ⊡ 下针
20针16行1个

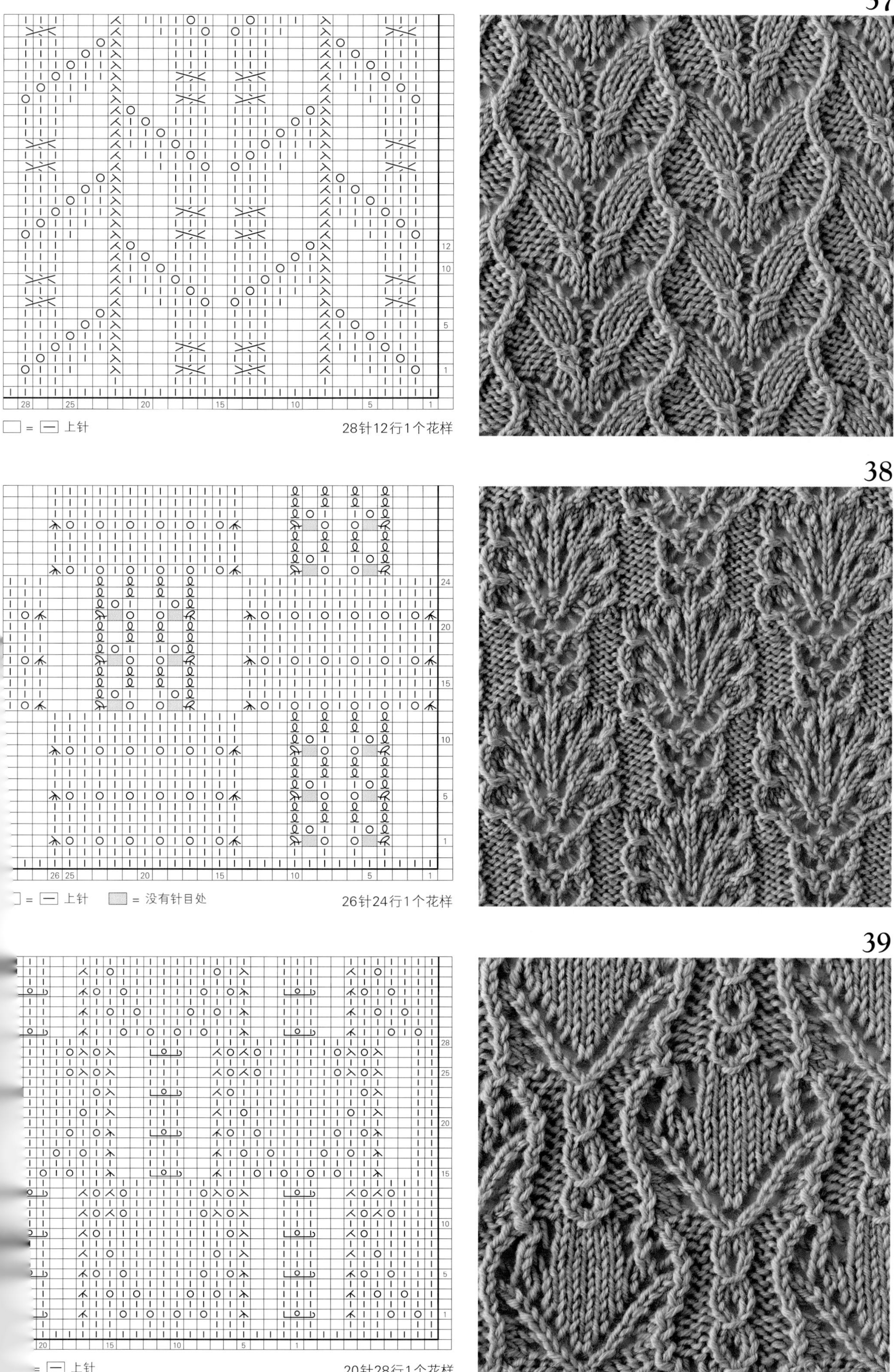
37
□ = ⊟ 上针
28针12行1个花样
38
□ = ⊟ 上针
▨ = 没有针目处
26针24行1个花样
39
□ = ⊟ 上针
20针28行1个花样

40

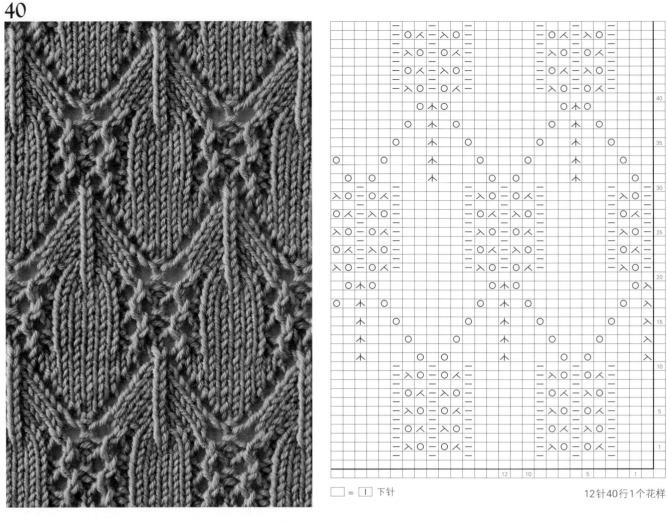

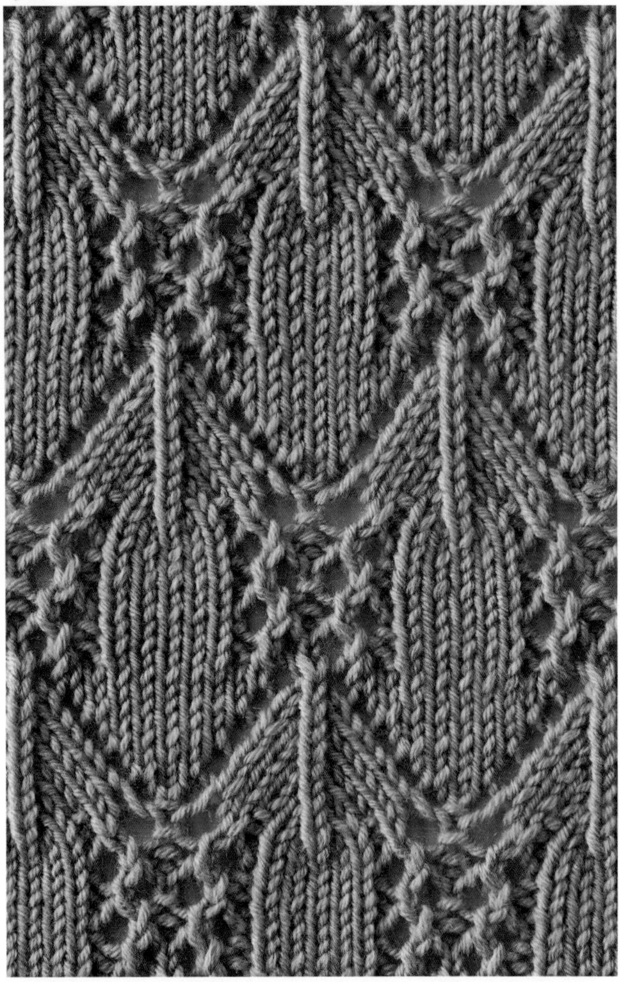

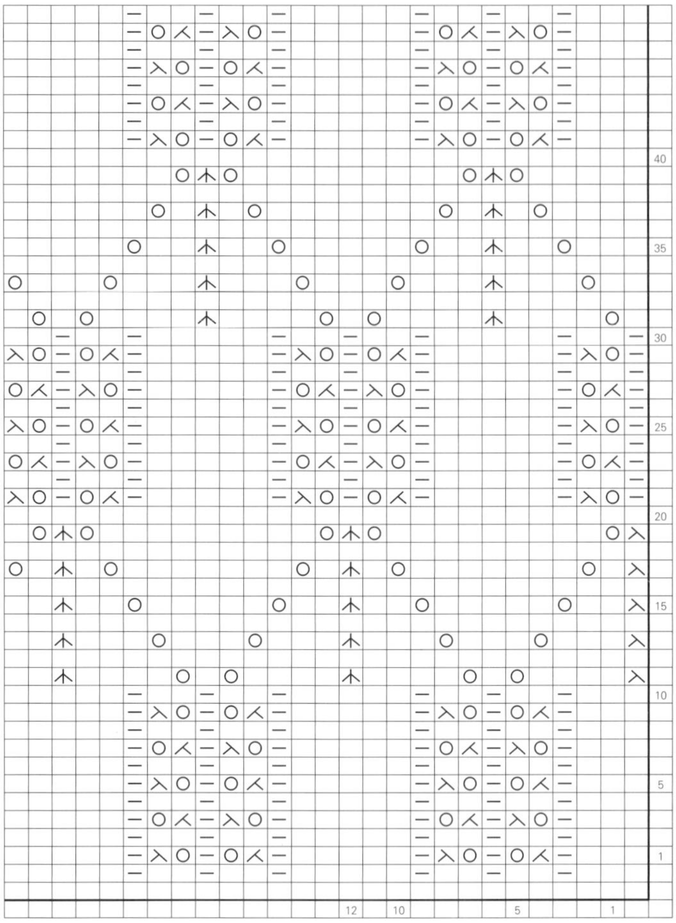

□ = ⎕ 下针

12针40行1个花样

41

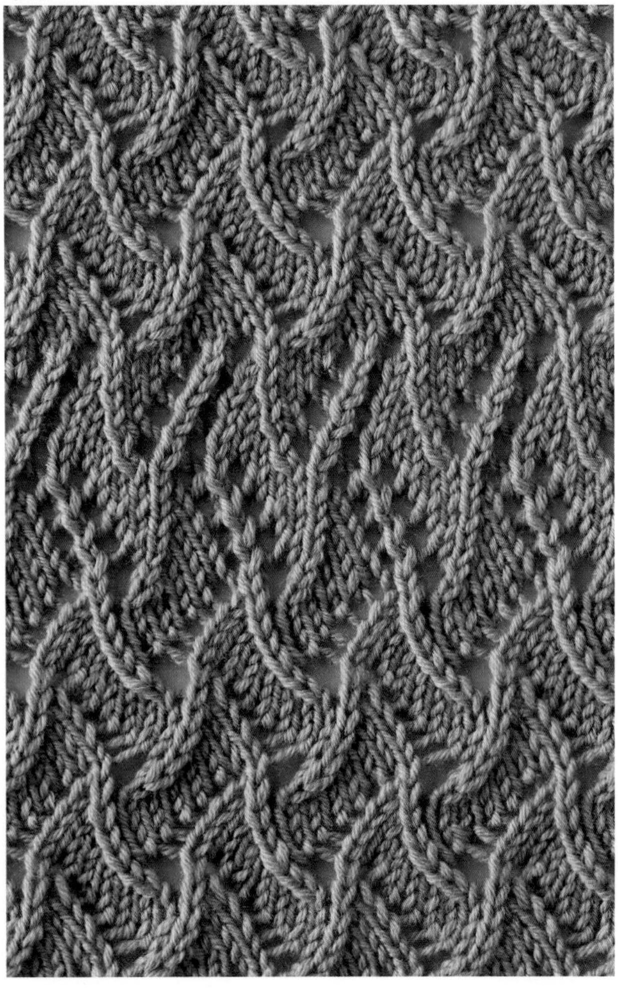

□ = ⎕ 下针

7针40行1个

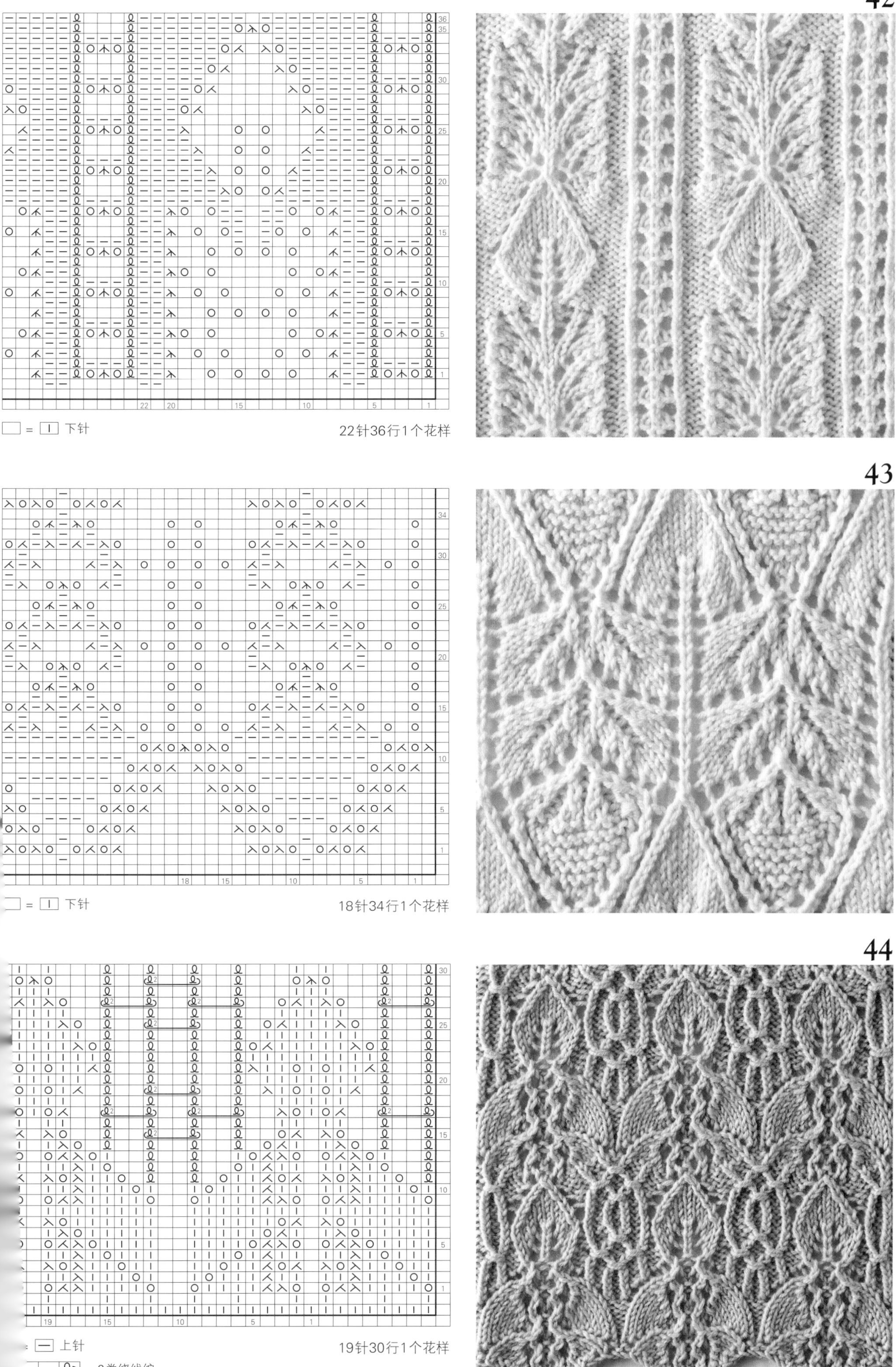
42
= 下针
22针36行1个花样
43
= 下针
18针34行1个花样
44
= 上针
19针30行1个花样
= 2卷绕线编

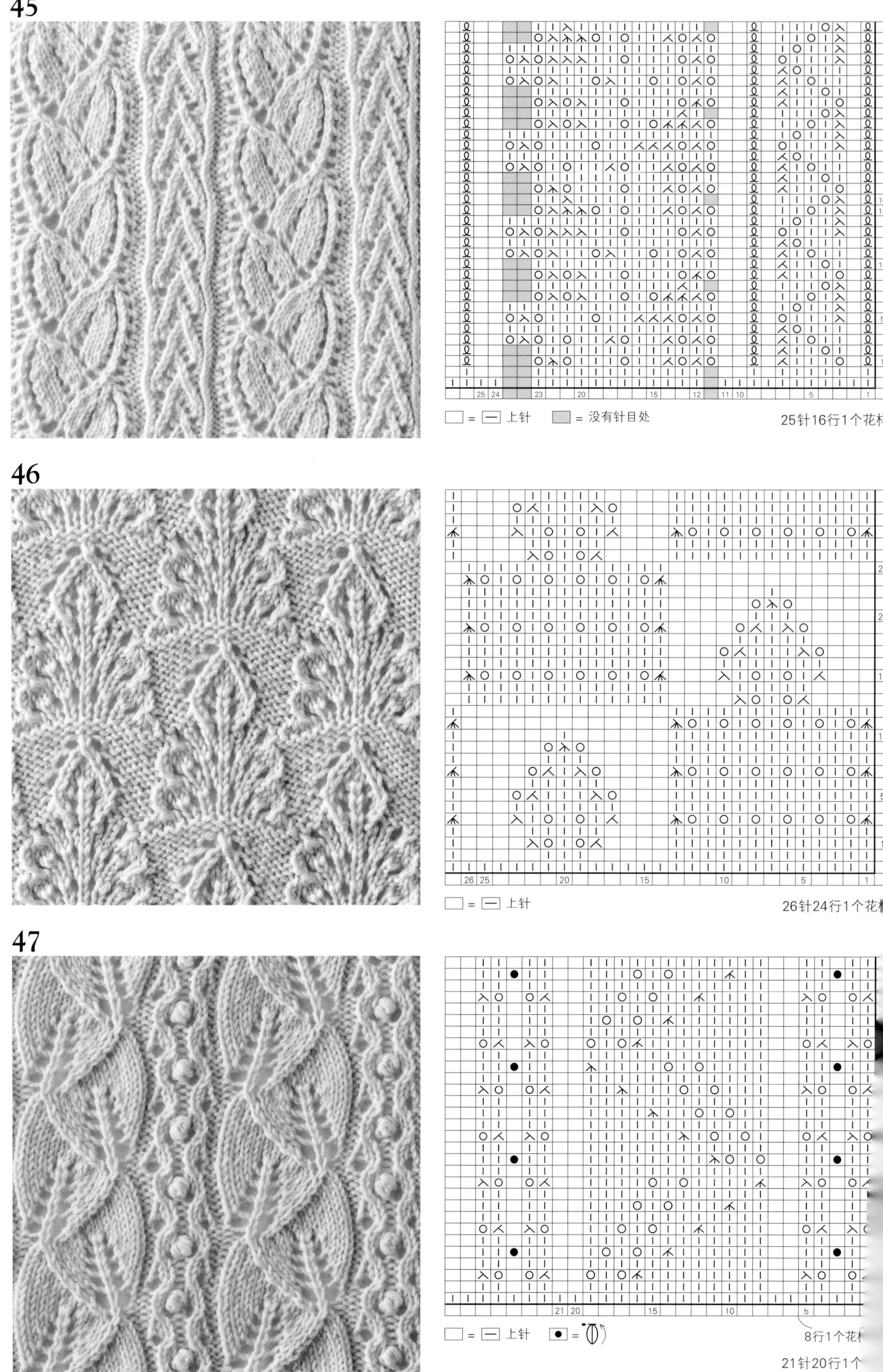
45
□ = 一 上针　▒ = 没有针目处
25针16行1个花样
46
□ = 一 上针
26针24行1个花
47
□ = 一 上针
8行1个花
21针20行1个

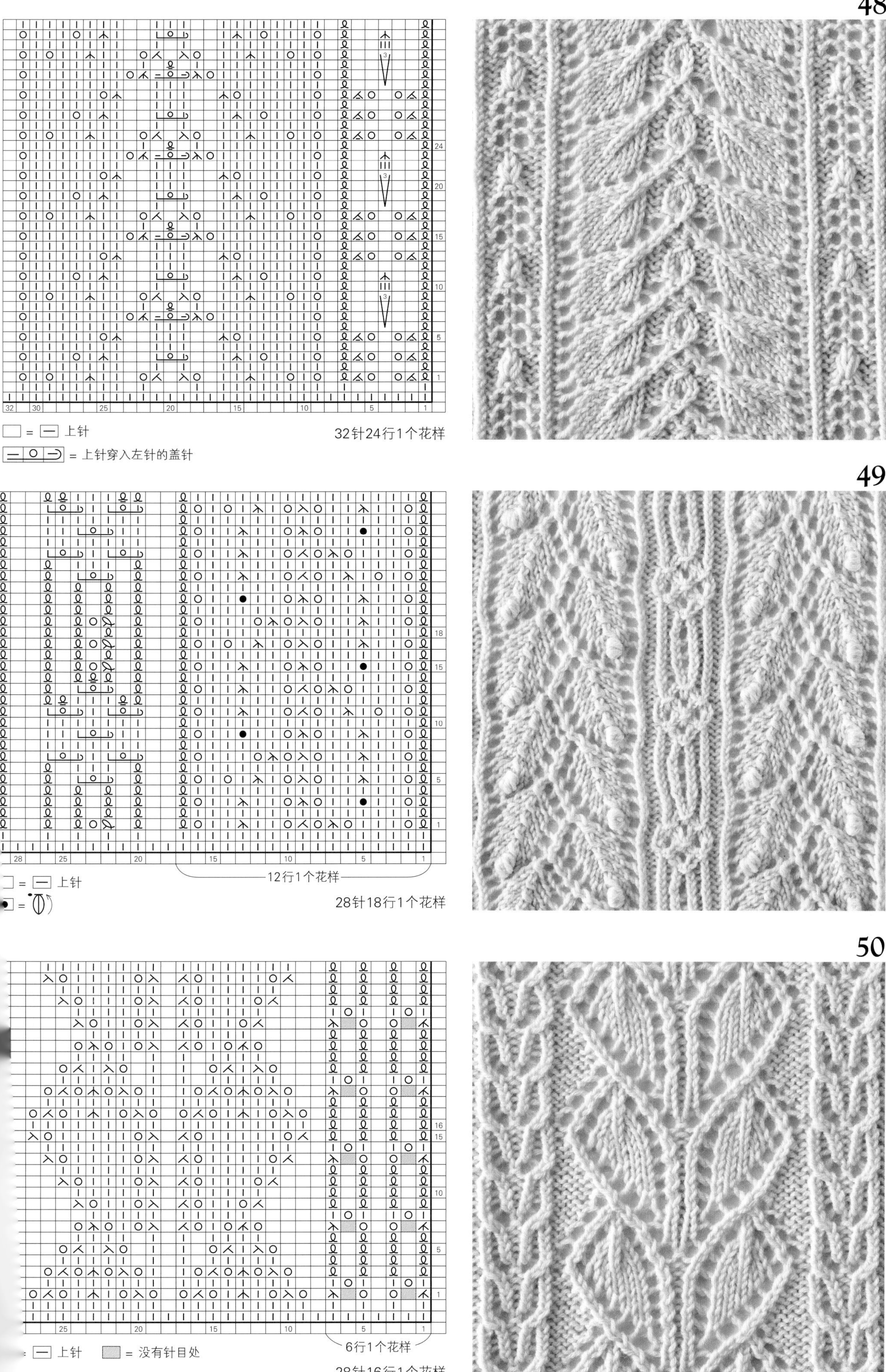

48

□ = ㅡ 上针

ㅡ○⊃ = 上针穿入左针的盖针

32针24行1个花样

49

□ = ㅡ 上针

12行1个花样

28针18行1个花样

50

□ = ㅡ 上针　　▒ = 没有针目处

6行1个花样

28针16行1个花样

51

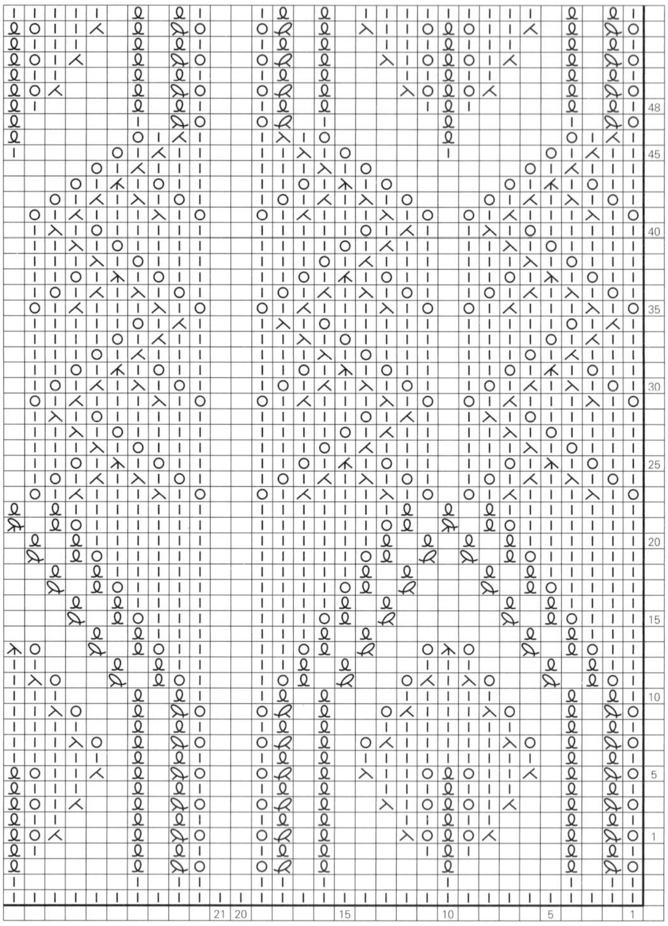

□ = ⊟ 上针

21针48行1个花样

52

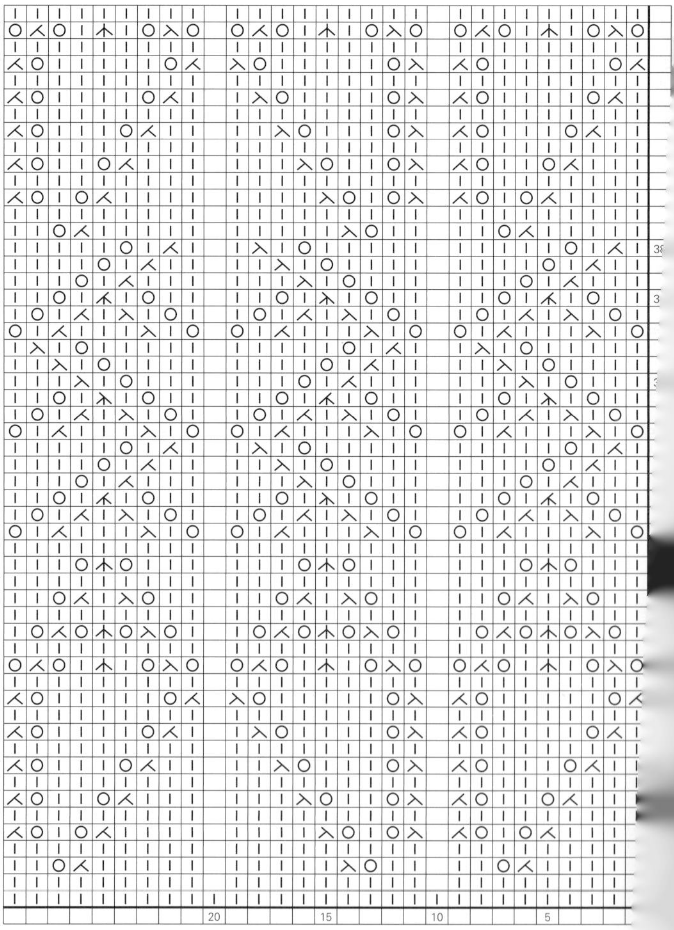

□ = ⊟ 上针

20针38行1个

53

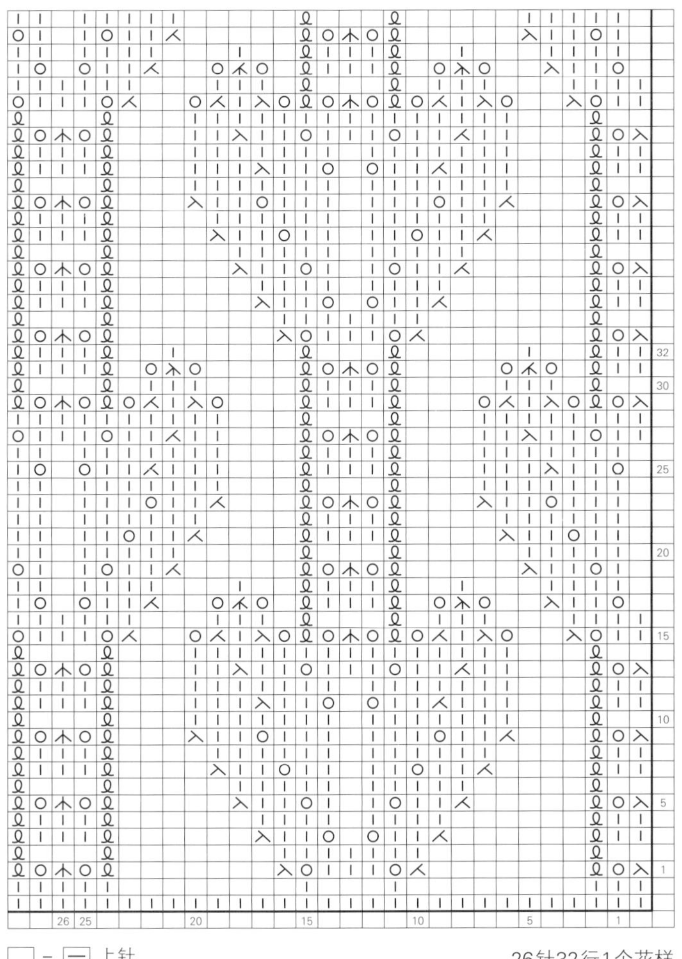

□ = ⊟ 上针

26针32行1个花样

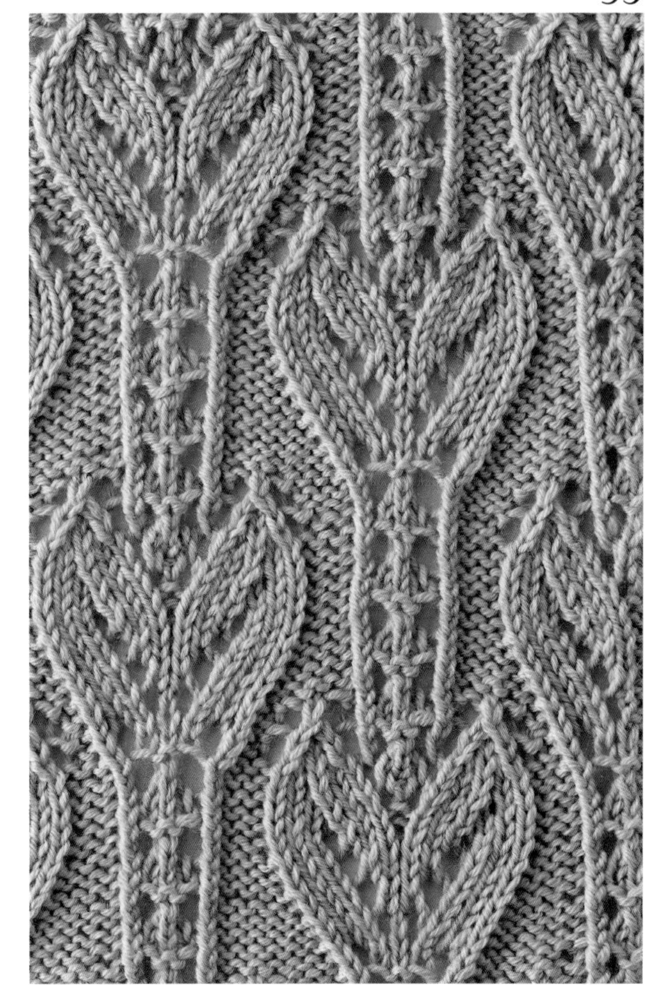

54

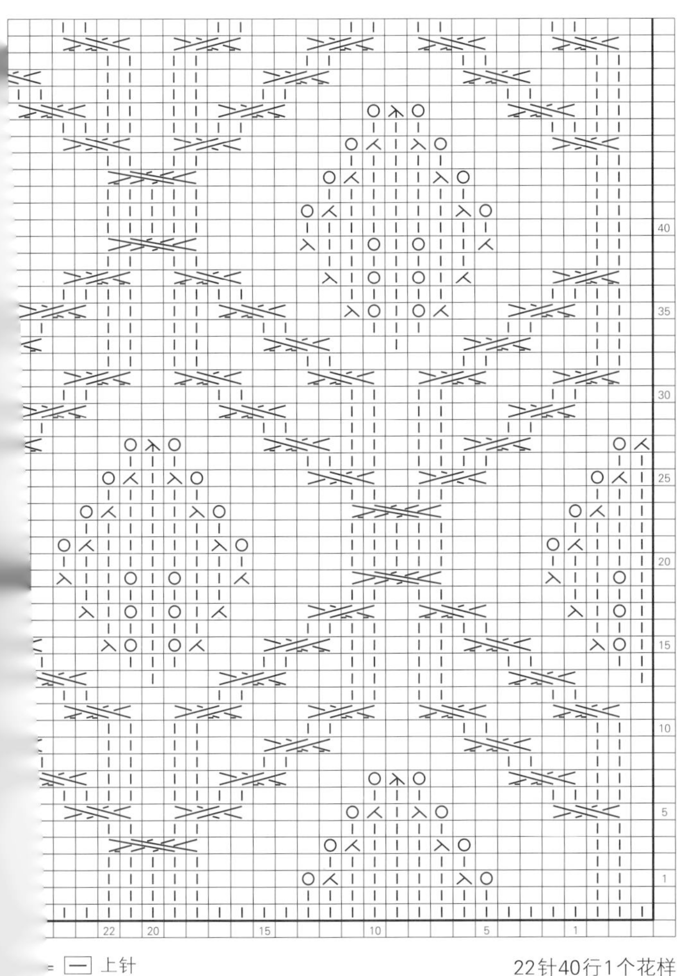

□ = ⊟ 上针

22针40行1个花样

55

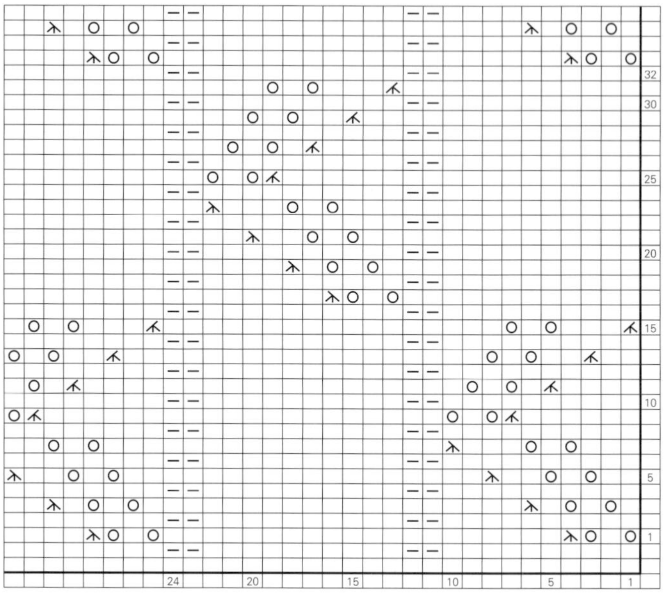

□ = | 下针

24针32行1个花样

56

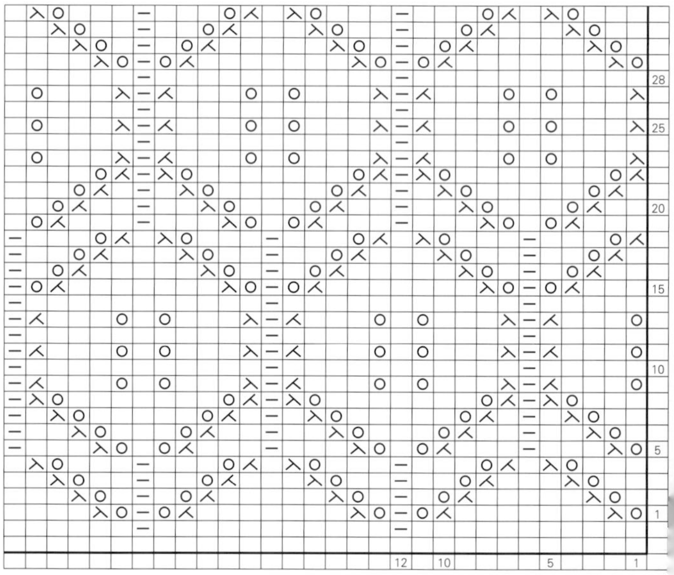

□ = | 下针

12针28行1个花样

57

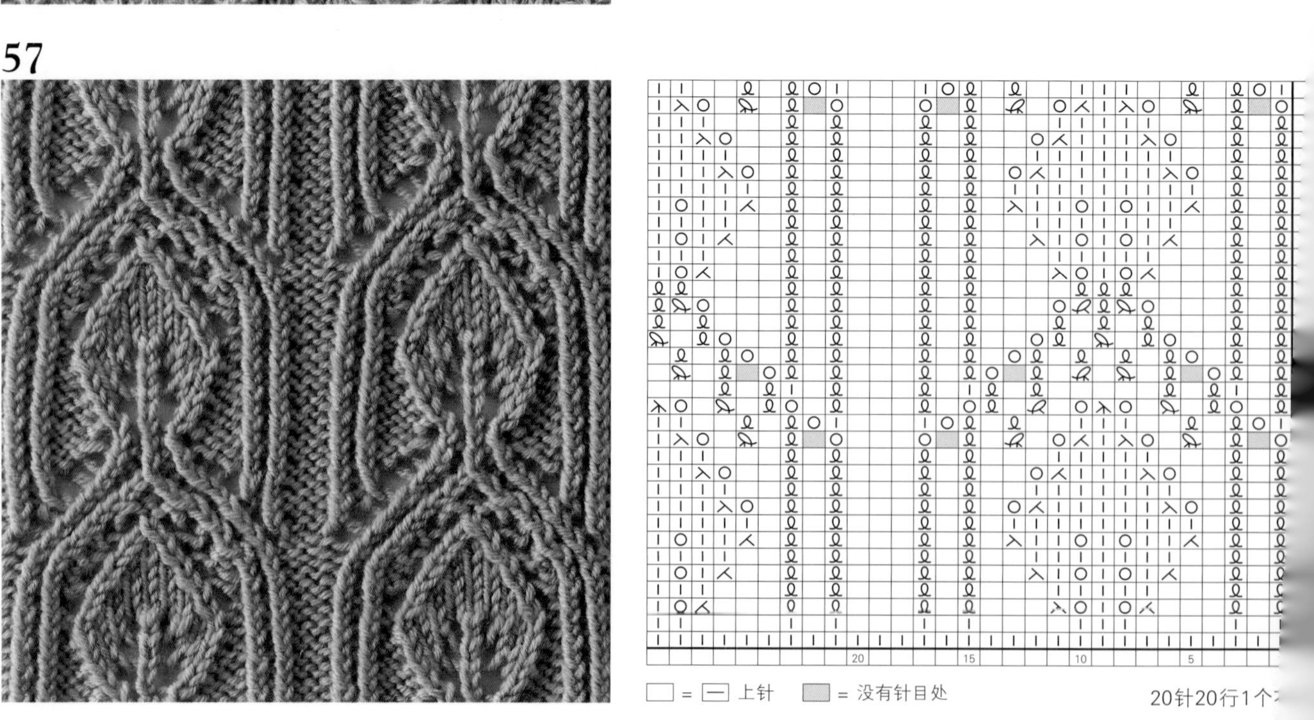

□ = — 上针　▒ = 没有针目处

20针20行1个花样

58

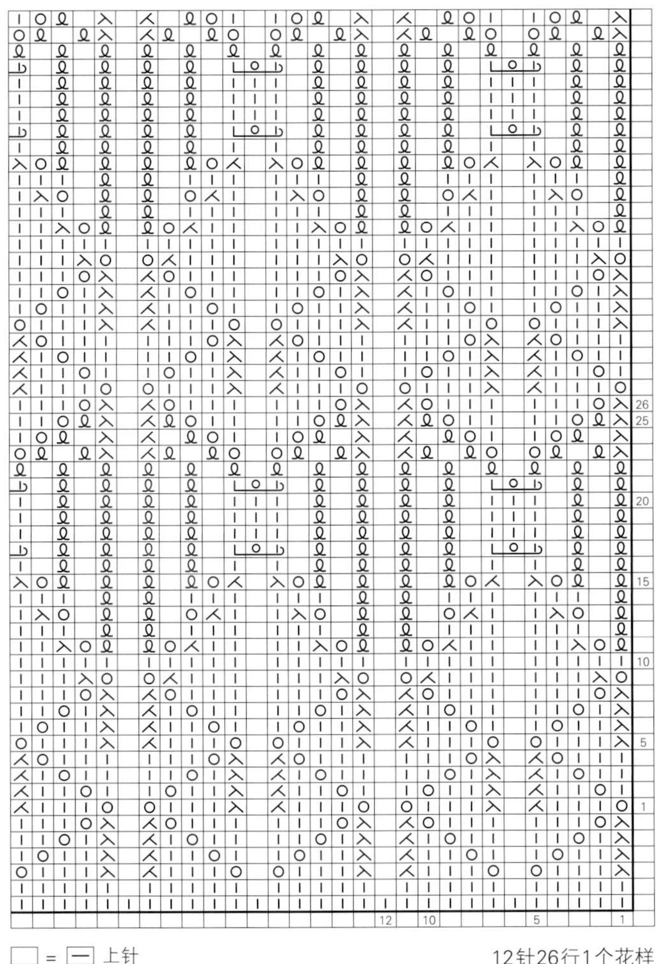

□ = ⊟ 上针

12针26行1个花样

59

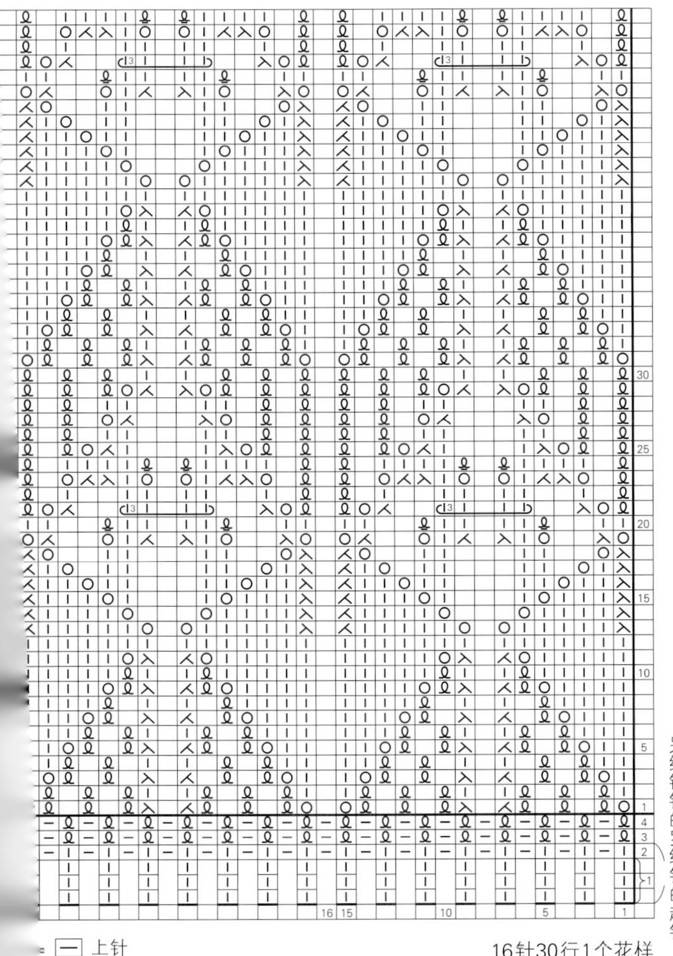

另线锁针的罗纹针的起针

⊟ 上针

16针30行1个花样

= 3卷绕线编

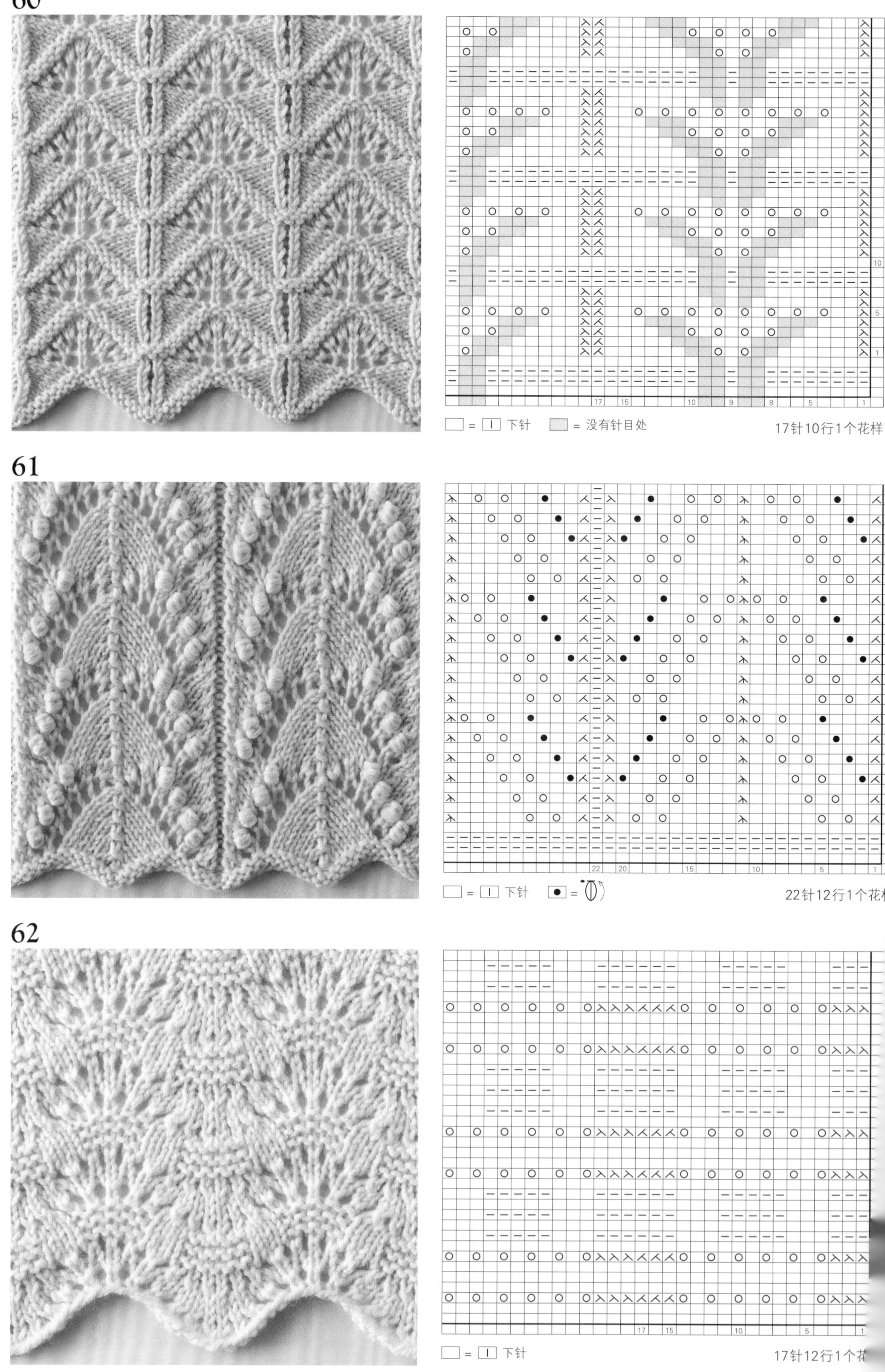
60
= 下针 = 没有针目处
17针10行1个花样
61
= 下针
22针12行1个花样
62
= 下针
17针12行1个花样

63

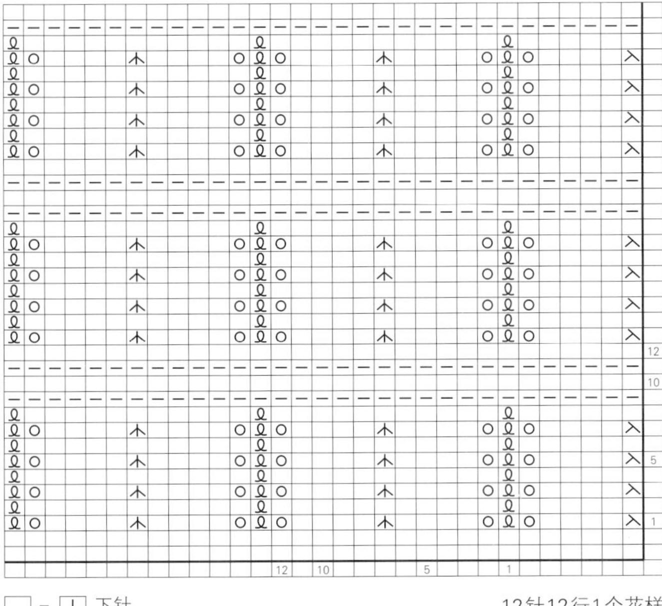
□ = ▯ 下针
12针12行1个花样

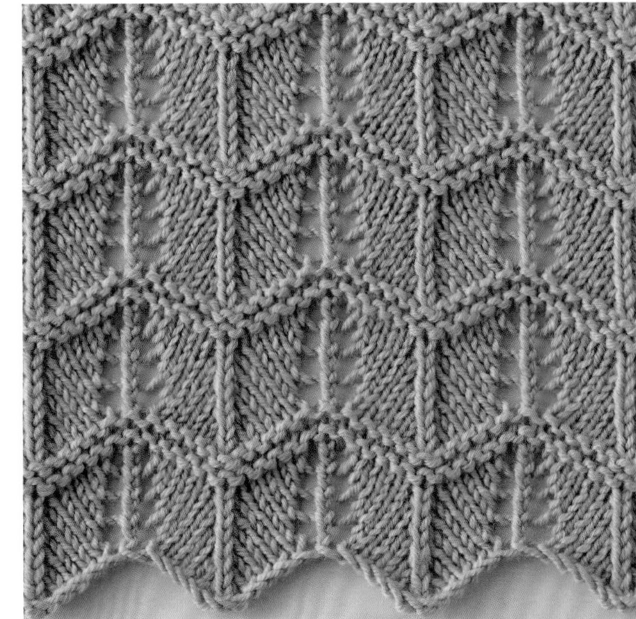

64

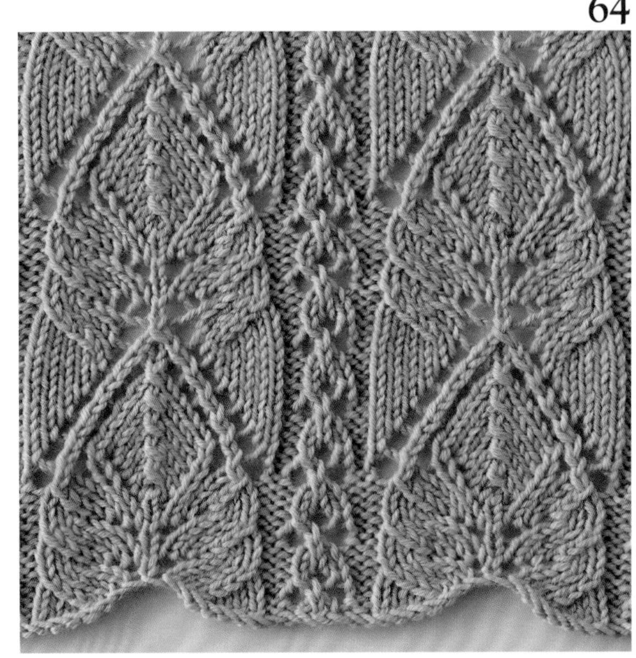

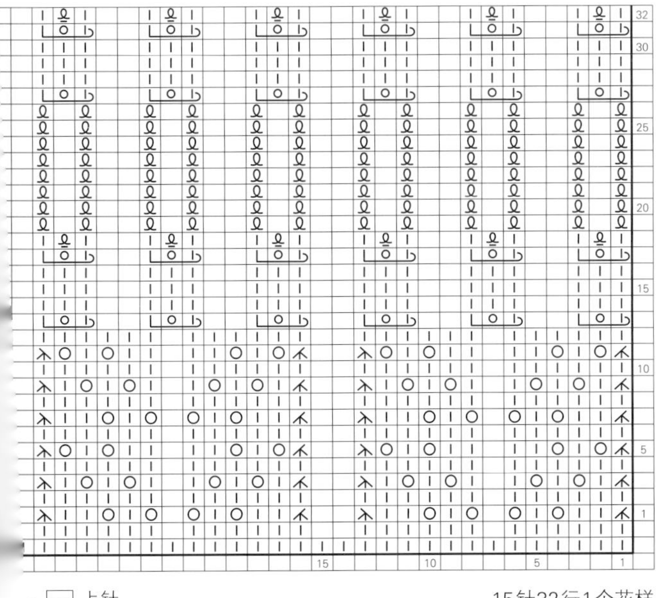
□ = ▭ 上针
6行1个花样
22针26行1个花样

65

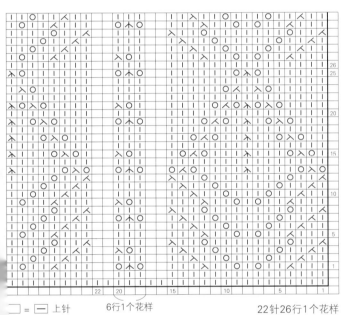

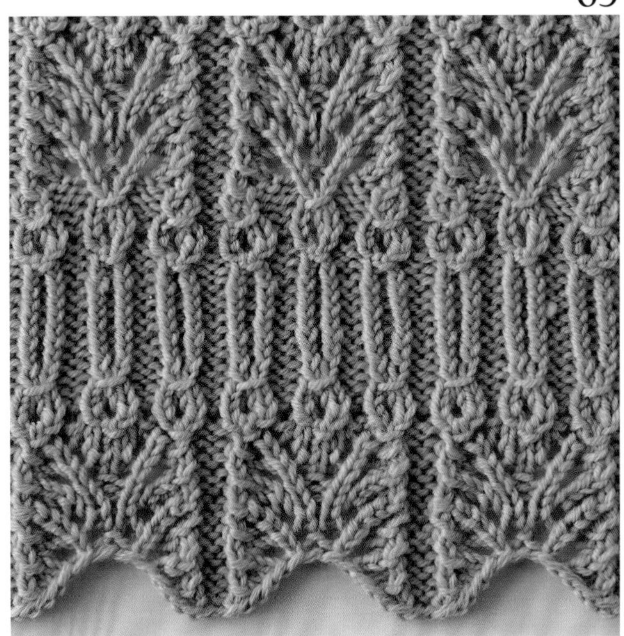

= ▭ 上针
15针32行1个花样

66

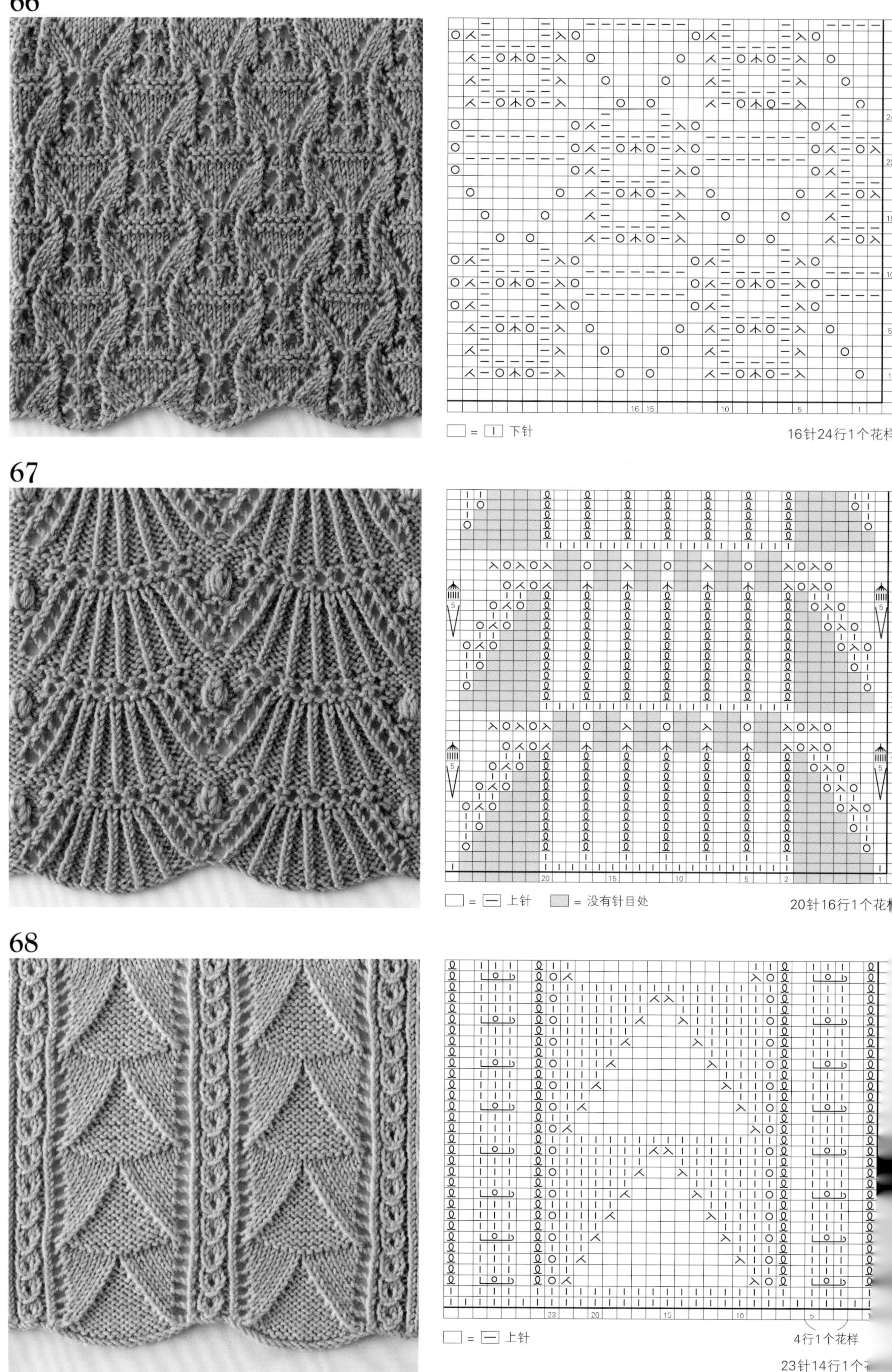
□ = ▯ 下针
16针24行1个花样

67

□ = ⊟ 上针 ▨ = 没有针目处
20针16行1个花样

68

□ = ⊟ 上针
4行1个花样
23针14行1个花样

69

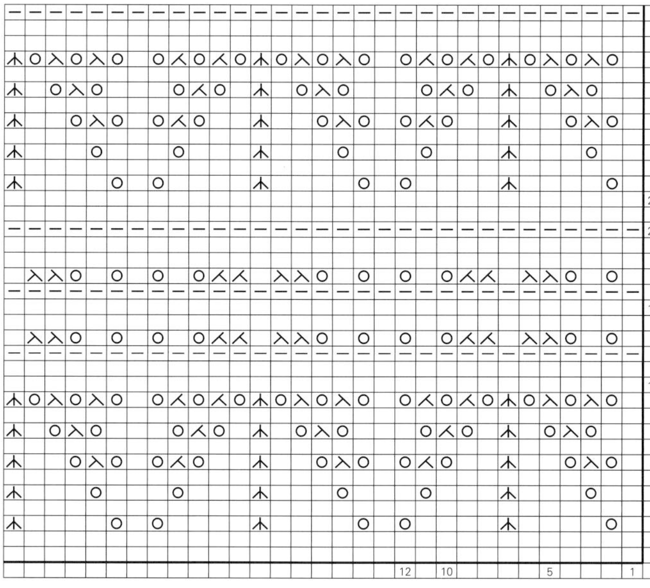

□ = 丨 下针

12针22行1个花样

70

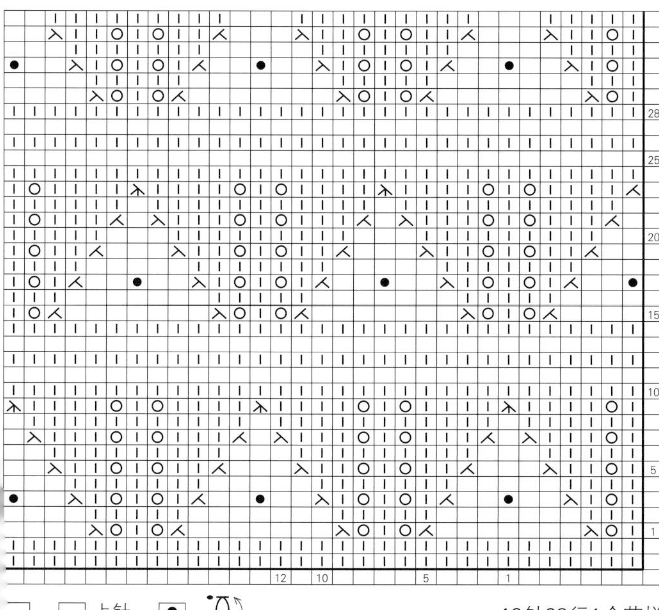

□ = — 上针

12针28行1个花样

71

□ = 丨 下针

16针28行1个花样

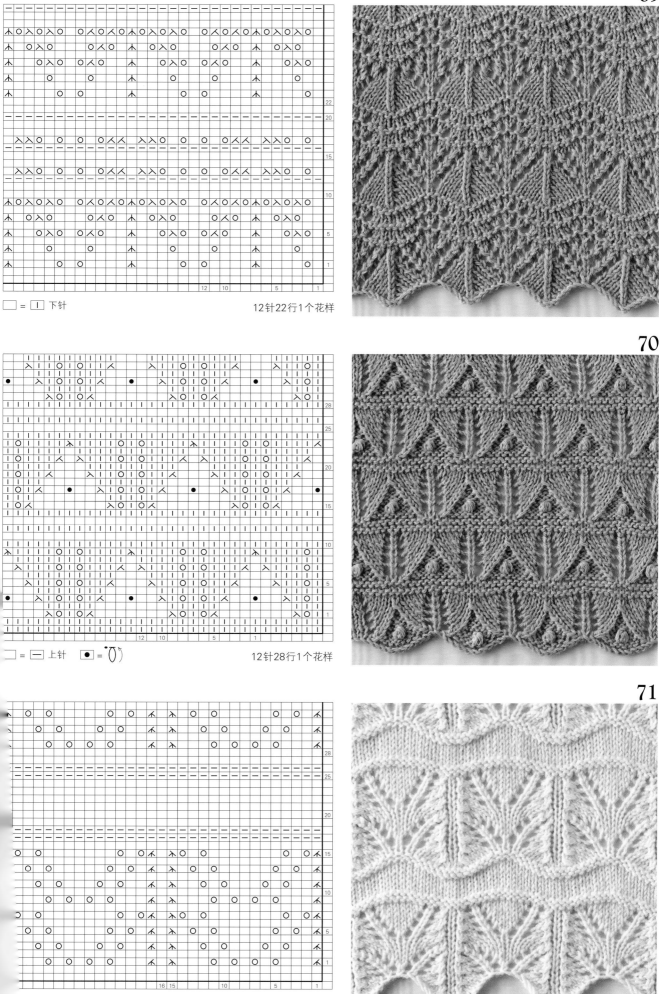

72

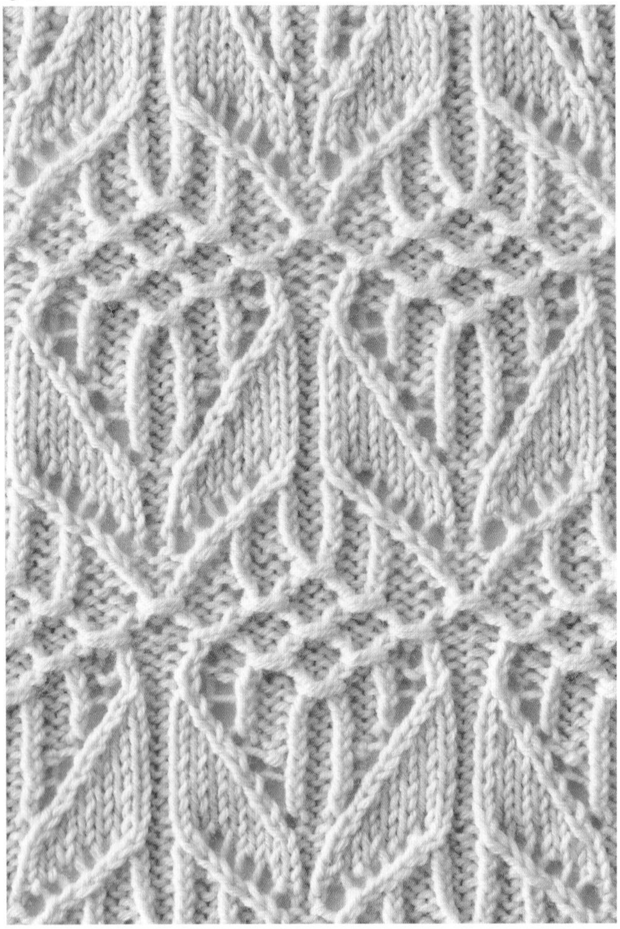

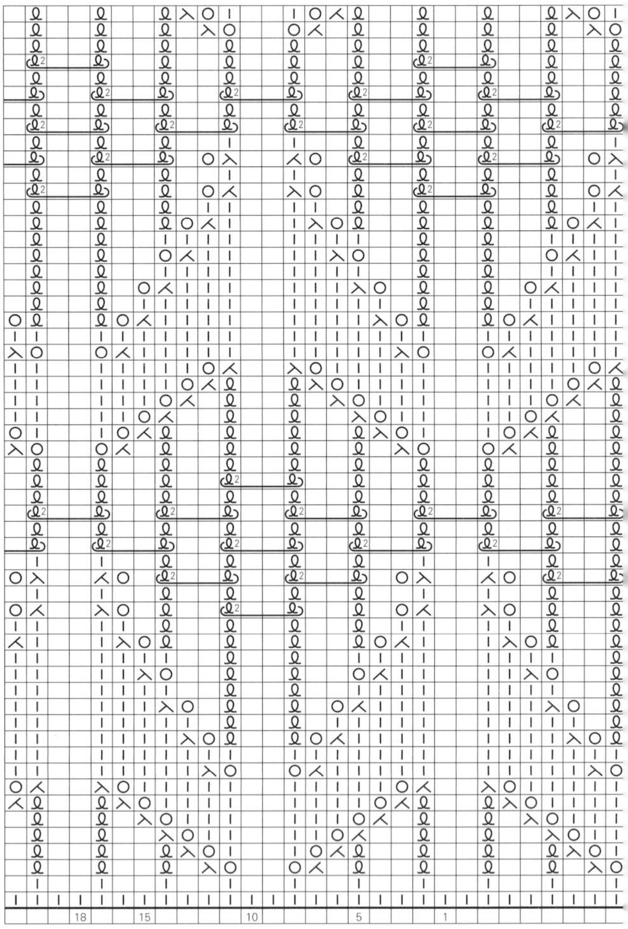

□ = ⊟ 上针

18针52行1个

= 2卷绕线编

73

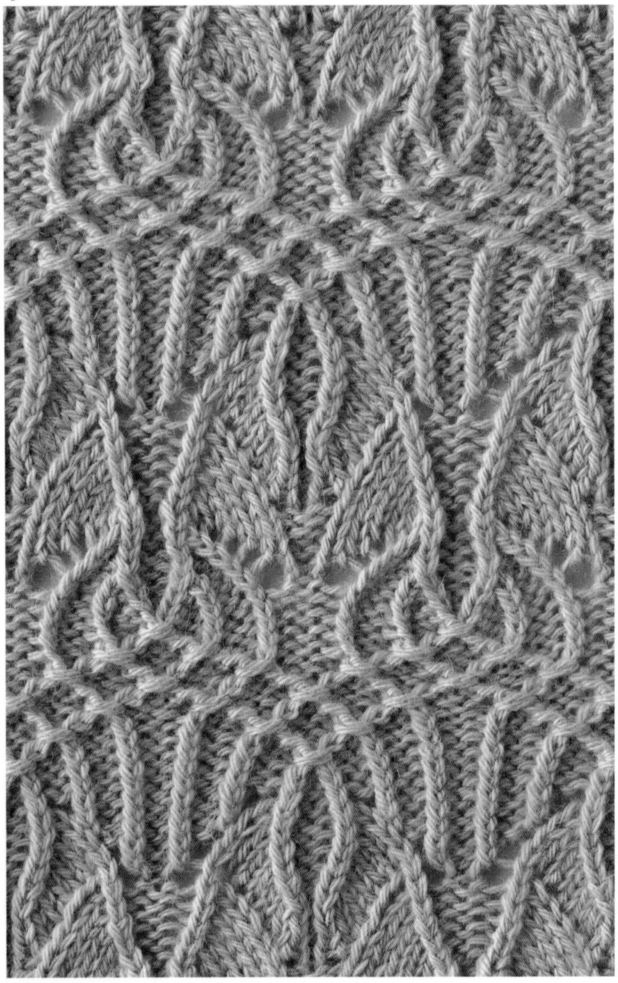

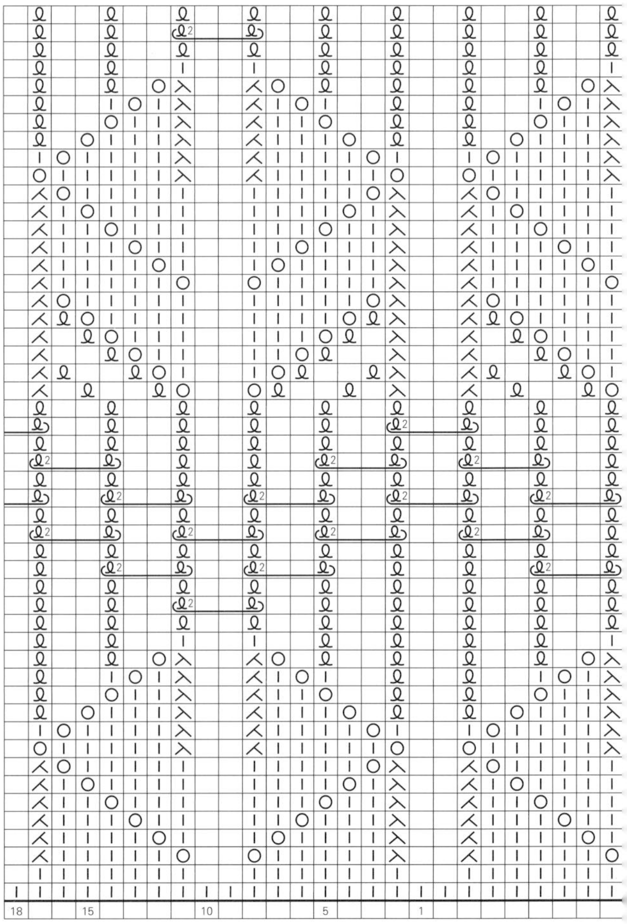

□ = ⊟ 上针

18针32行1个

= 2卷绕线编

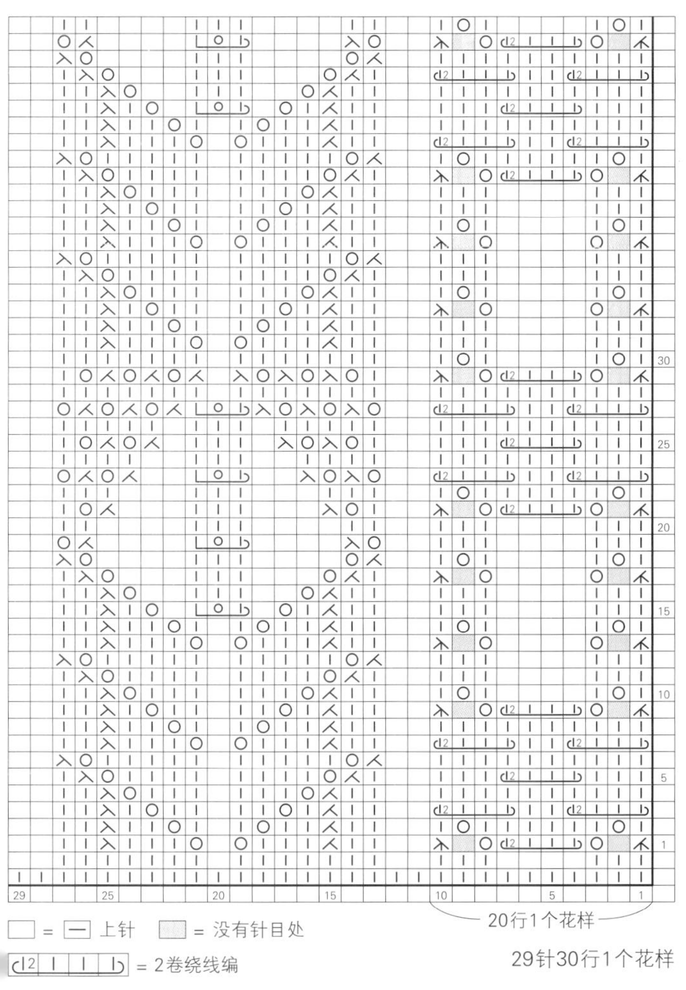

□ = ⊟ 上针　▨ = 没有针目处

= 2卷绕线编

29针30行1个花样

75

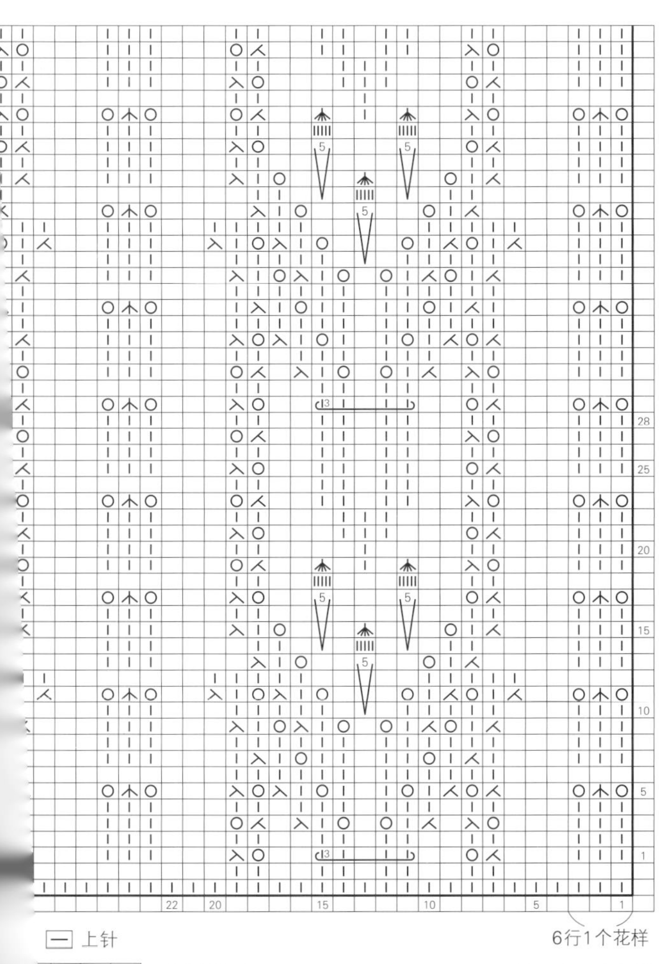

⊟ 上针

= 3卷绕线编

22针28行1个花样

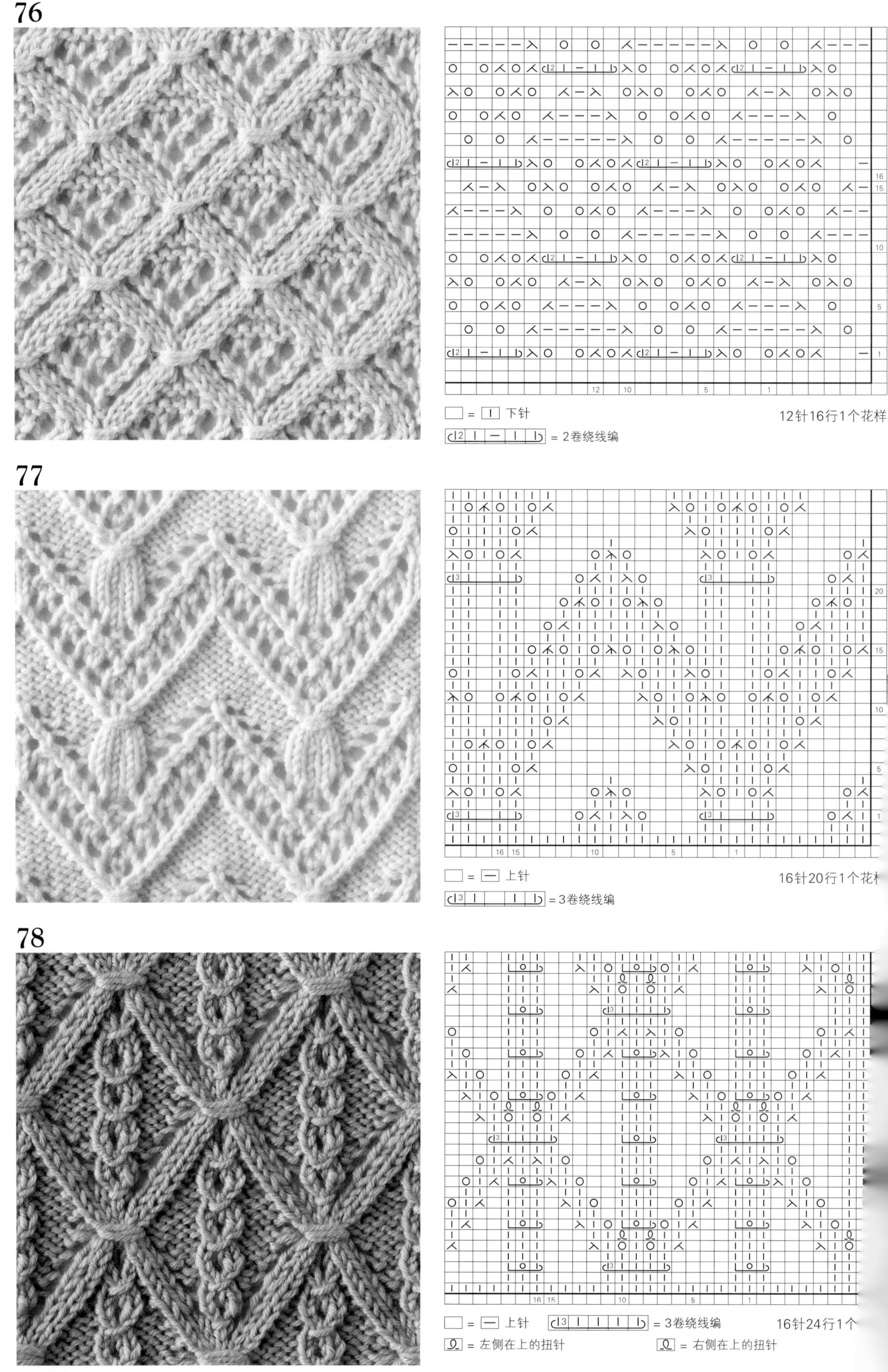
76
= 下针
= 2卷绕线编
12针16行1个花样
77
= 上针
= 3卷绕线编
16针20行1个花
78
= 上针
= 3卷绕线编
16针24行1个
= 左侧在上的扭针
= 右侧在上的扭针

79

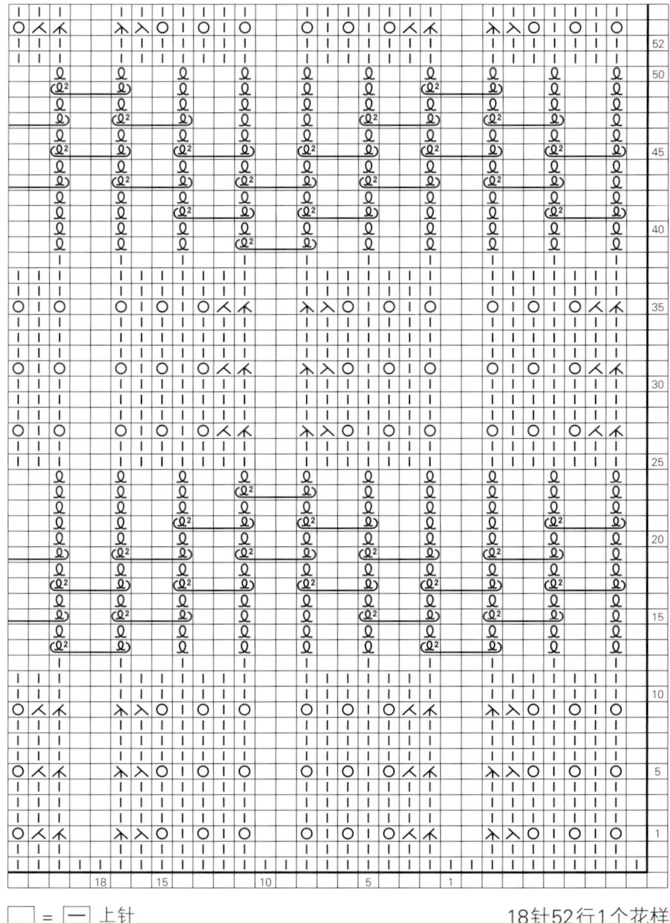

= 上针

18针52行1个花样

= 2卷绕线编

80

上针

33针24行1个花样

= 2卷绕线编

81

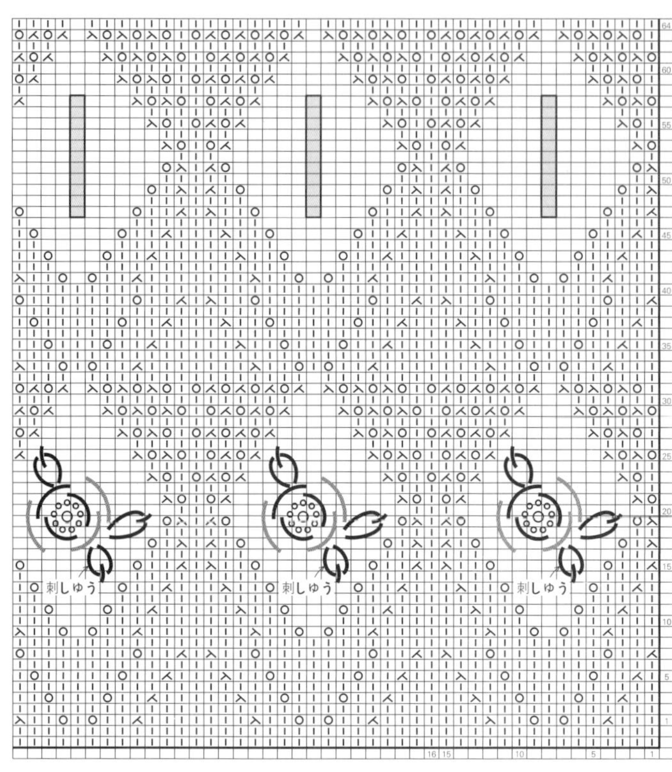

16针64行1个花样

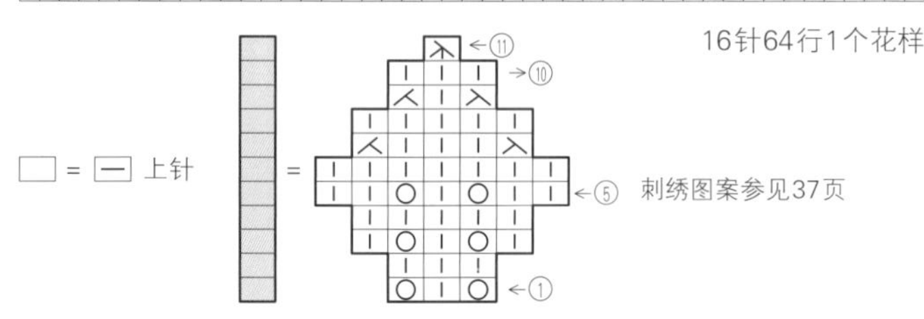

刺绣图案参见37页

82

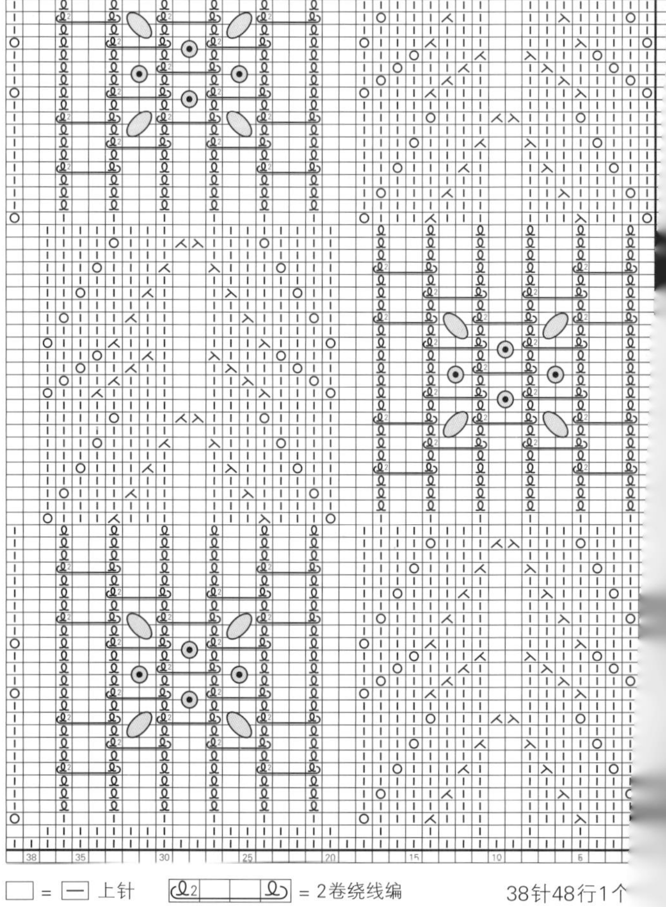

□ = ㅡ 上针 = 2卷绕线编

38针48行1个

● = 在亮片（龟壳形6mm）上穿大圆串珠（3mm）

⬭ = 枣形珍珠串珠（3mm×6mm）

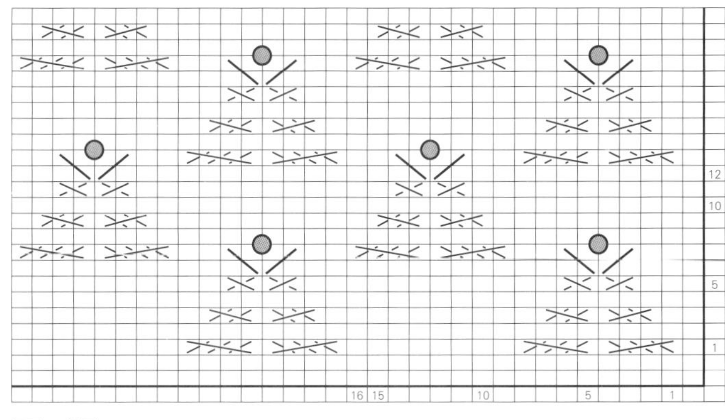

□ = ① 下针　　16针12行1个花样

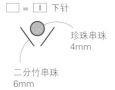

珍珠串珠 4mm

二分竹串珠 6mm

81 刺绣图案（实物大小）

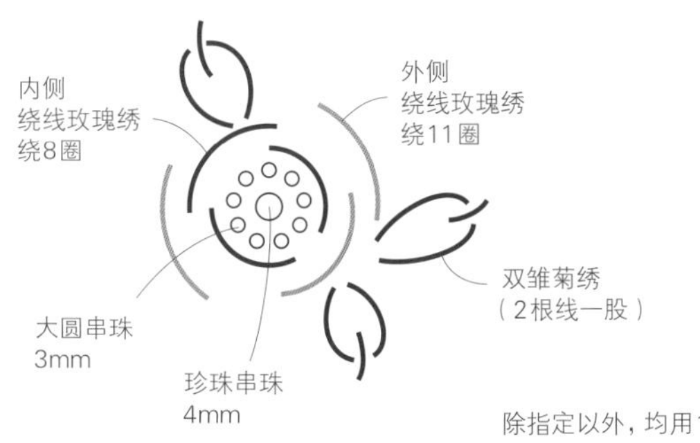

除指定以外，均用1根线刺绣

84

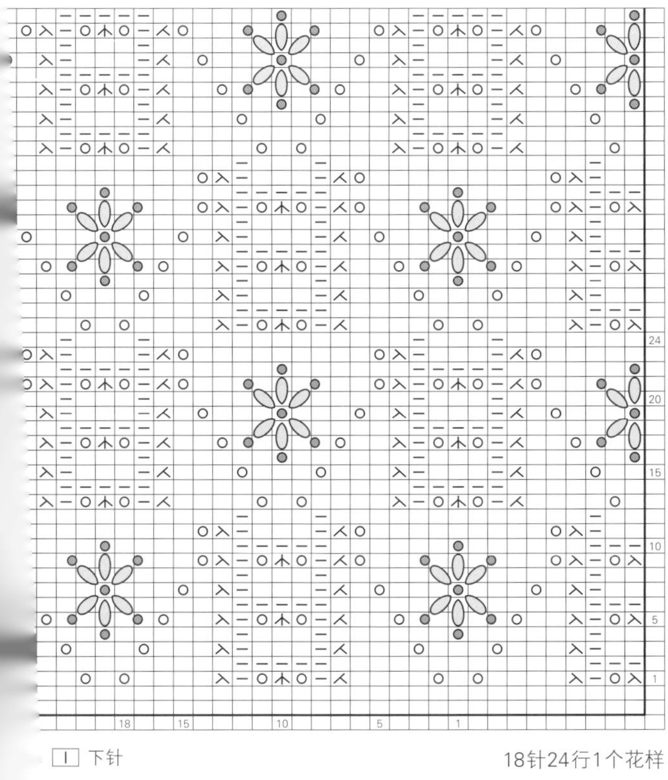

① 下针　　18针24行1个花样

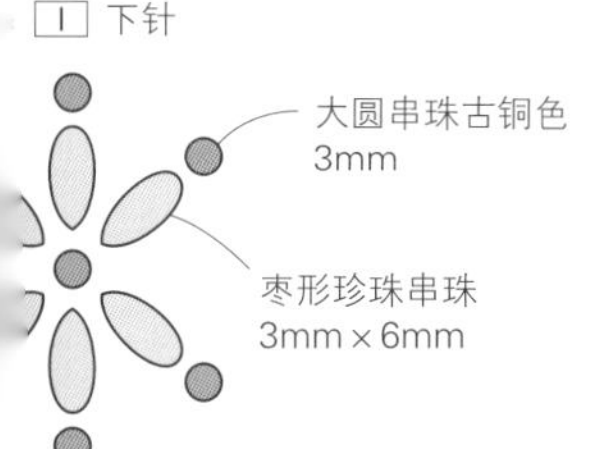

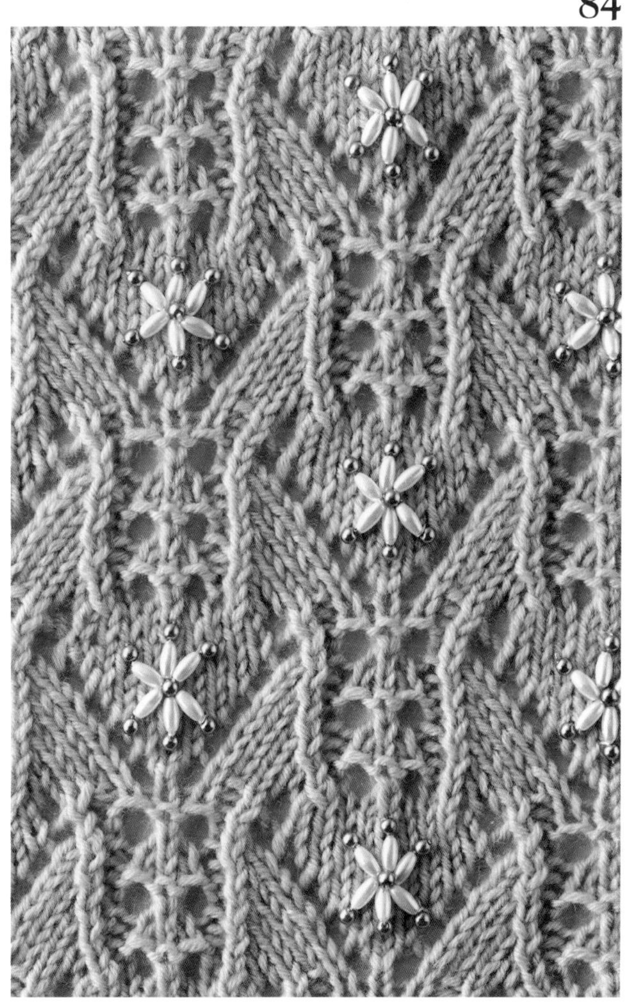

基础花样和交叉花样

Various Patterns

在自然的基础花样上，通过针目的交叉而诞生的，美丽的浮雕感的交叉花样，
是设计基础款编织时经常使用的花样。

暖暖的冬日毛袜

编织花样使用的是47页的106号花样。

编织方法/127页

85

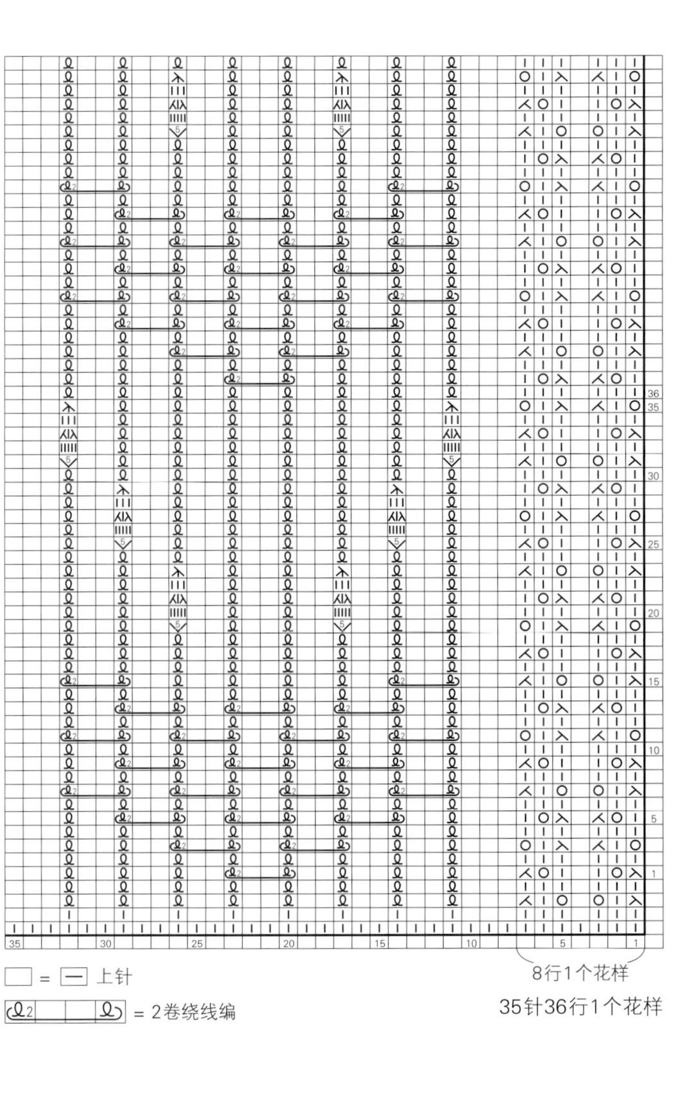

□ = ㅡ 上针

= 2卷绕线编

8行1个花样

35针36行1个花样

86

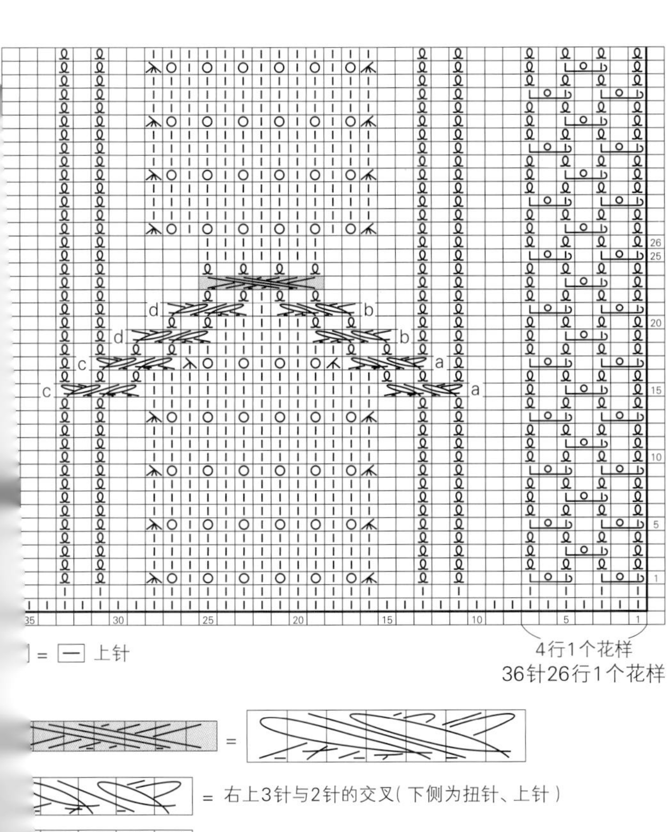

□ = ㅡ 上针

4行1个花样

36针26行1个花样

= 右上3针与2针的交叉（下侧为扭针、上针）

= 右上3针与2针的交叉（下侧为2针上针）

= 左上3针与2针的交叉（下侧为上针、扭针）

= 左上3针与2针的交叉（下侧为2针上针）

87

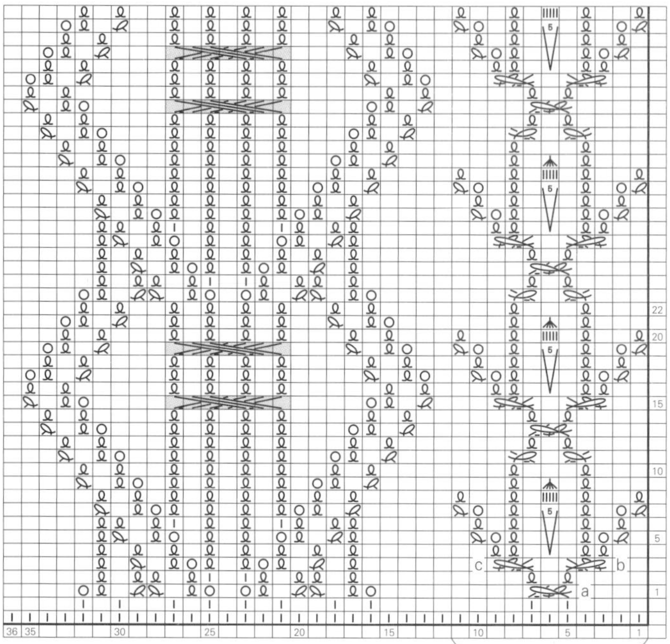

□ = ⊟ 上针

12行1个花样

36针22行1个花样

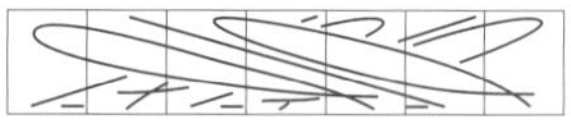

a  = 右上1针与2针的交叉（下侧为扭针、上针）

b  = 左上1针与2针的交叉（下侧为扭针、上针）

c  = 右上1针与2针的交叉（下侧为上针、扭针）

88

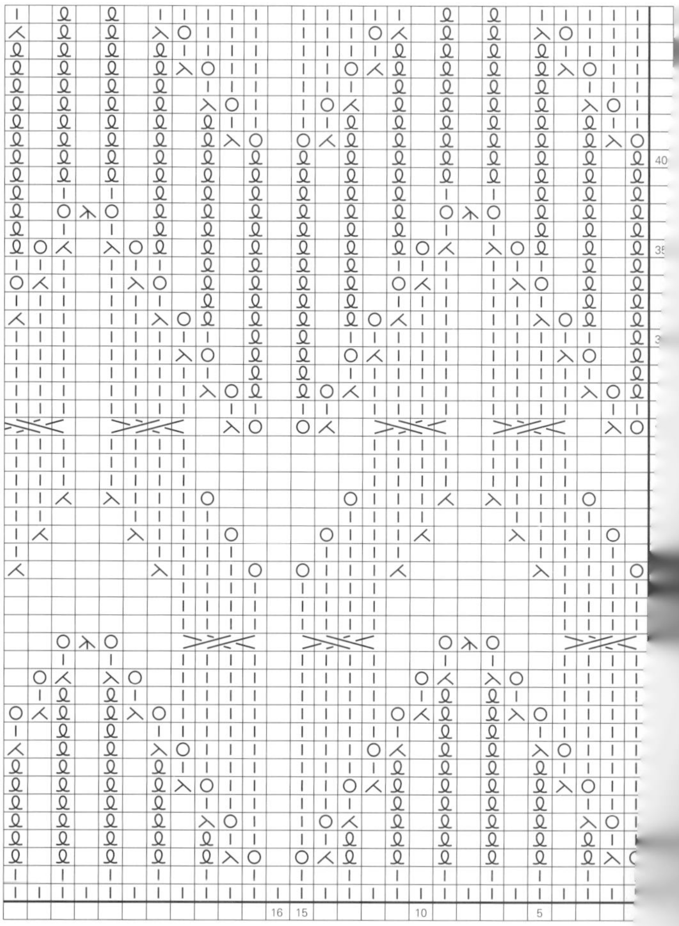

□ = ⊟ 上针

16针40行1个

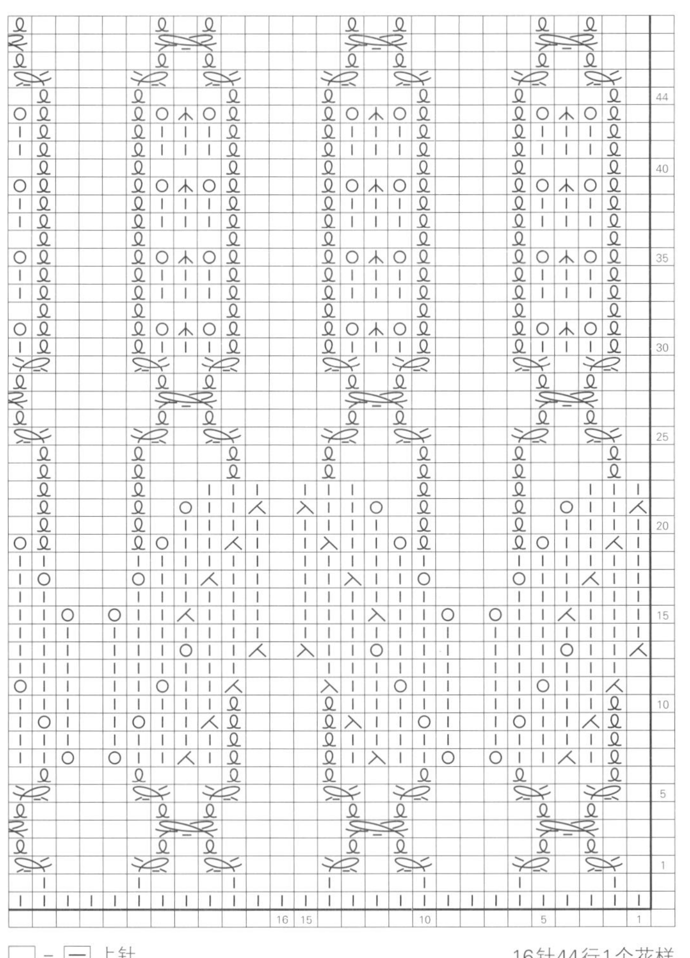

□ = ㊀ 上针

16针44行1个花样

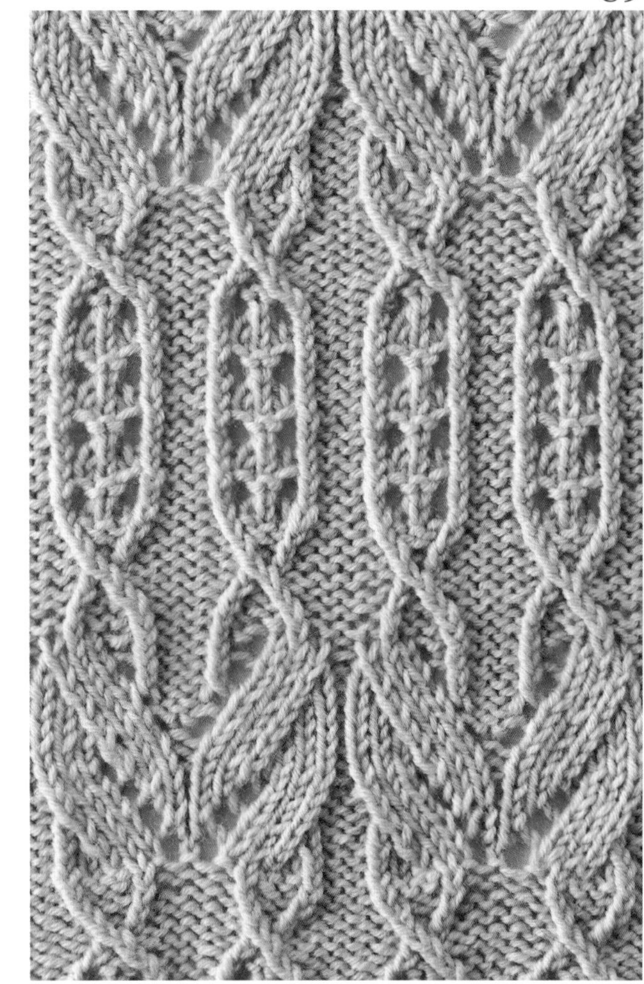

90

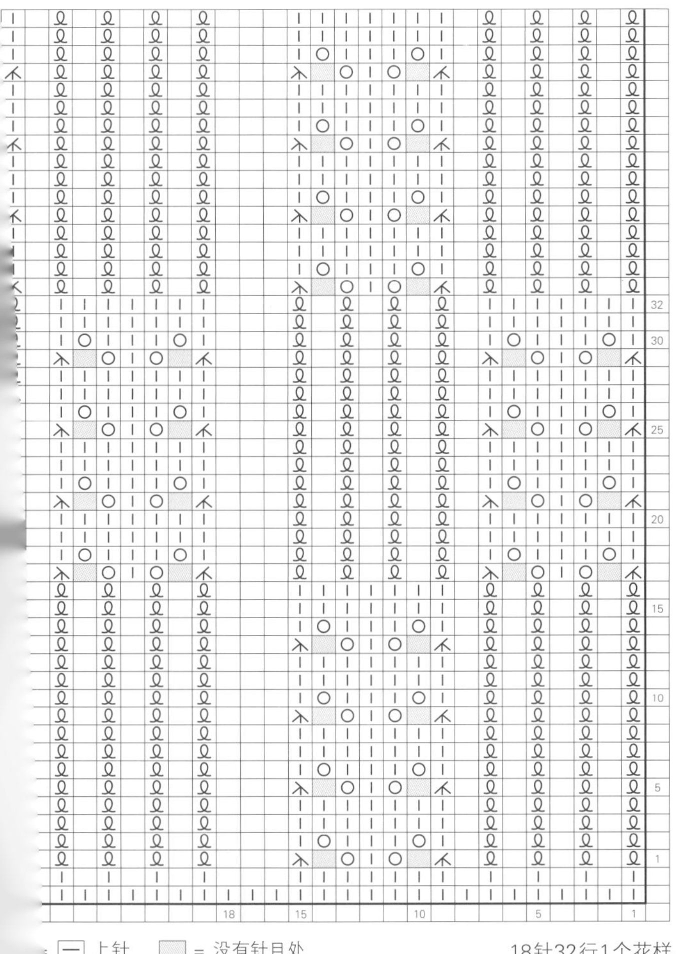

㊀ 上针 ▢ = 没有针目处

18针32行1个花样

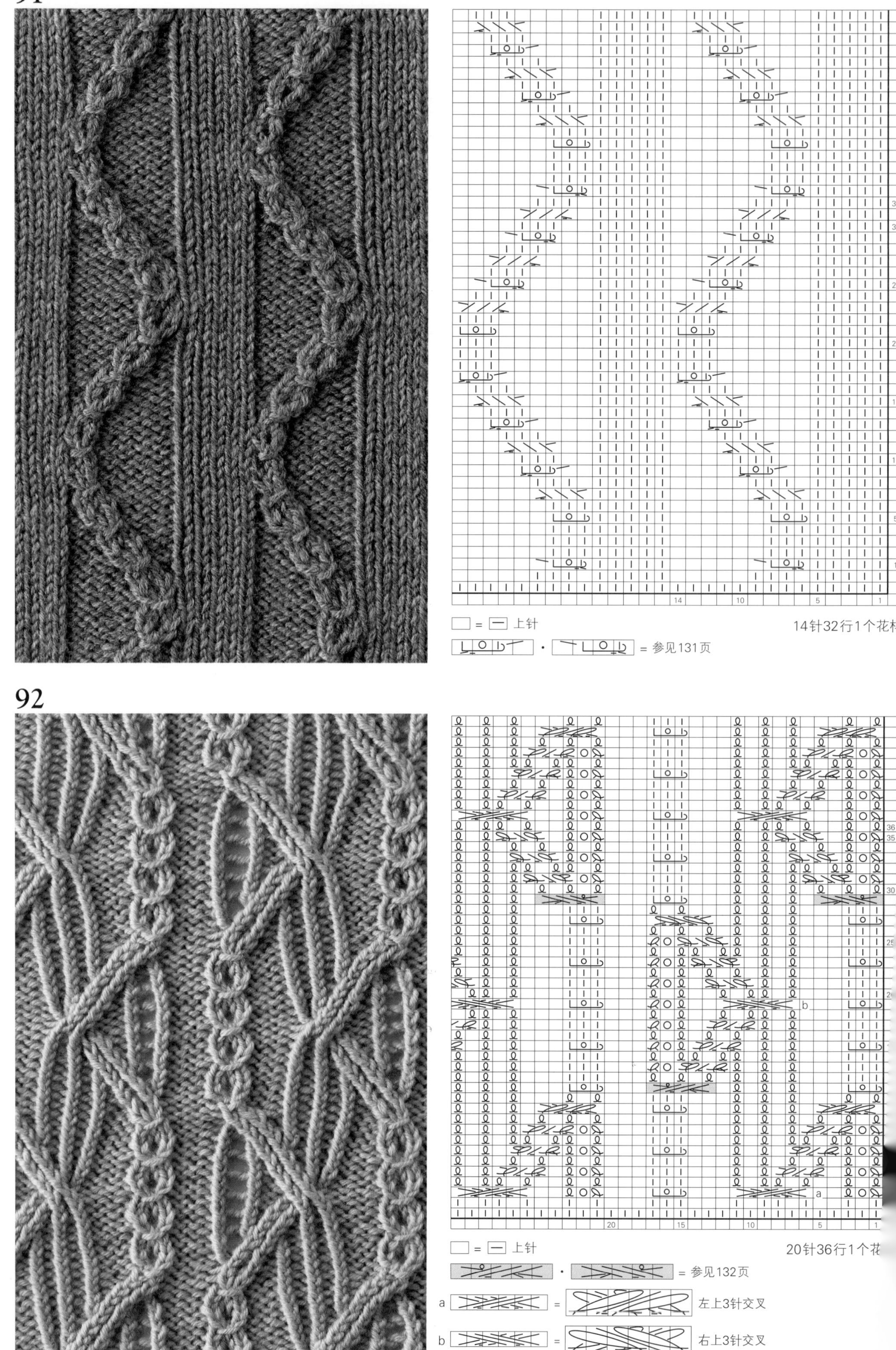
91
□ = ⊟ 上针
14针32行1个花样
= 参见131页
92
□ = ⊟ 上针
20针36行1个花
= 参见132页
左上3针交叉
右上3针交叉

93

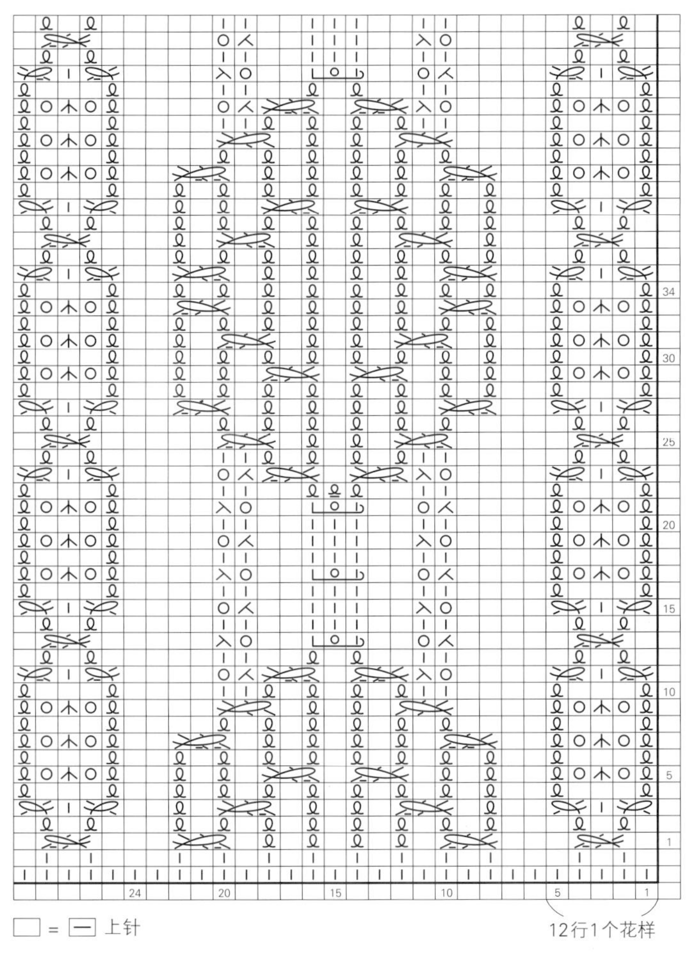

□ = ⊟ 上针

12行1个花样

24针34行1个花样

基础花样

94

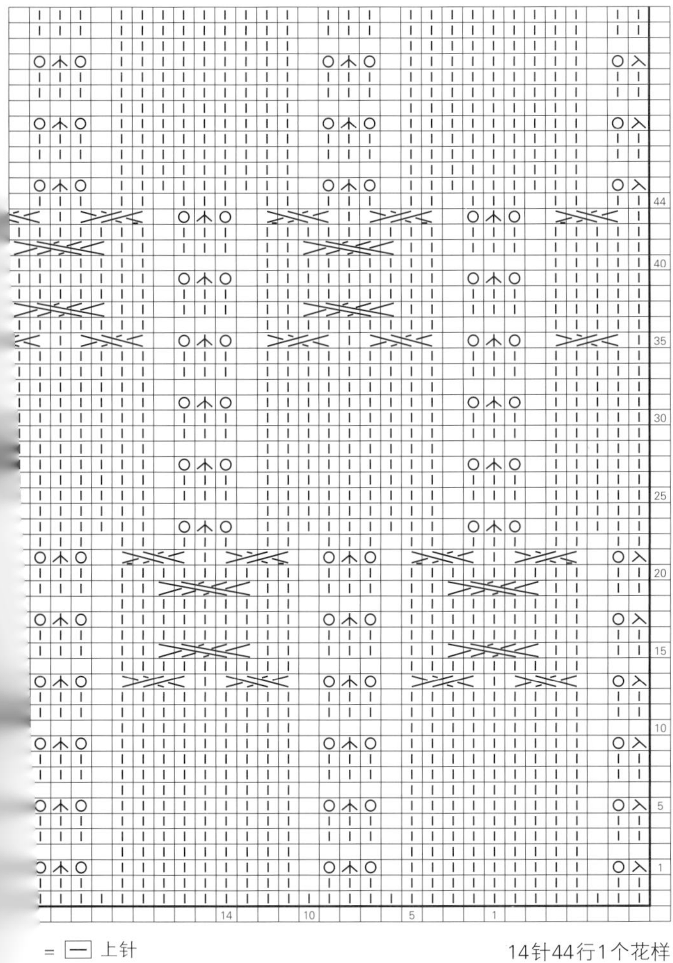

□ = ⊟ 上针

14针44行1个花样

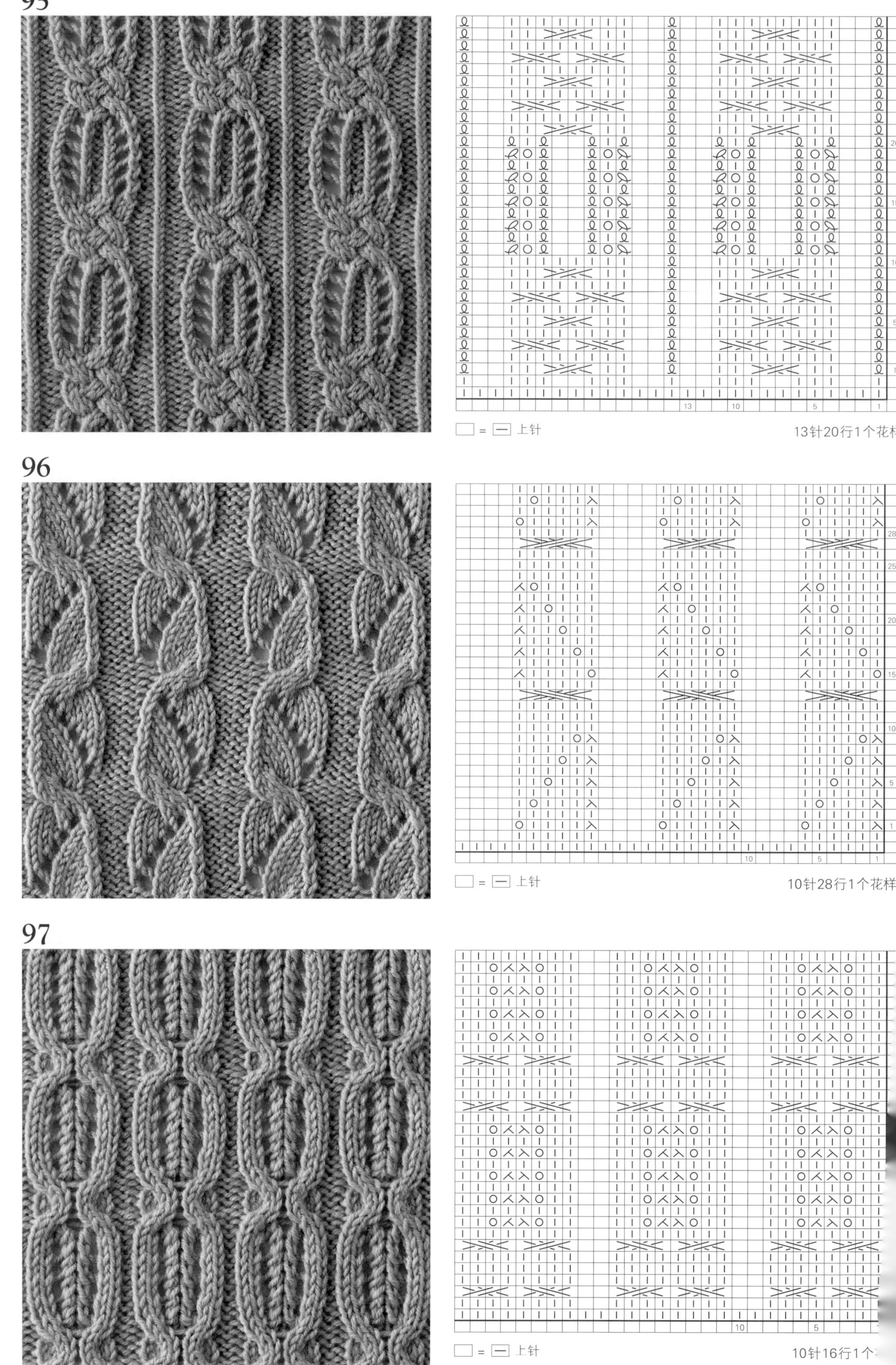

95
□ = ㊀ 上针
13针20行1个花样
96
□ = ㊀ 上针
10针28行1个花样
97
□ = ㊀ 上针
10针16行1个

98

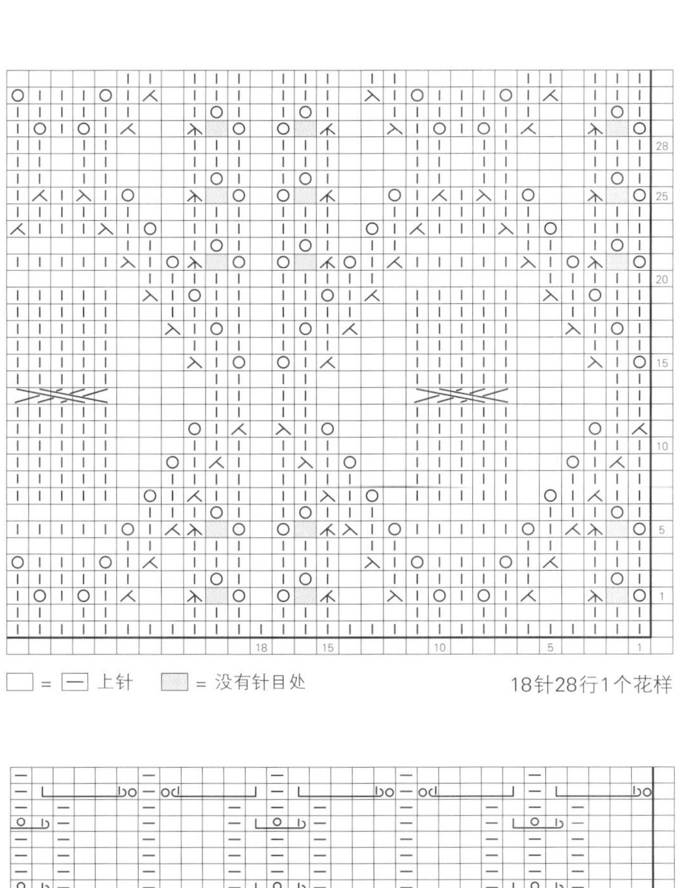

□ = — 上针　　▒ = 没有针目处

18针28行1个花样

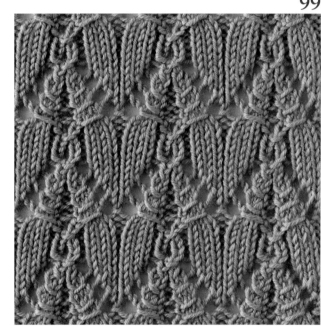

99

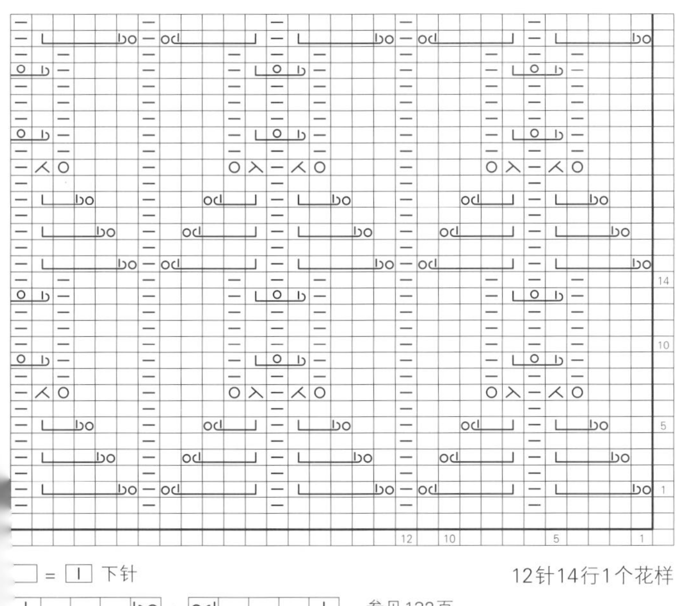

□ = | 下针

12针14行1个花样

└───┘bo · od└───┘ = 参见132页

100

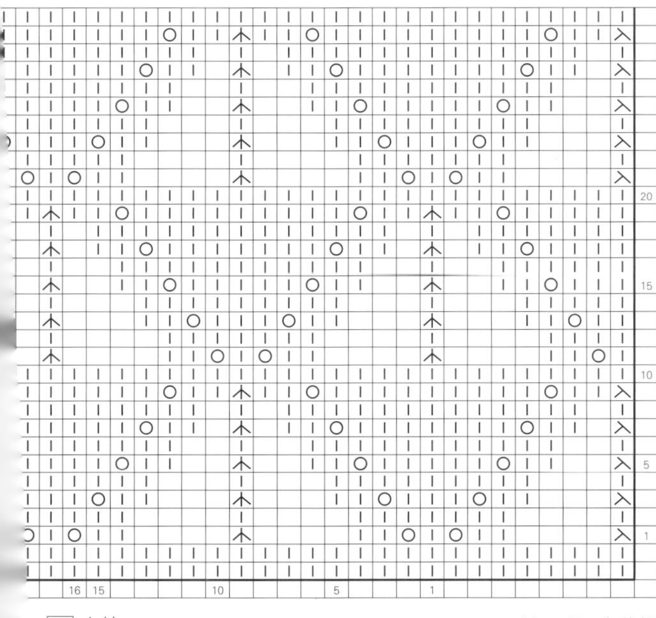

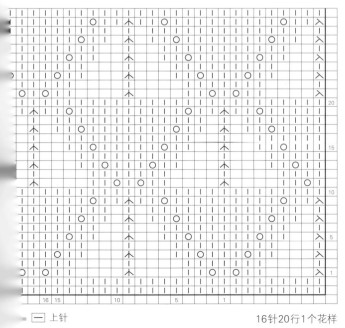

□ = — 上针

16针20行1个花样

基础花样

101

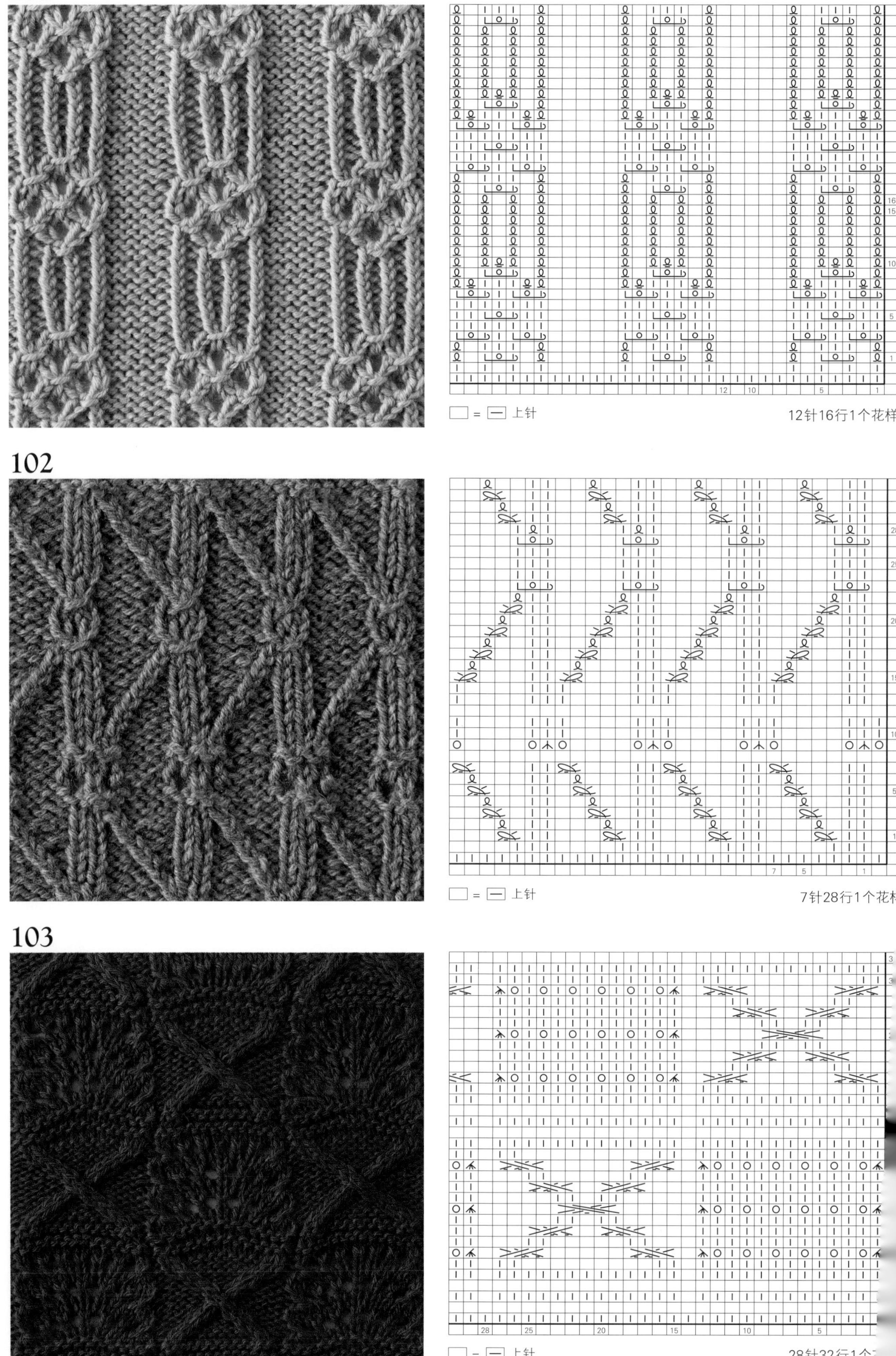
□ = ⊟ 上针
12针16行1个花样
□ = ⊟ 上针
7针28行1个花样
□ = ⊟ 上针
28针32行1个花样

102

103

104

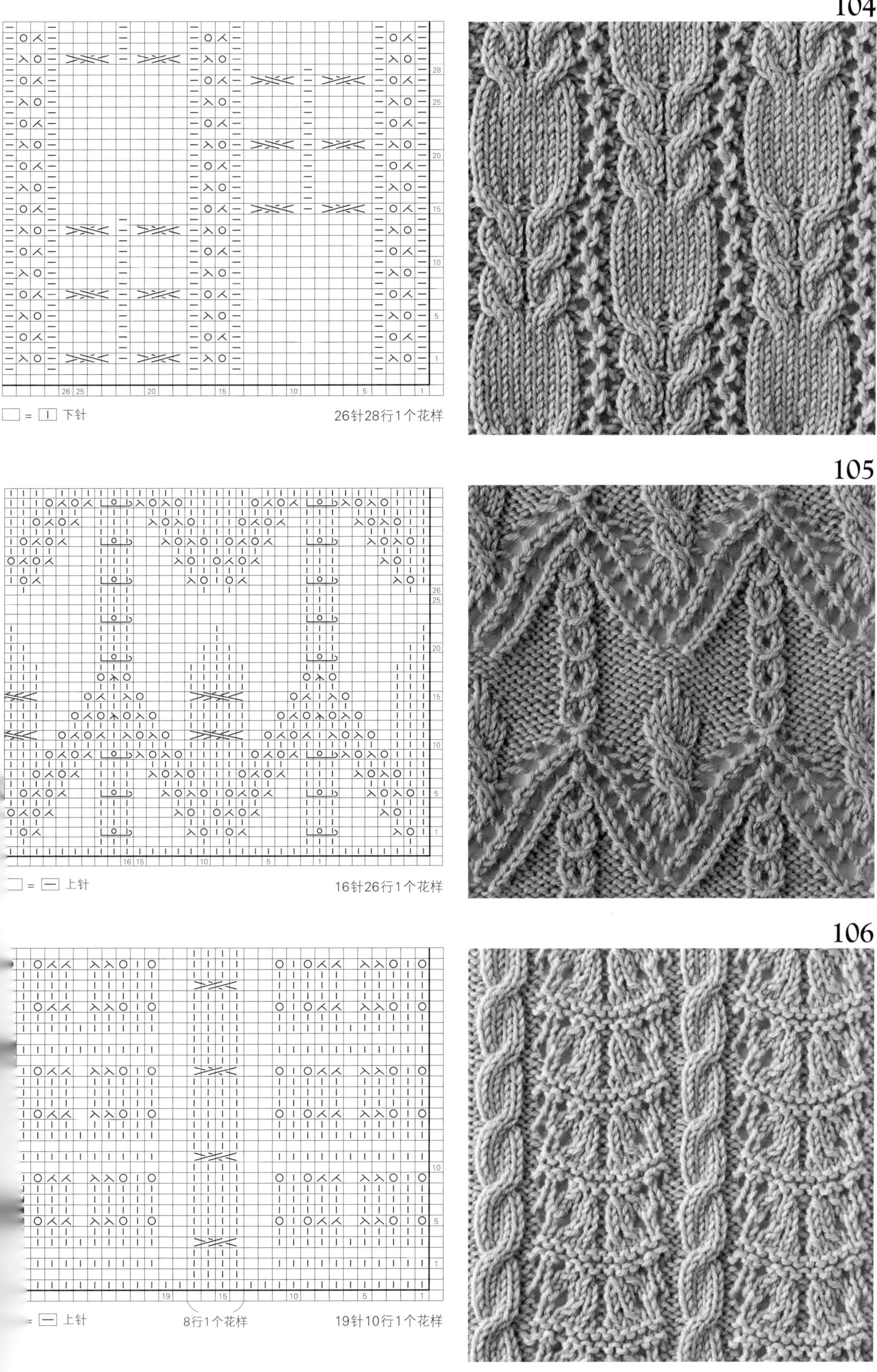

□ = [丨] 下针

26针28行1个花样

105

□ = [—] 上针

16针26行1个花样

106

□ = [—] 上针

8行1个花样

19针10行1个花样

107

□ = ⊟ 上针　▨ = 没有针目处

27针48行1个花样

右上扭针2针交叉

= 参见131页

= 参见132页

108

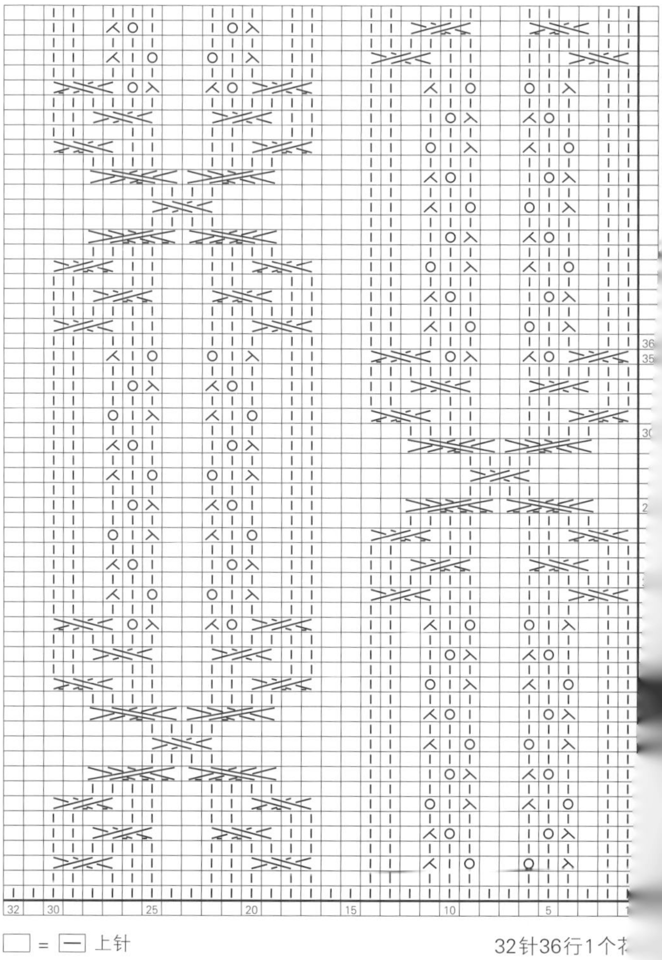

□ = ⊟ 上针

32针36行1个花样

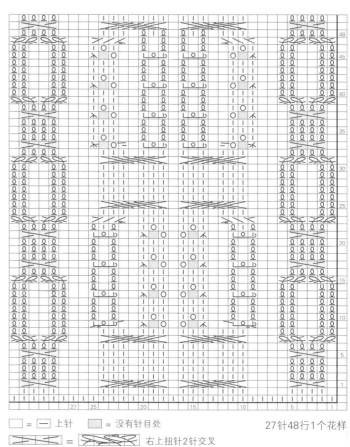

109

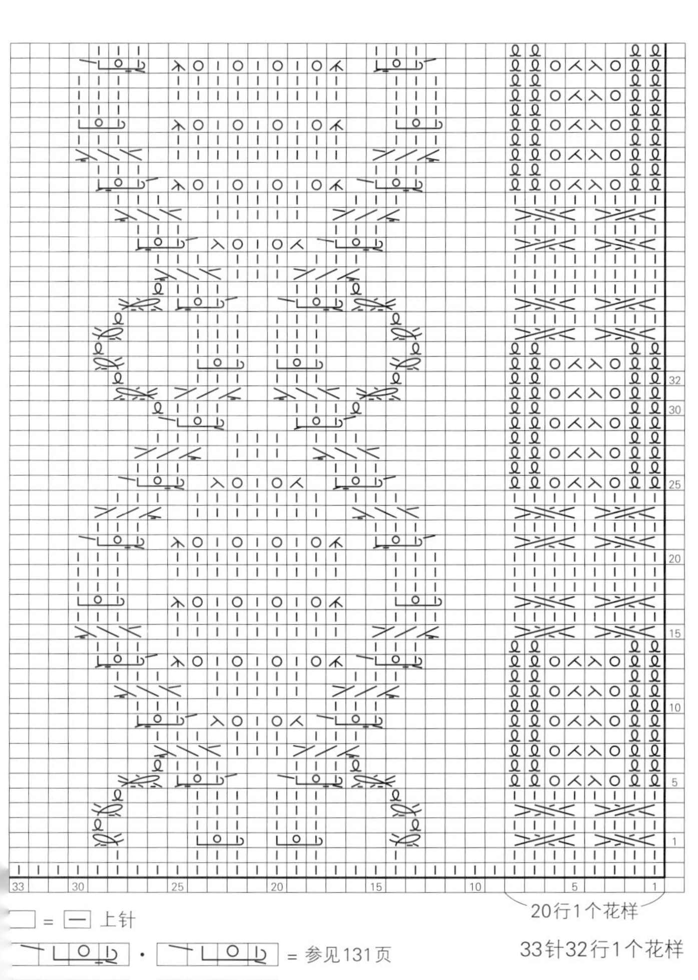

□ = ⊟ 上针

= 参见131页

= 参见131页

20行1个花样

33针32行1个花样

交叉花样

110

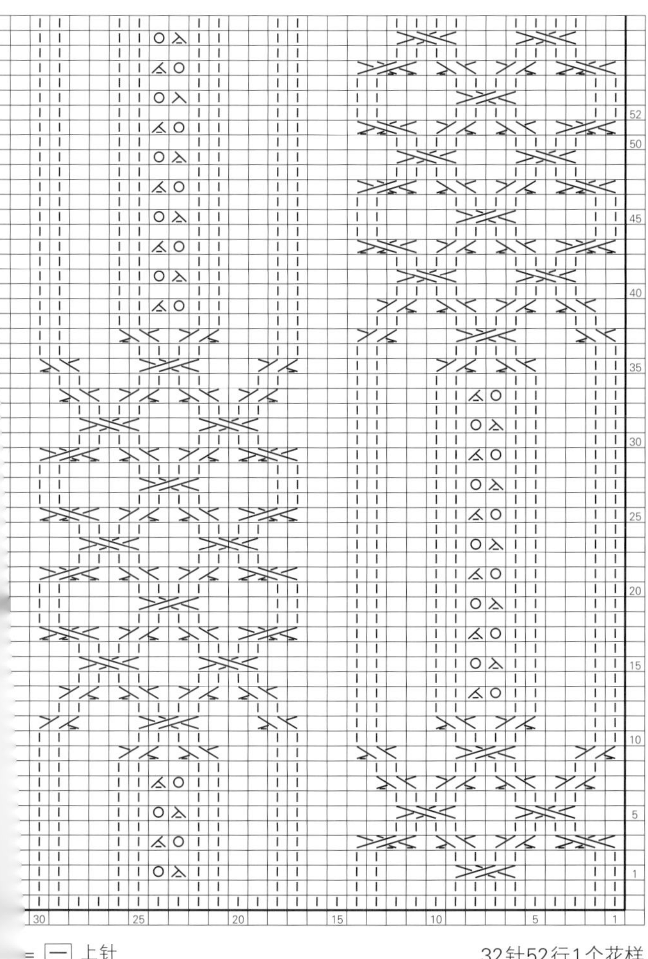

= ⊟ 上针

32针52行1个花样

111

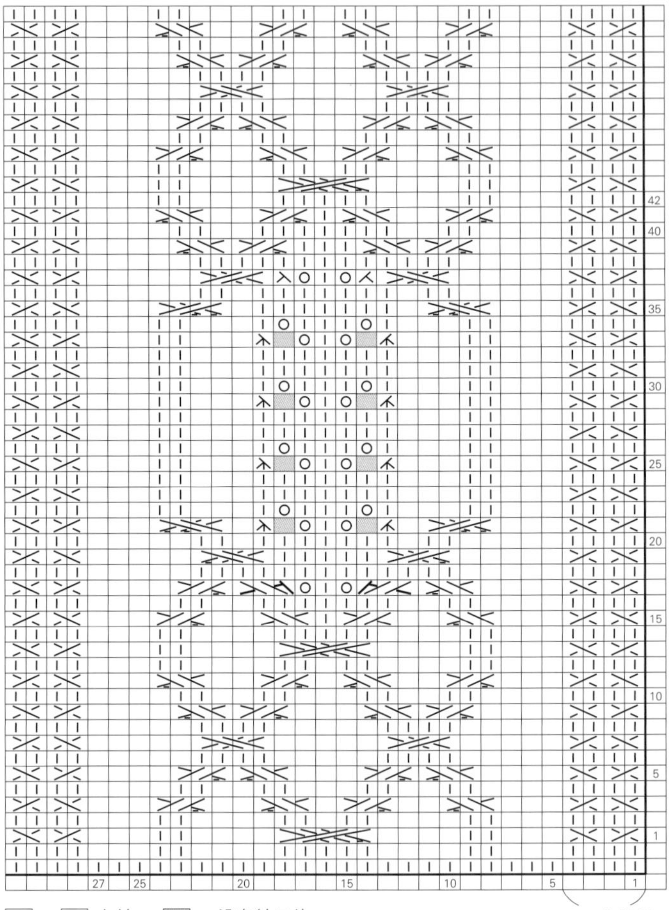

□ = ⊟ 上针　▒ = 没有针目处

4行1个花样

○⧸⧸ · ⧹⧹○ = 在交叉的同时，编织挂针和2针并1针

27针42行1个花样

112

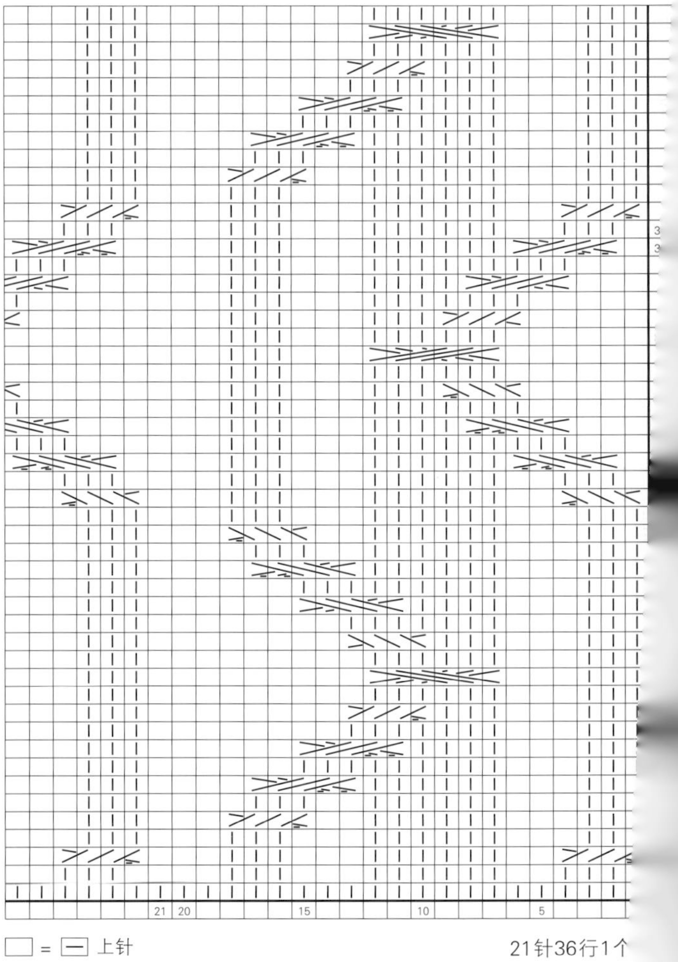

□ = ⊟ 上针

21针36行1个

113

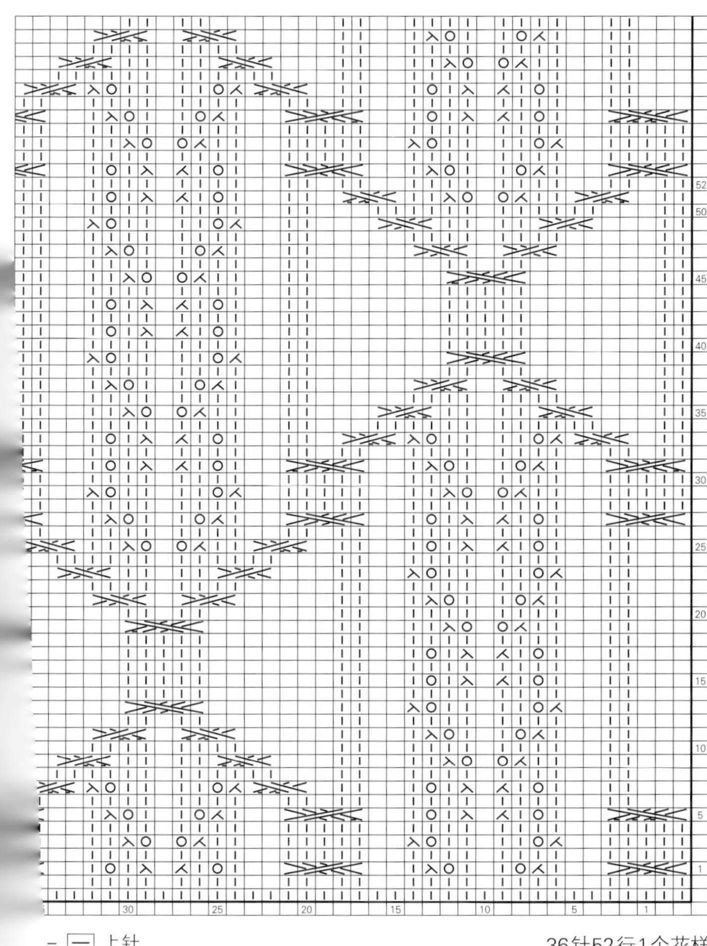

= [—] 上针

36针52行1个花样

交叉花样

114

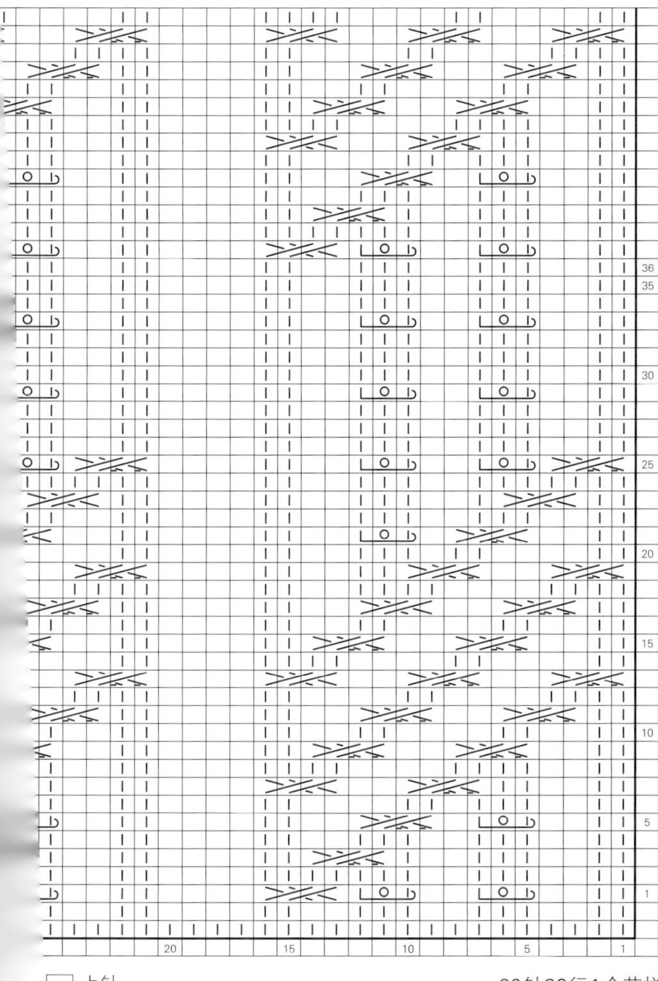

[—] 上针

20针36行1个花样

115

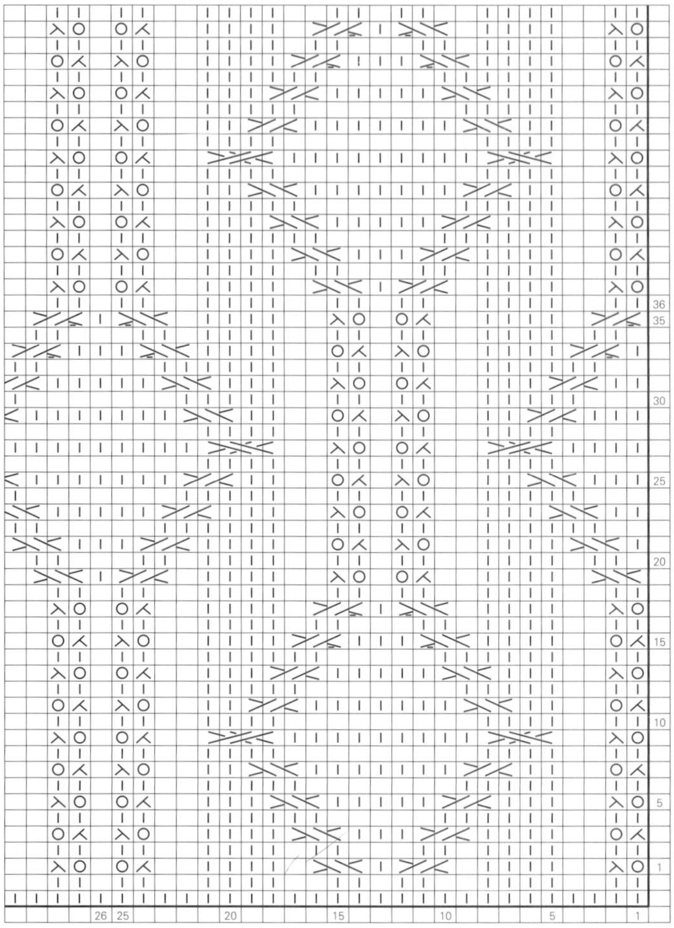

□ = ⊟ 上针

26针36行1个花样

116

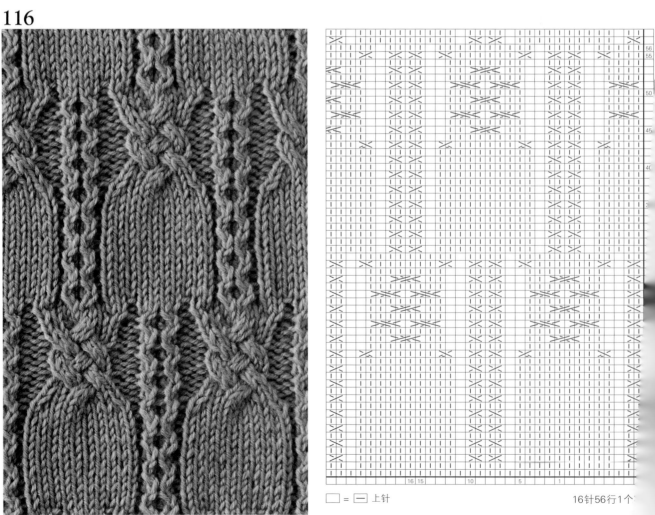

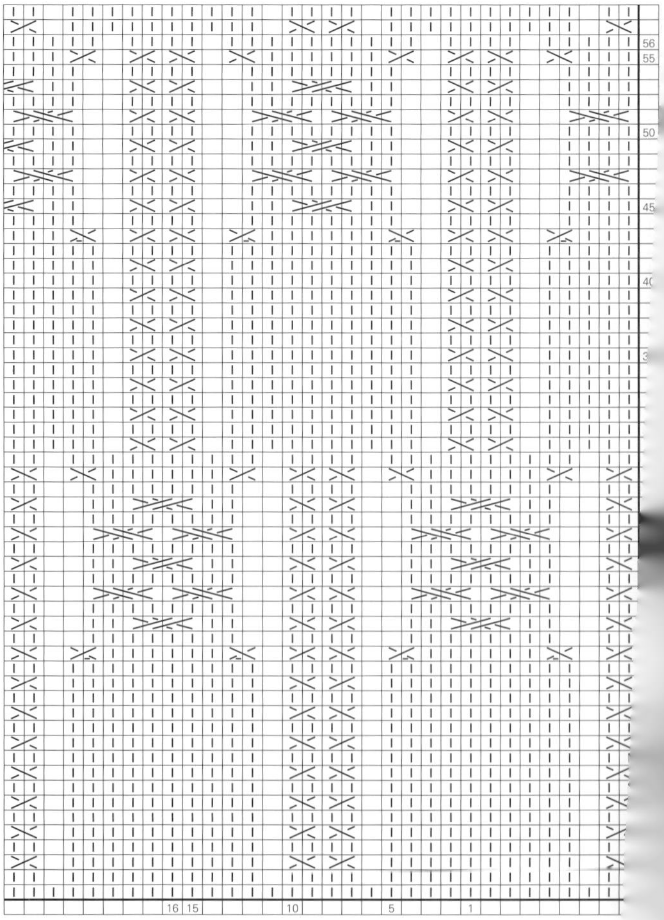

□ = ⊟ 上针

16针56行1个花样

117

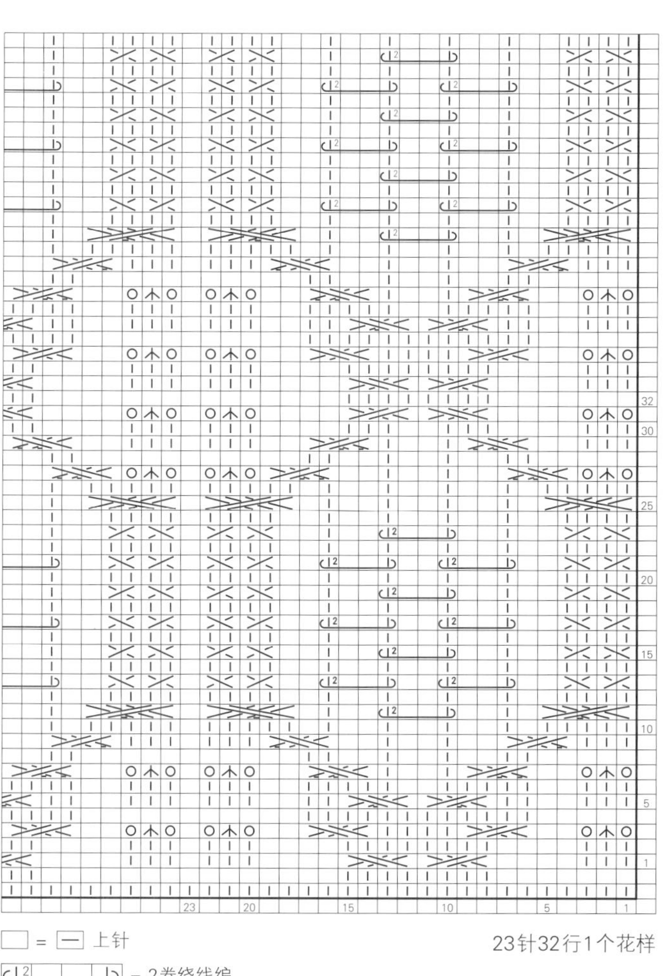

□ = ⊟ 上针

2卷绕线编

23针32行1个花样

118

⊟ 上针

26针40行1个花样

119

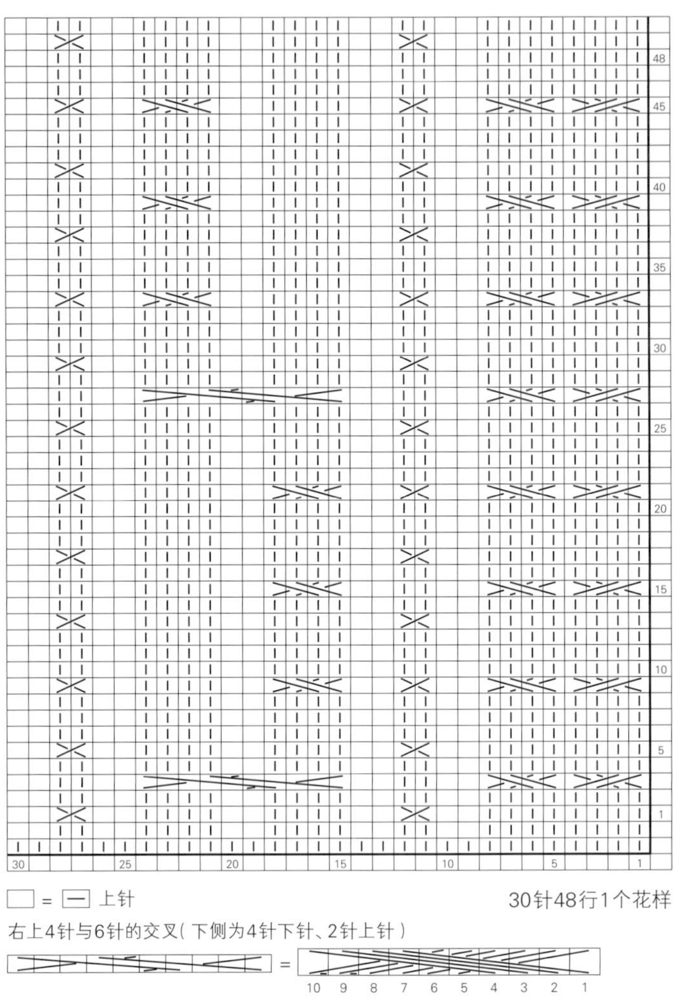

□ = ⊟ 上针

30针48行1个花样

右上4针与6针的交叉（下侧为4针下针、2针上针）

120

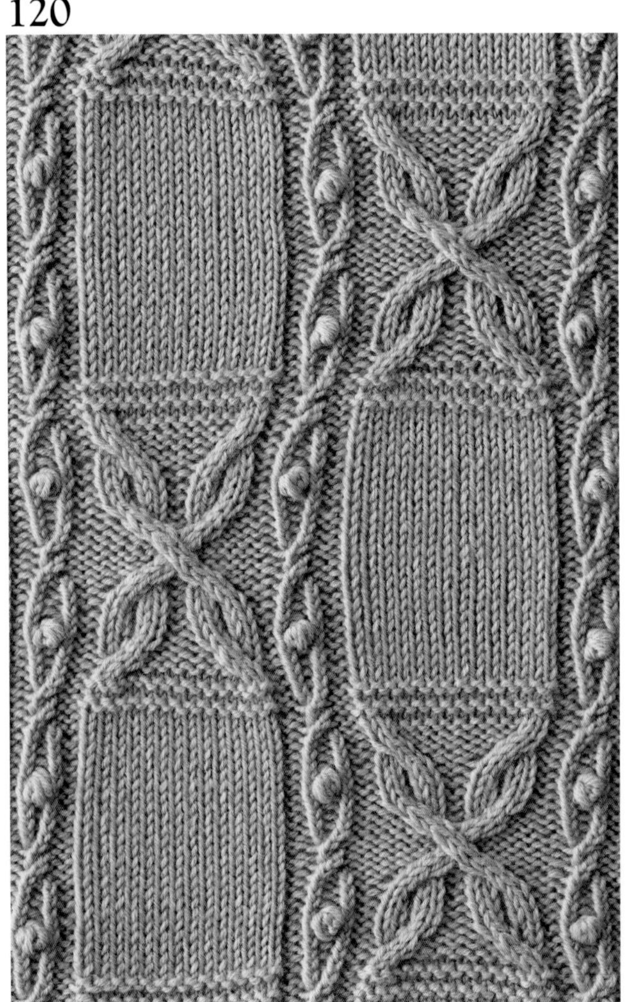

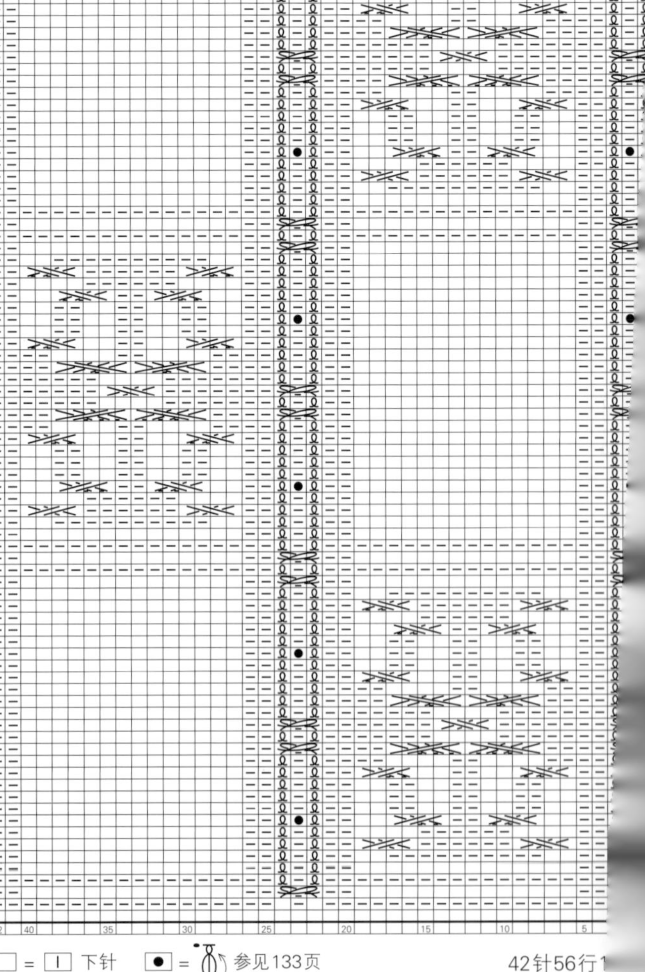

□ = ⧠ 下针　■ = 参见133页

42针56行1

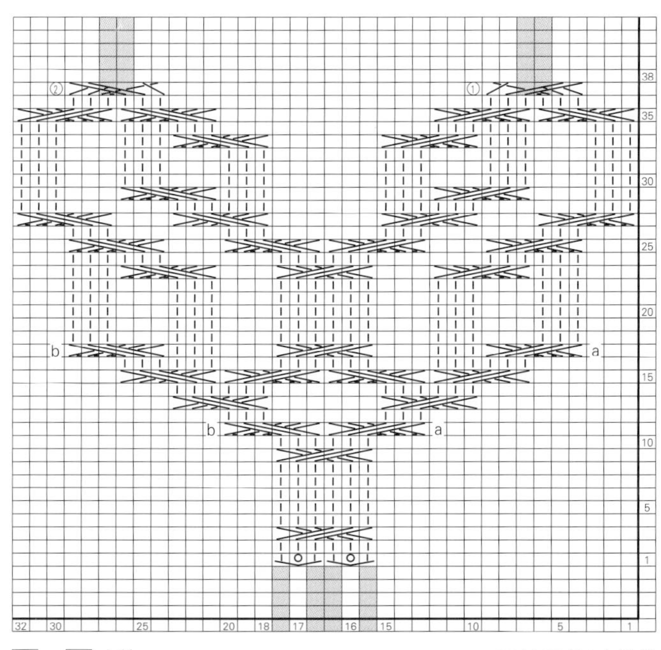

□ = ⊟ 上针

32针38行1个花样

▒ = 没有针目处

a = 左上3针交叉（下侧为3针上针）

b = 右上3针交叉（下侧为3针上针）

① （6针）→（4针）
=
第1针和第4针做左上2针并1针（−1针）
第2针和第5针做左上2针并1针（−1针）
第3针和第6针做左上1针交叉
（第3针编织上针）

② （6针）→（4针）
=
第1针和第4针做右上1针交叉
（第4针编织上针）
第2针和第5针做右上2针并1针（−1针）
第3针和第6针做右上2针并1针（−1针）

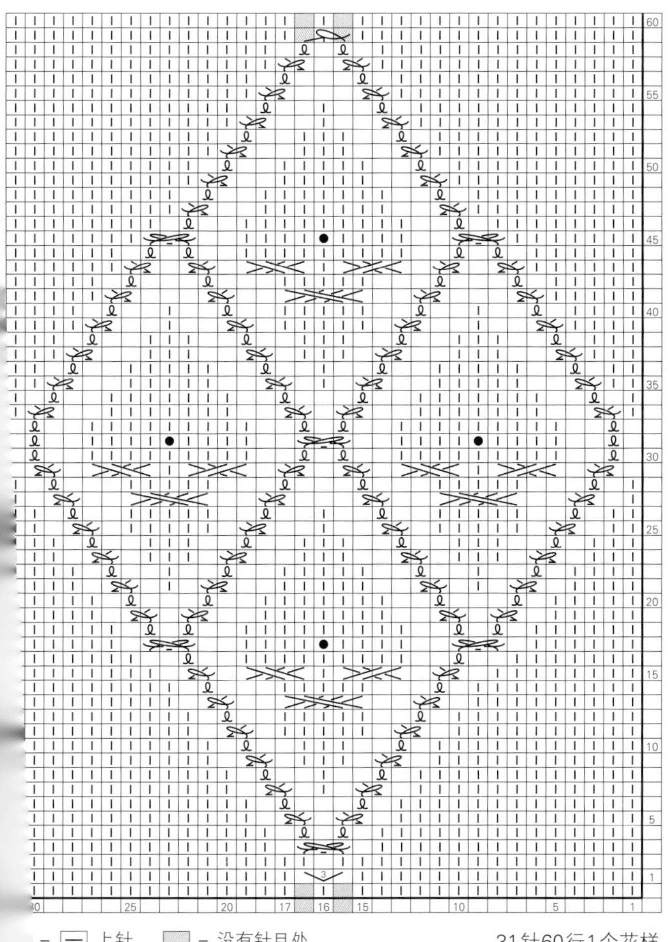

= ⊟ 上针　▒ = 没有针目处

31针60行1个花样

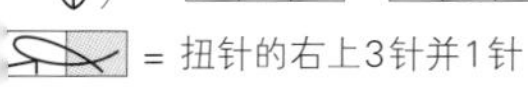 = 扭针的右上3针并1针

123

□ = | 下针

18针24行1个花样

124

□ = — 上针

14针20行1个花样

5 = 5卷绕线编

125

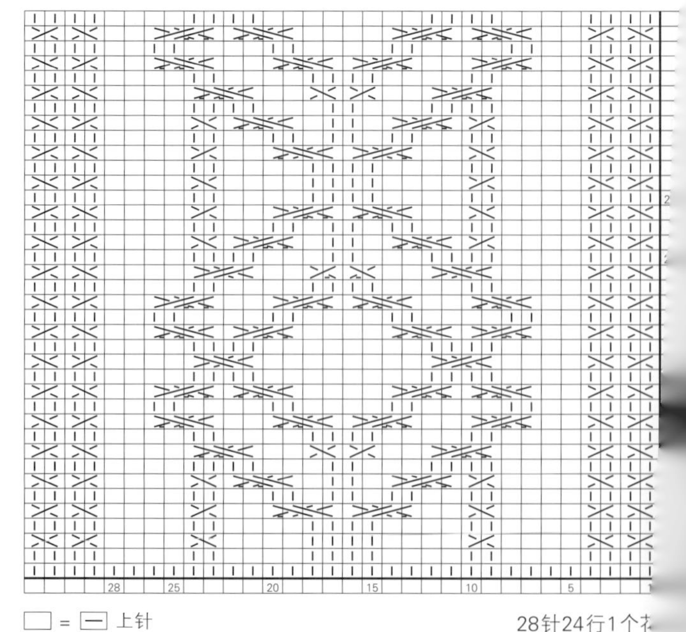

□ = — 上针

28针24行1个花

126

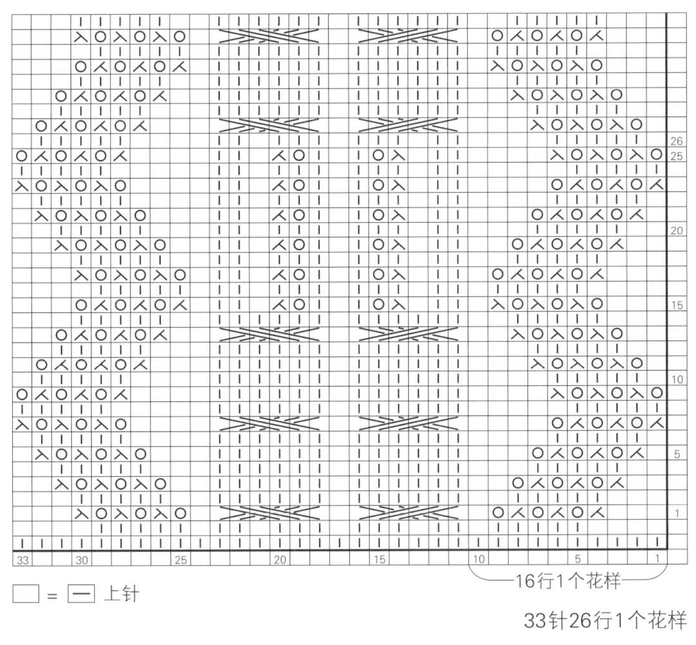

□ = ⊟ 上针

33针26行1个花样

127

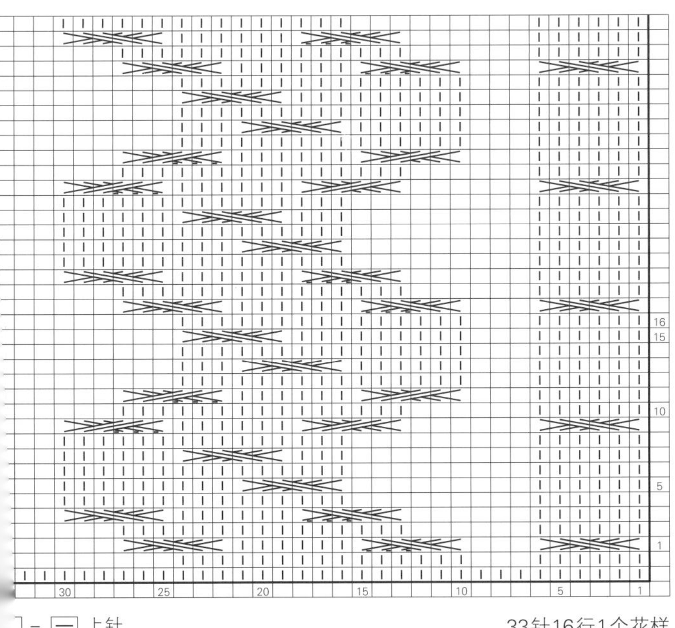

□ = ⊟ 上针

33针16行1个花样

128

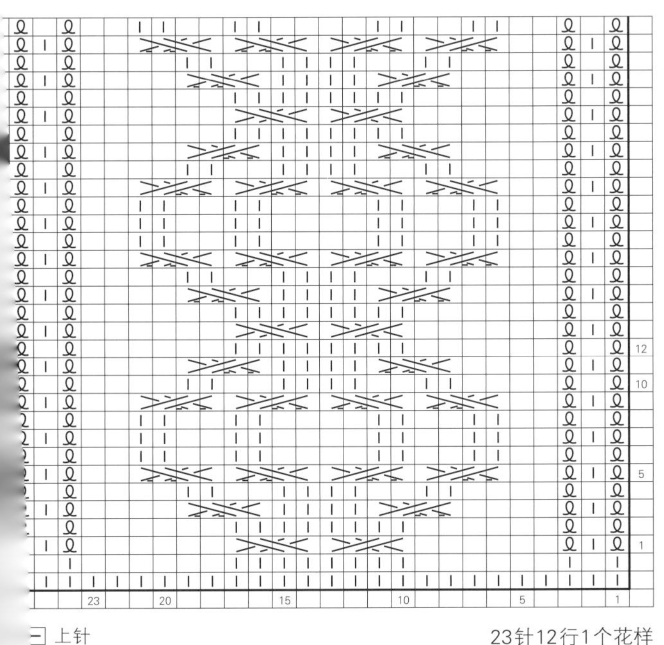

⊟ 上针

23针12行1个花样

交叉花样与镂空花样的帽子

编织花样选用的是61页的131号花样中的部分花样。

编织方法/128页

组合花样
Large Patterns

横向排列的具有不同感觉的组合花样，
最适合使用在能够体验到编织乐趣的阿兰花样编织中。
一定要编织一件这样的永不过时的阿兰花样毛衣。

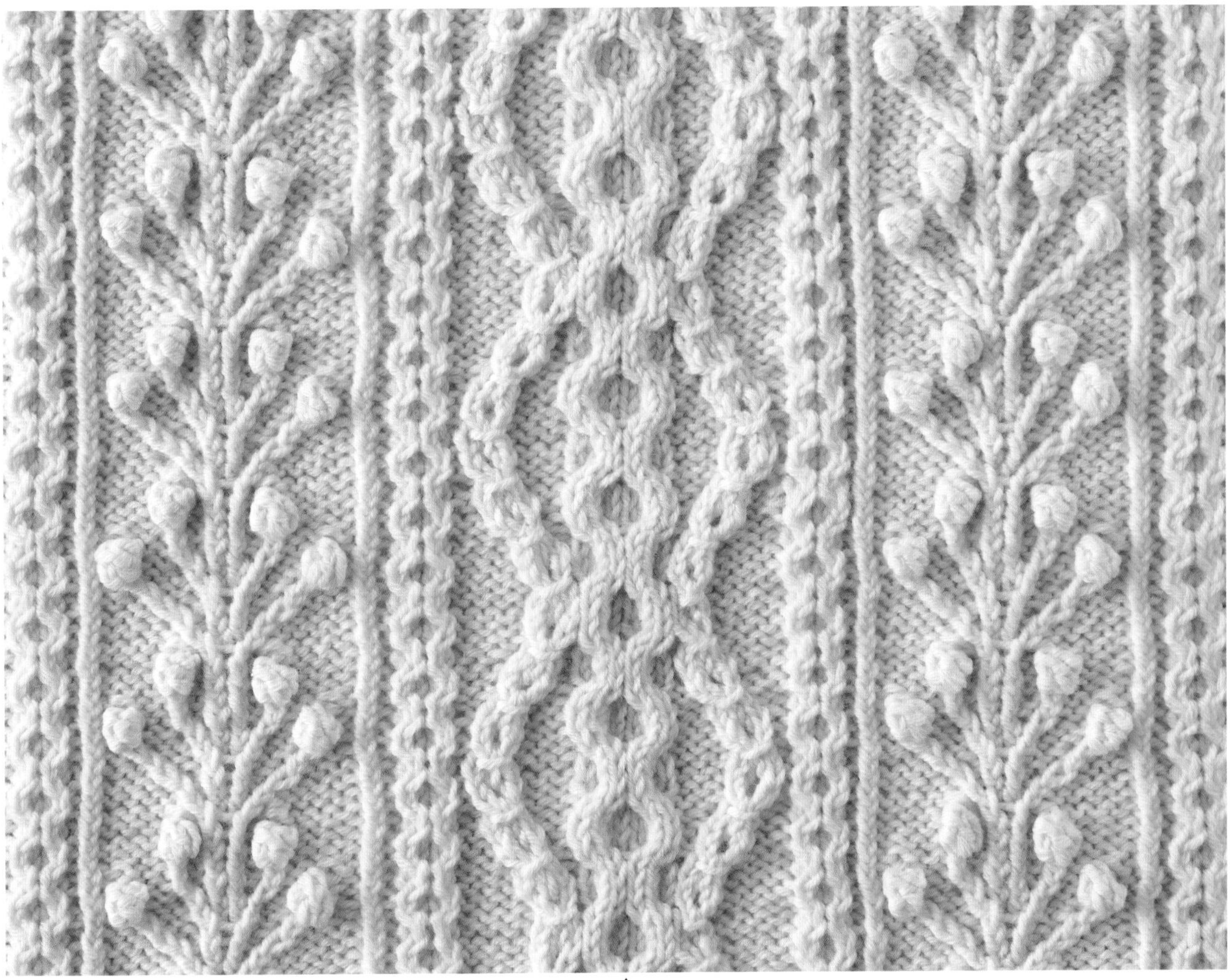

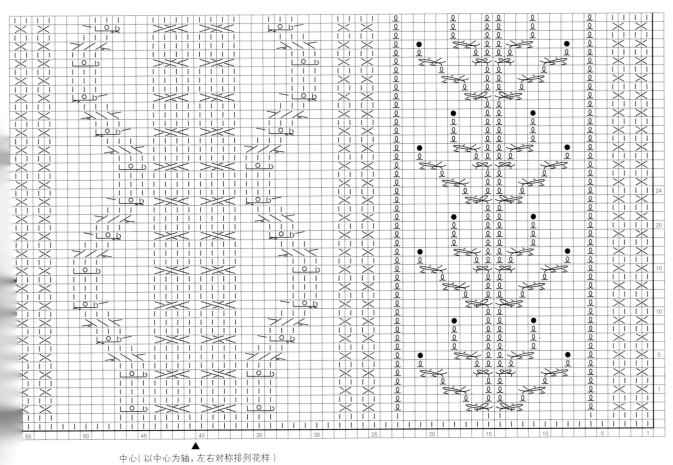

中心（以中心为轴，左右对称排列花样）

□ = — 上针　● = 　= 参见131页

130

组合花样

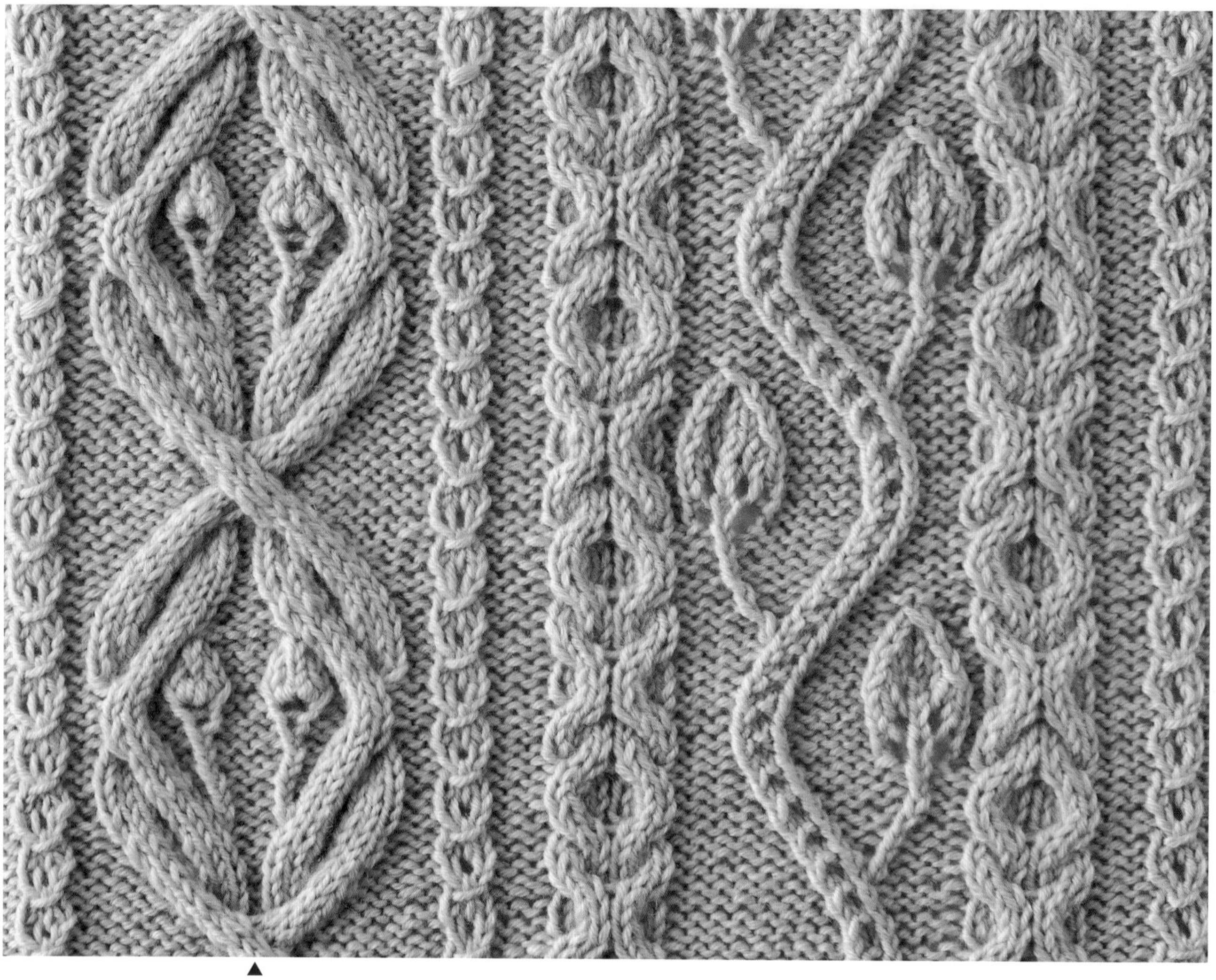

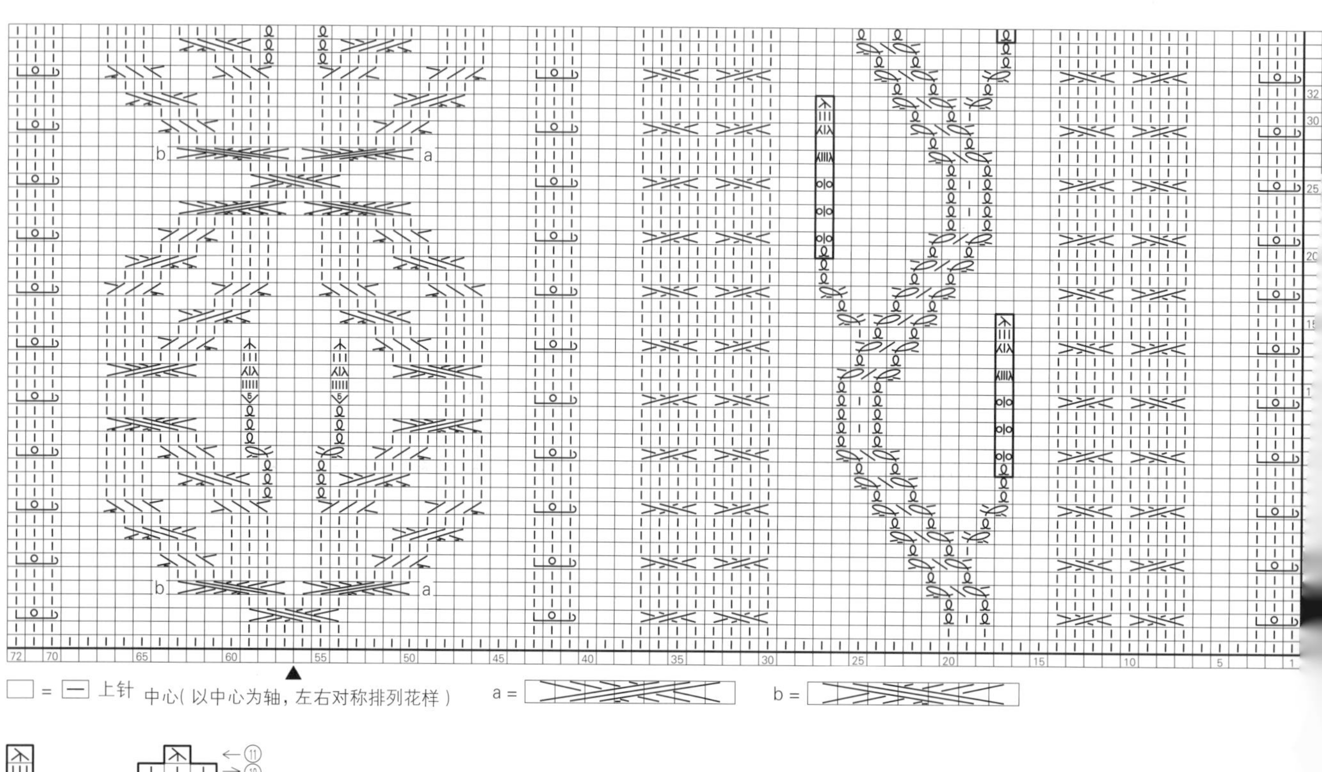

b
a
□ = — 上针
中心（以中心为轴，左右对称排列花样）
a =
b =

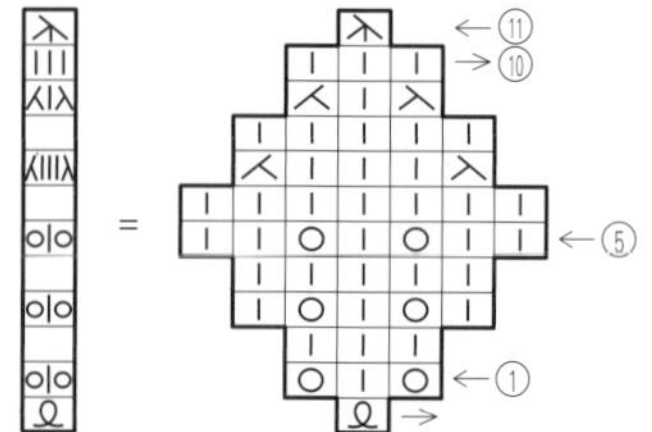

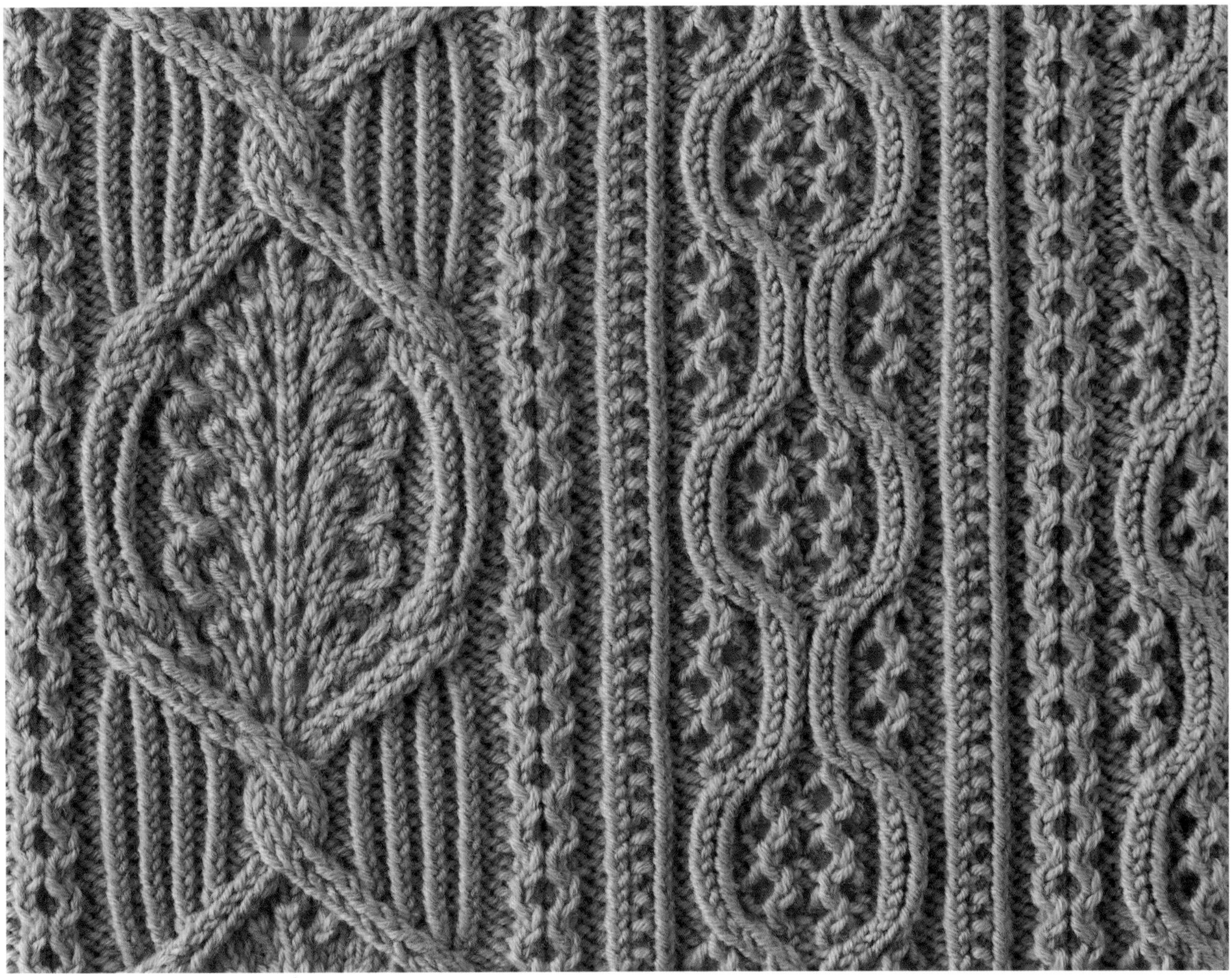

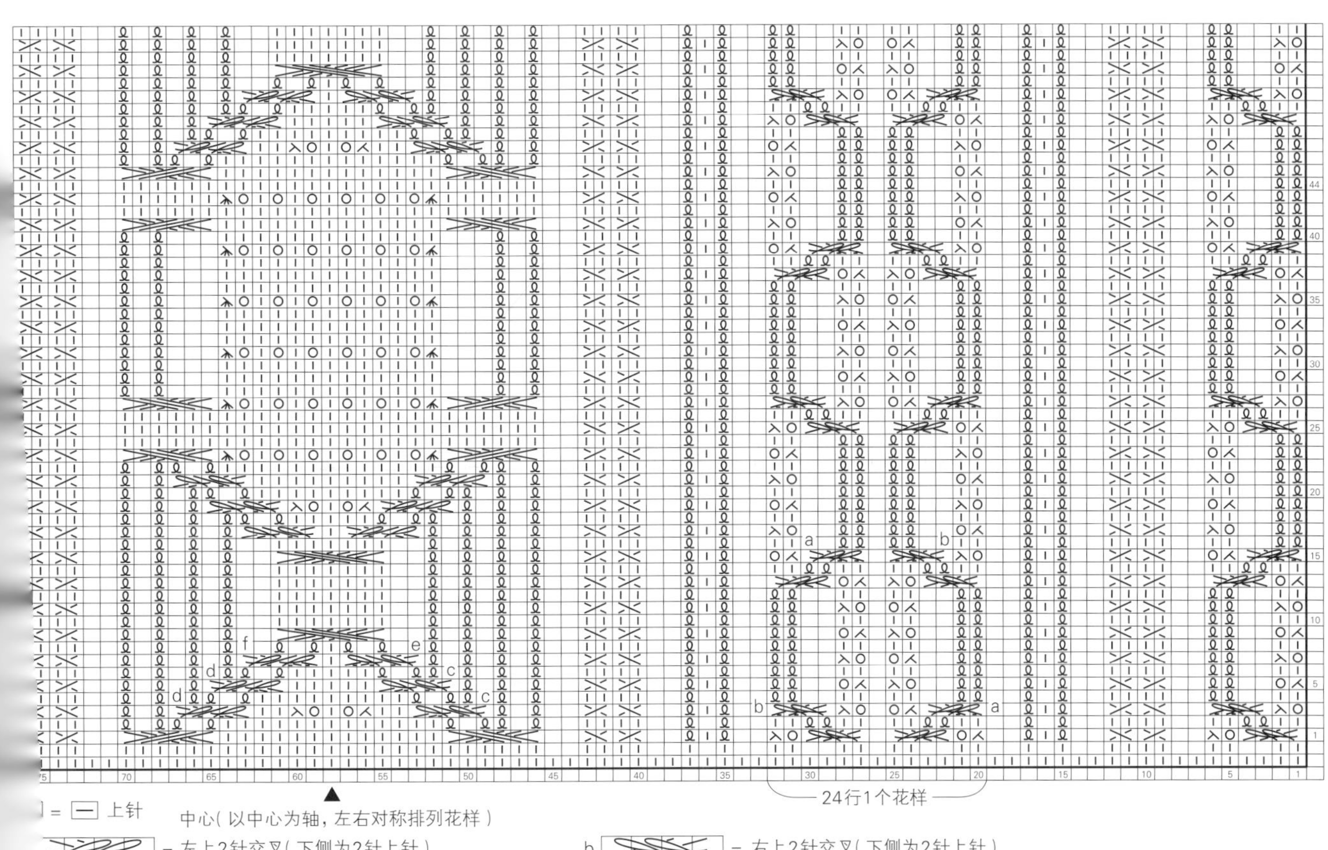

□ = ─ 上针

中心（以中心为轴，左右对称排列花样）

= 左上2针交叉（下侧为2针上针）

b = 右上2针交叉（下侧为2针上针）

= 右上3针与2针的交叉（下侧为上针、下针）

d = 左上3针与2针的交叉（下侧为下针、上针）

= 右上3针与2针的交叉（下侧为2针上针）

f = 左上3针与2针的交叉（下侧为2针上针）

132

□ = ⊟ 上针
中心（以中心为轴，左右对称排列花样）
18行1个花样
20行1个花样
挑取针目与针目之间的
渡线做扭针加针

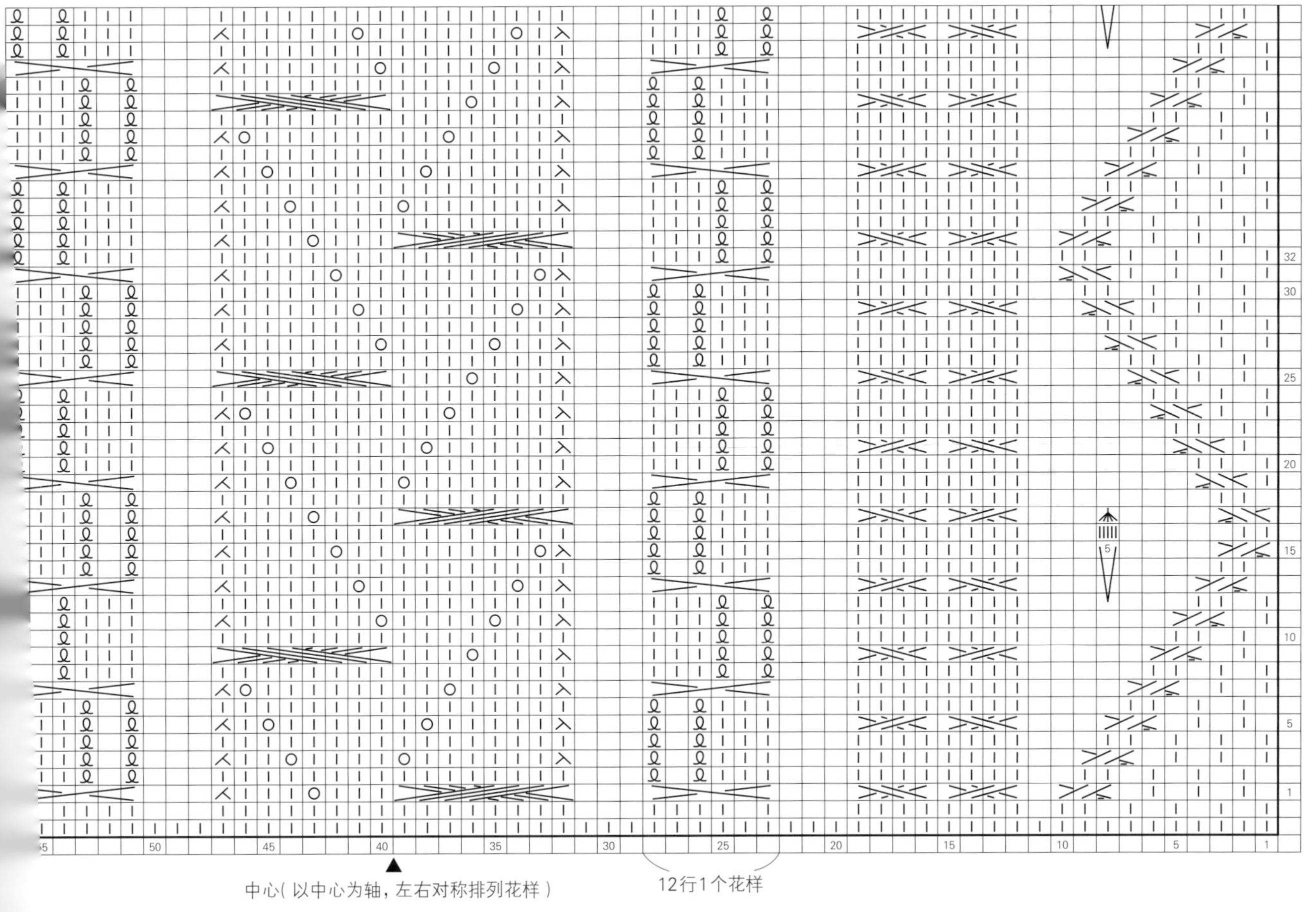

中心（以中心为轴，左右对称排列花样）

12行1个花样

= [—] 上针

134

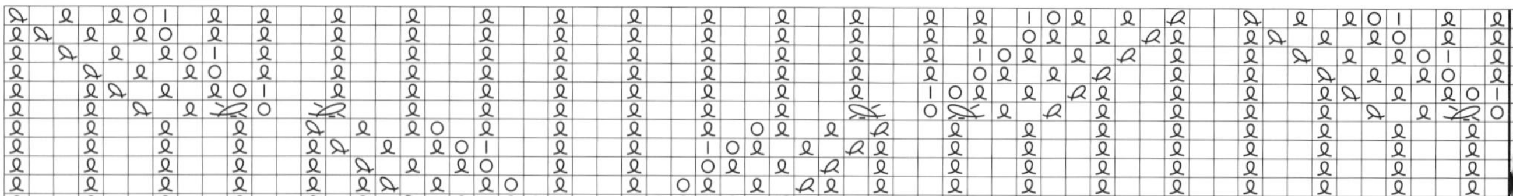

组合花样

□ = — 上针　　ℓ2 —— ℓ = 2卷绕线编

50针48行1

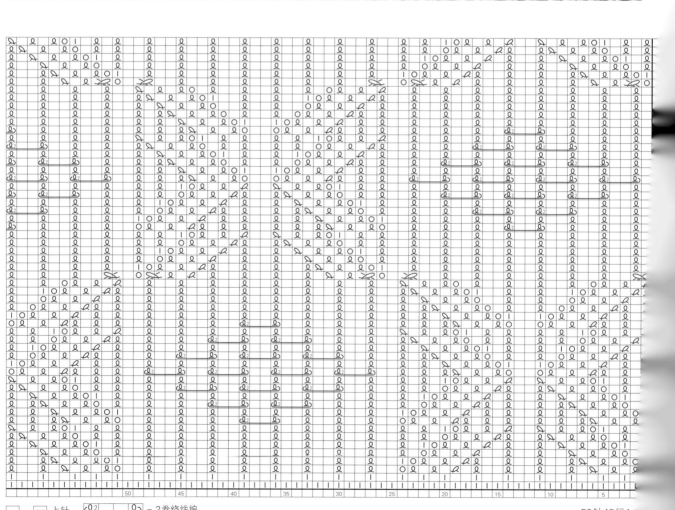

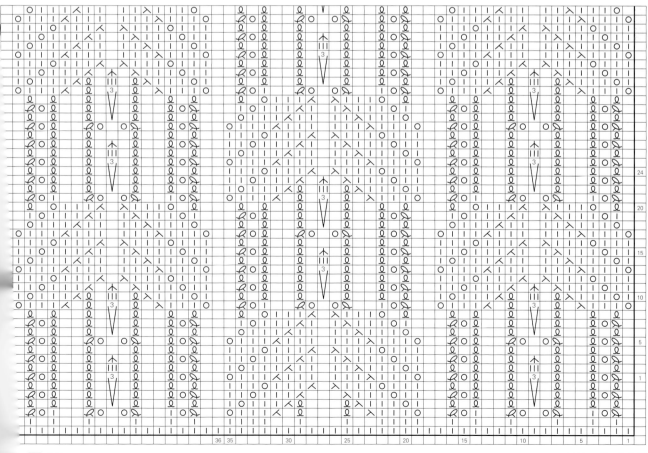

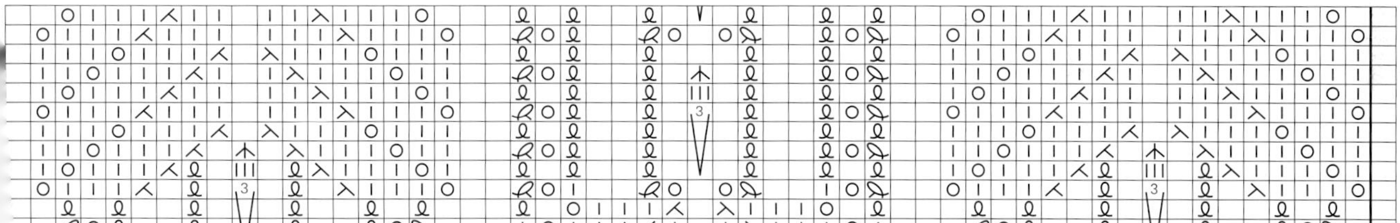

□ = ▭ 上针

36针24行1个花样

136

组合花样

▲

□ = 一 上针　■ = 没有针目处

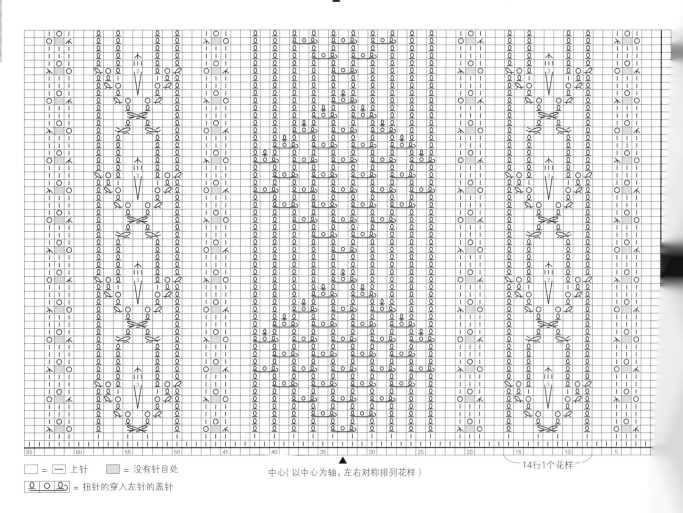

中心（以中心为轴，左右对称排列花样）

14行1个花样

Q O Q = 扭针的穿入左针的盖针

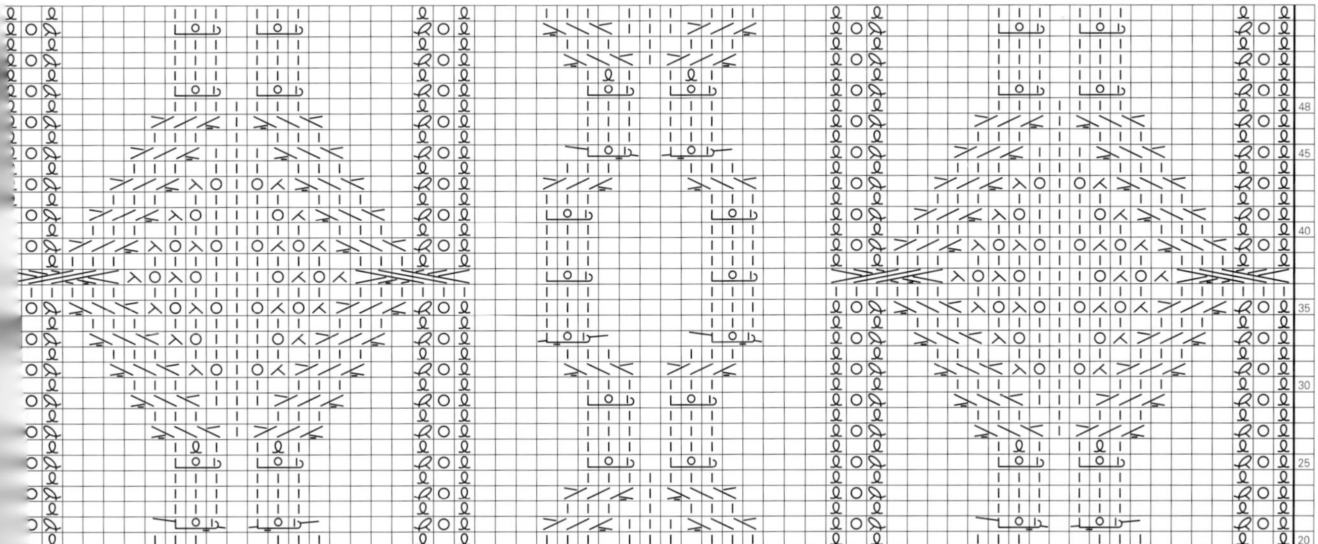

— 上针 ・ = 参见131页

40针48行1个花样

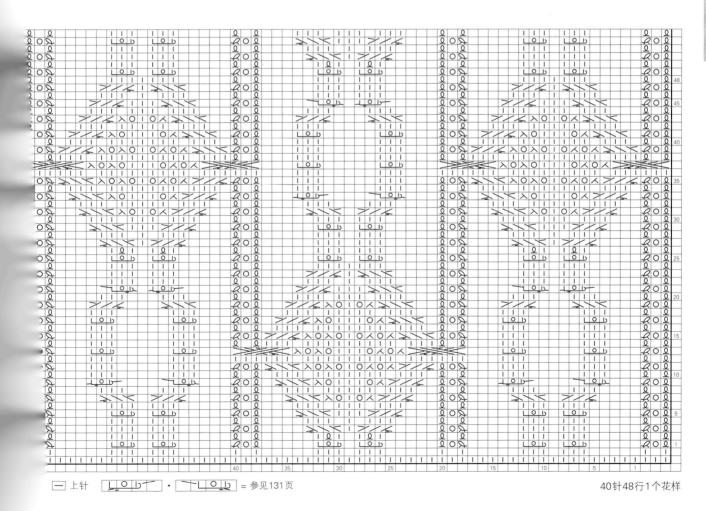

138

组合花样

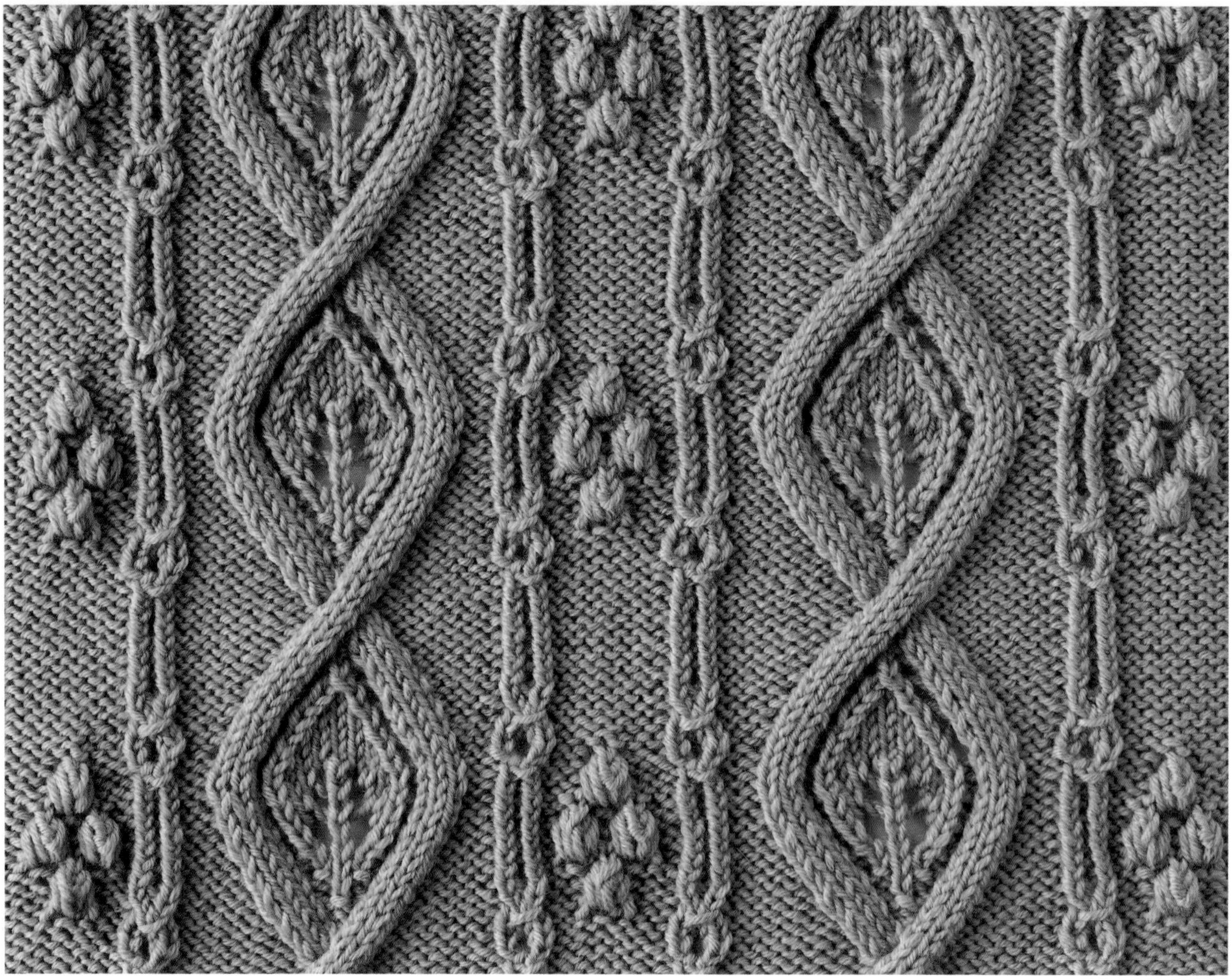

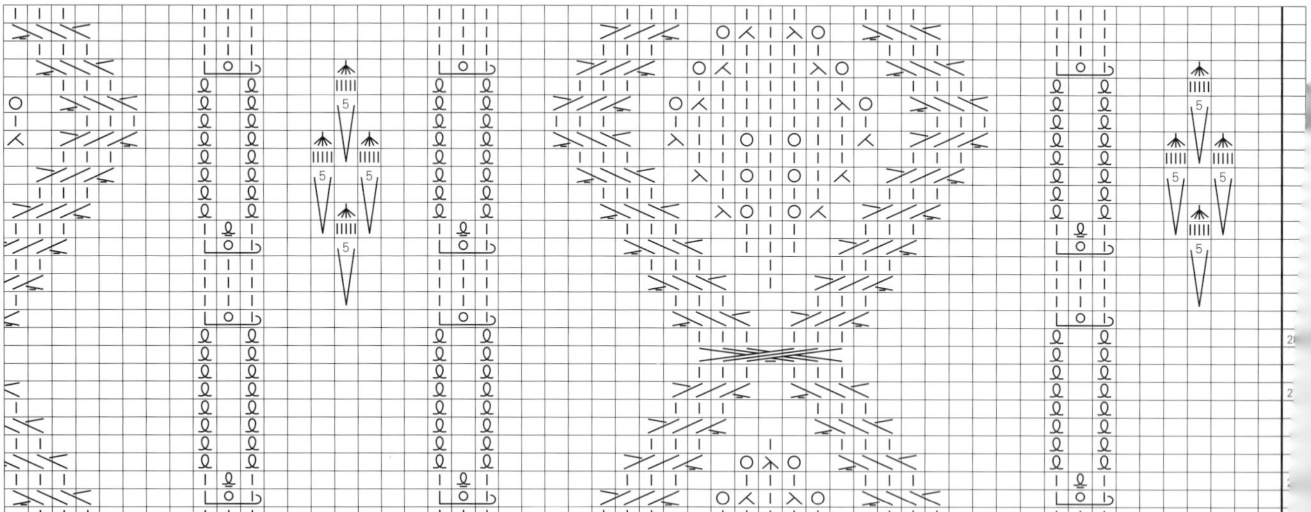

□ = ⊟ 上针

26行1个花样

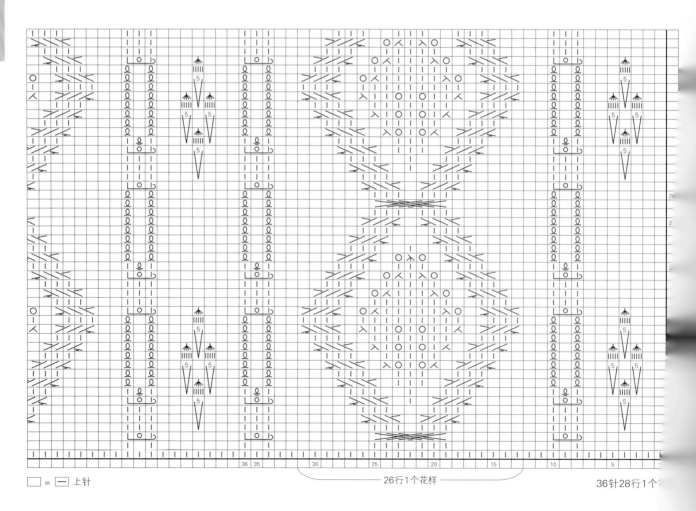

36针28行1个

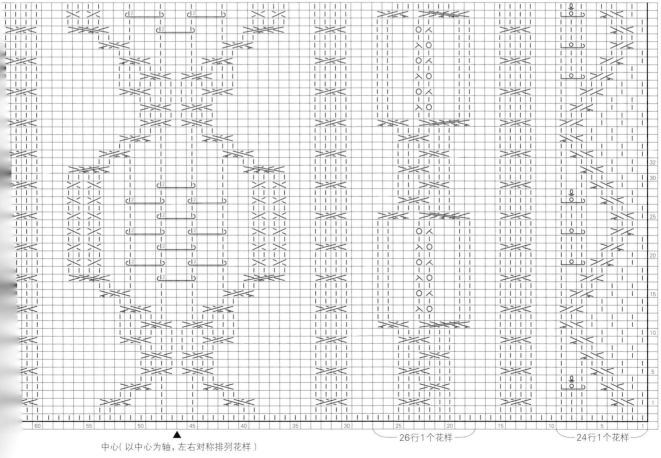

▲

中心（以中心为轴，左右对称排列花样）

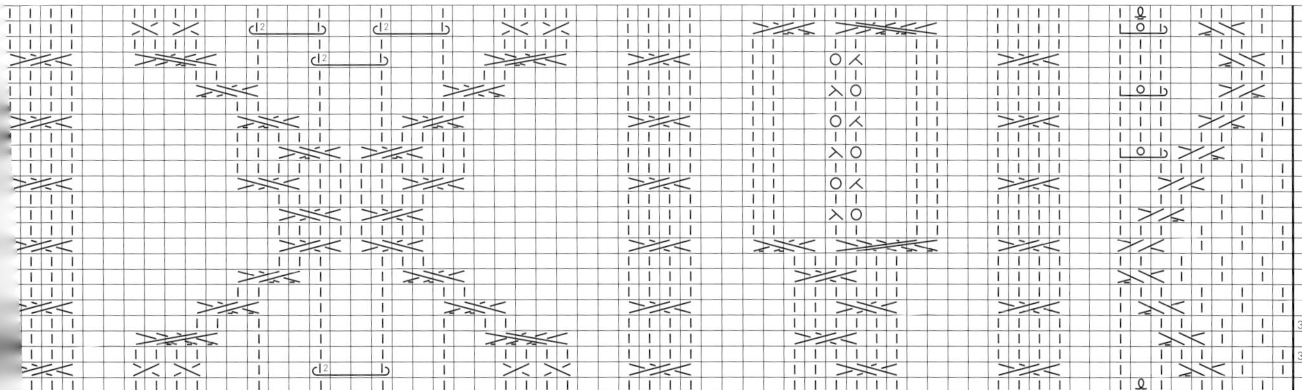

26行1个花样

24行1个花样

[—] 上针　[2] = 2卷绕线编

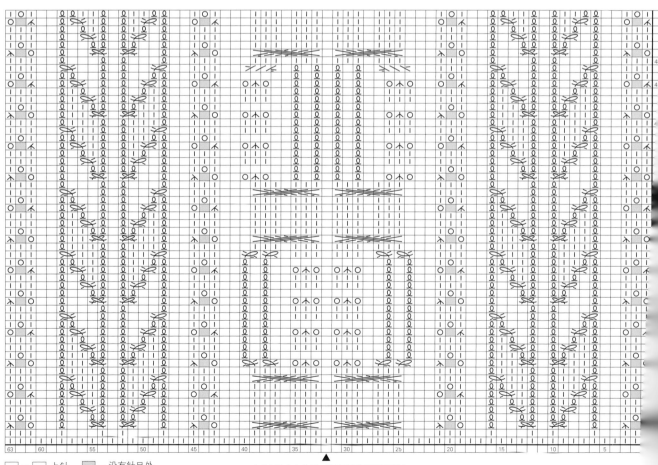

140

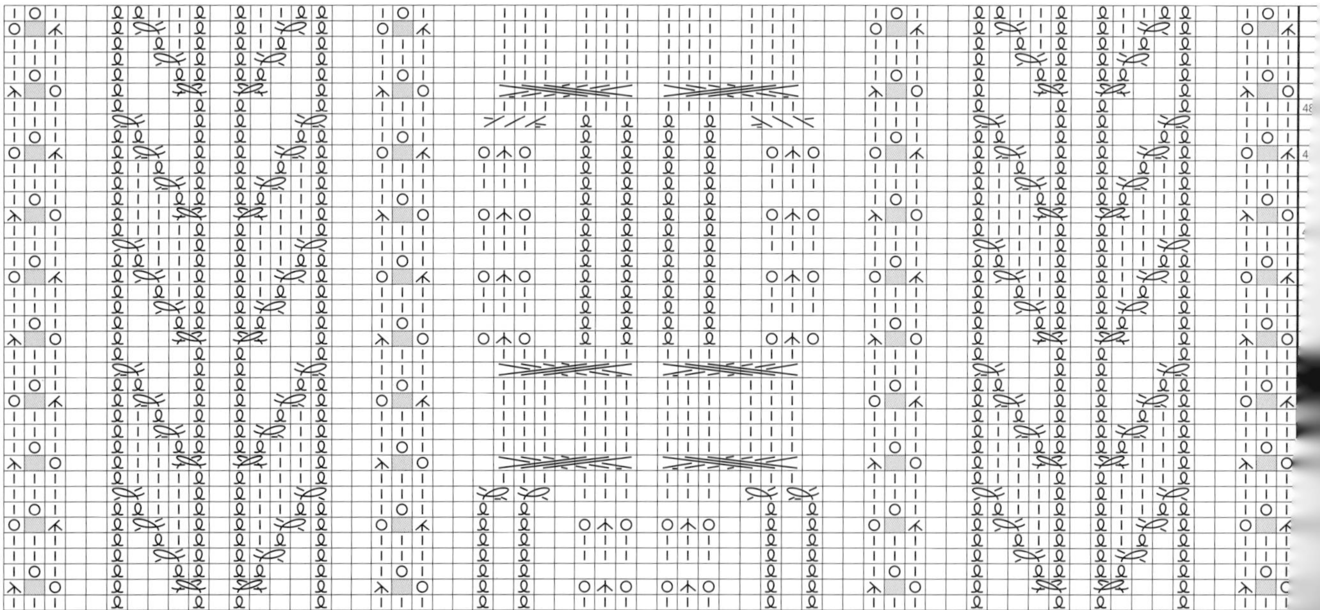

□ = ⊟ 上针　▨ = 没有针目处

中心（以中心为轴，左右对称排列花样）

141

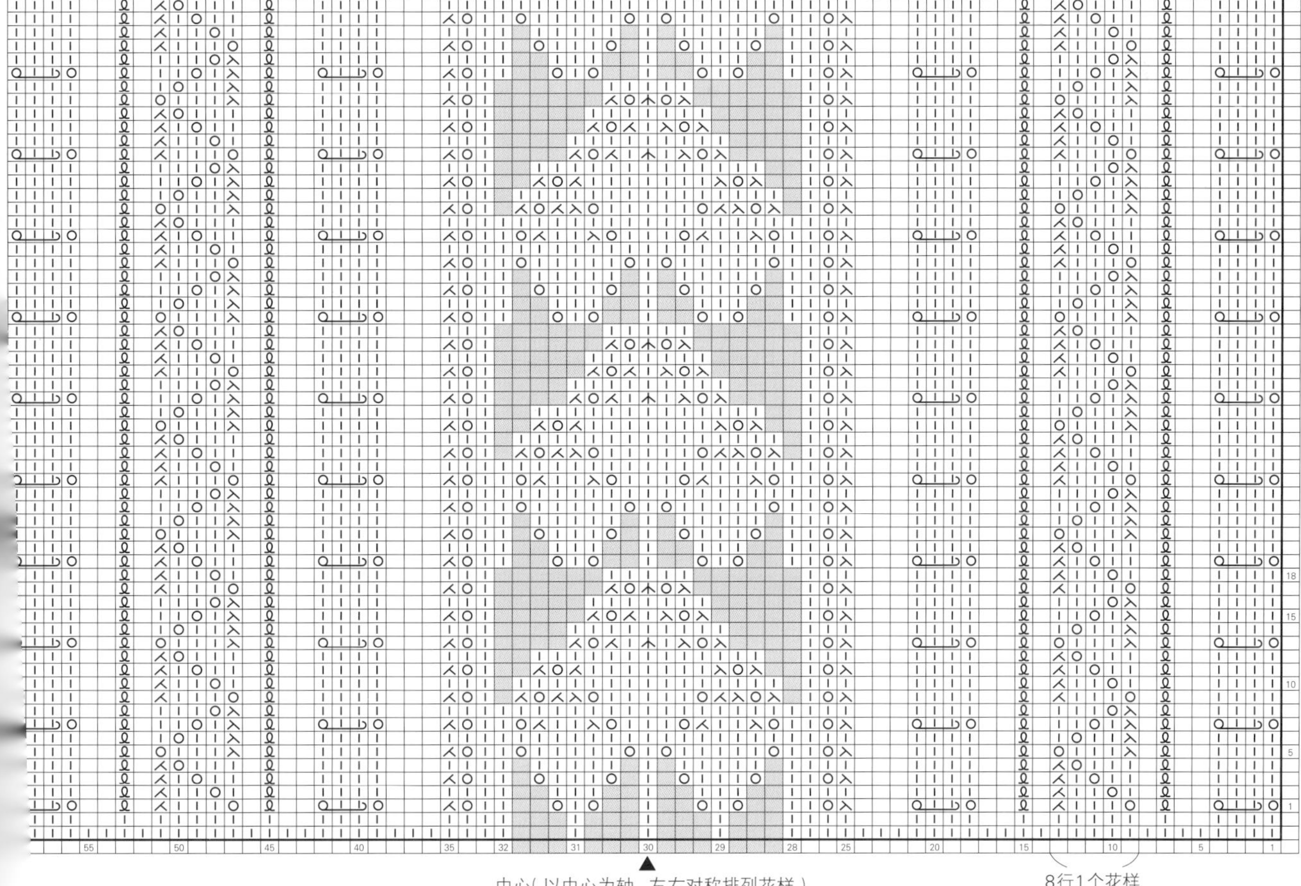

中心（以中心为轴，左右对称排列花样）

8行1个花样

□ = — 上针　▒ = 没有针目处　[图示] = 参见133页

组合花样

142

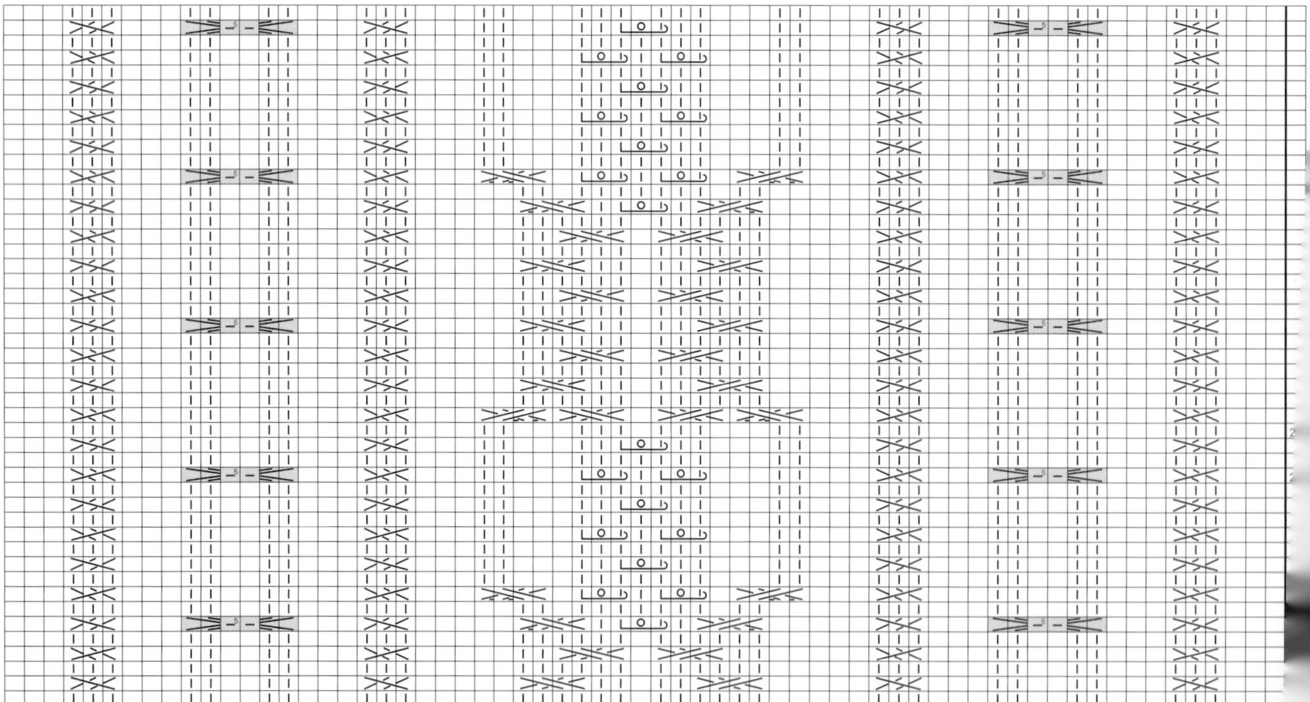

组合花样

▲

65 60 55 50 45 40 35 30 25 20 15 10 5

▲

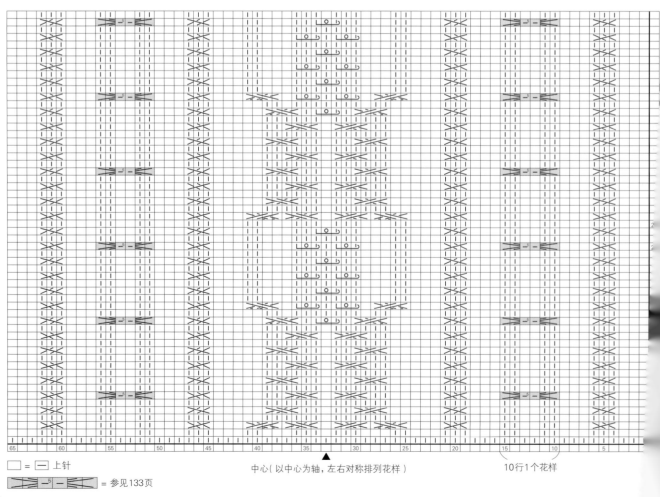

中心（以中心为轴，左右对称排列花样）

10行1个花样

□ = ⊟ 上针

= 参见133页

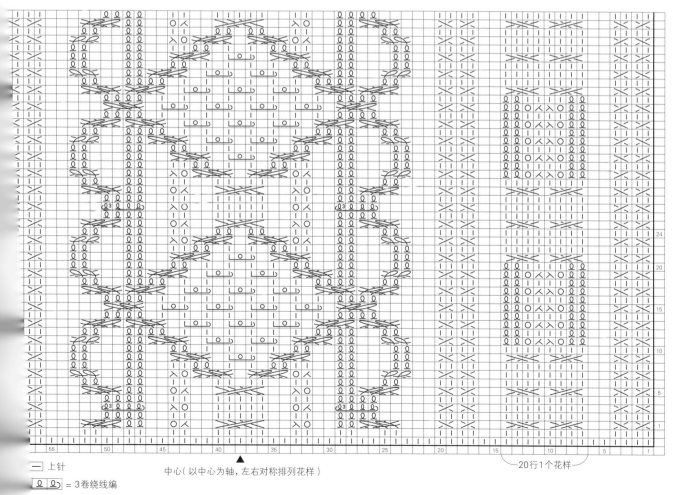

▲

一 上针

ℓ ℓ ℓ3 = 3卷绕线编

中心（以中心为轴，左右对称排列花样）

20行1个花样

编织花样的变化

Pattern Arrangement

以一个花样为基础，再加上不同的花样，
通过不同的组合，可以设计出各种各样的花样。
还可以通过改变颜色、选用不同手感的线材来编织，都非常有趣。

可爱的半指手套

编织花样使用的是86页的167号花样。

编织方法/129页

144 基础
145 变化
□ = ▯ 下针
▒ = 没有针目处
20针36行1个花样
27针36行1个花样
参见133页
= 3卷绕线编

在纵向镂空花样中加入小球球，以突出纵向线条

146 基础

147 变化

编织花样的变化

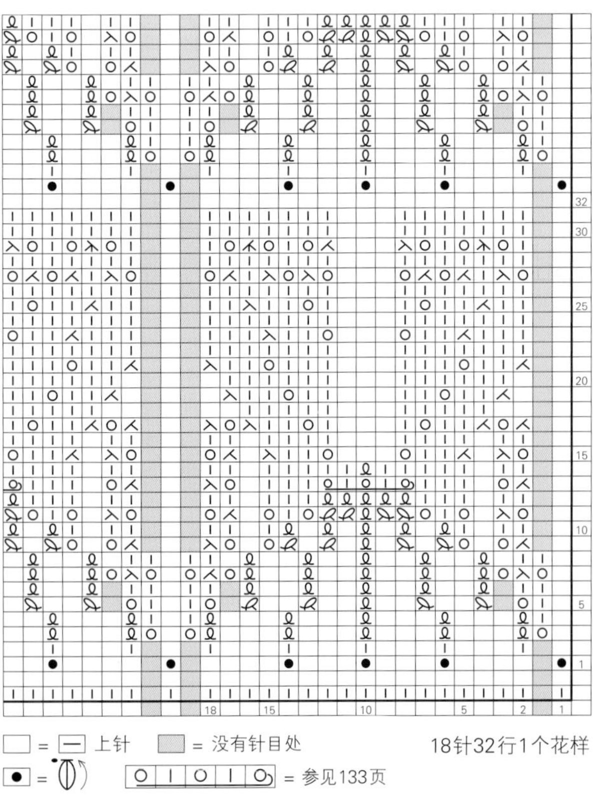

□ = ㊀ 上针　▨ = 没有针目处　18针32行1个花样

● = 参见133页

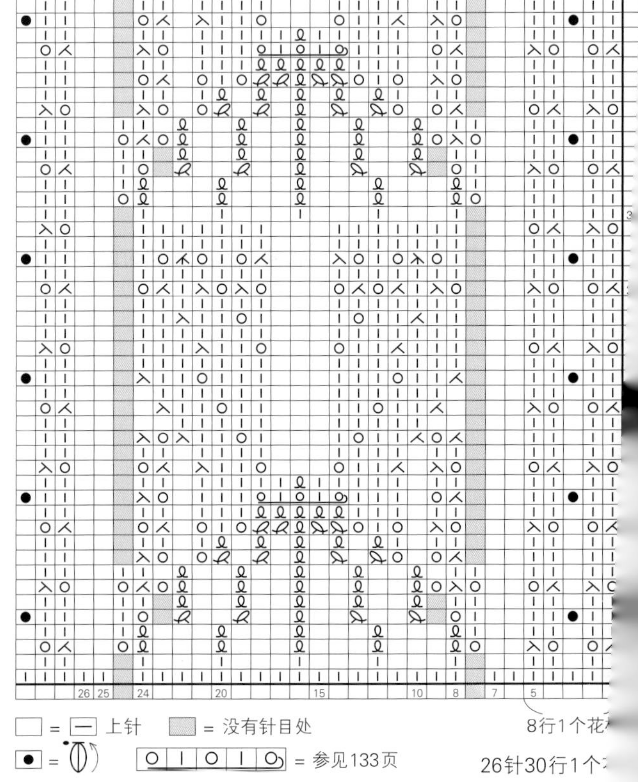

□ = ㊀ 上针　▨ = 没有针目处　8行1个花样

● = 参见133页　26针30行1个花样

在树叶花样之间加入不同的花样，呈现出别样的效果

148 基础

149 变化

= 参见135页

编织花样的变化

纵向移动半个花样，让编织花样更富律动感

150 基础

151 变化

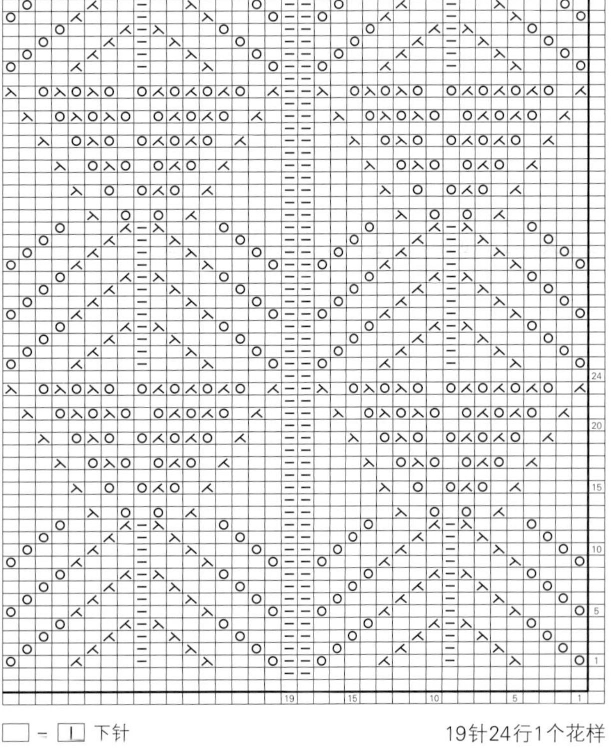

□ = ⊡ 下针

19针24行1个花样

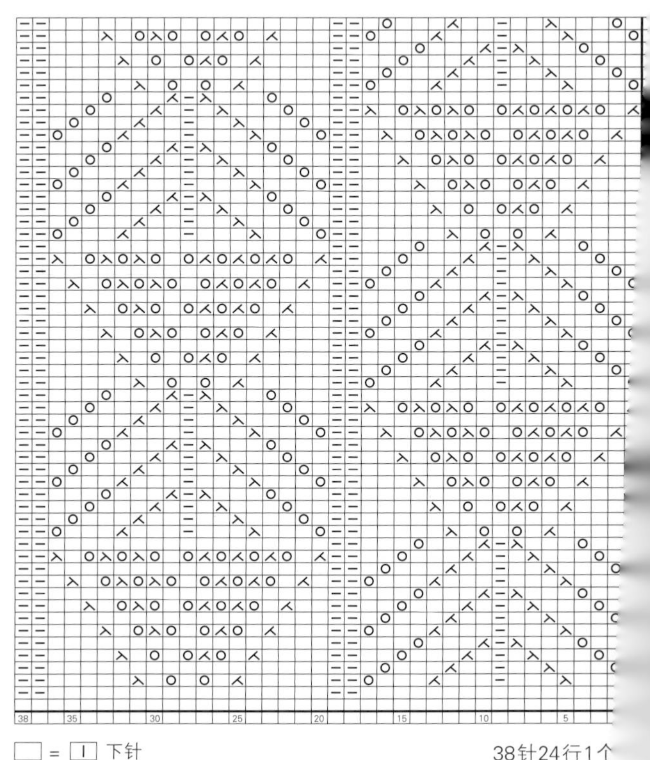

□ = ⊡ 下针

38针24行1个

省略花样中的一部分，换为小球球，会变得更加可爱

152 基础

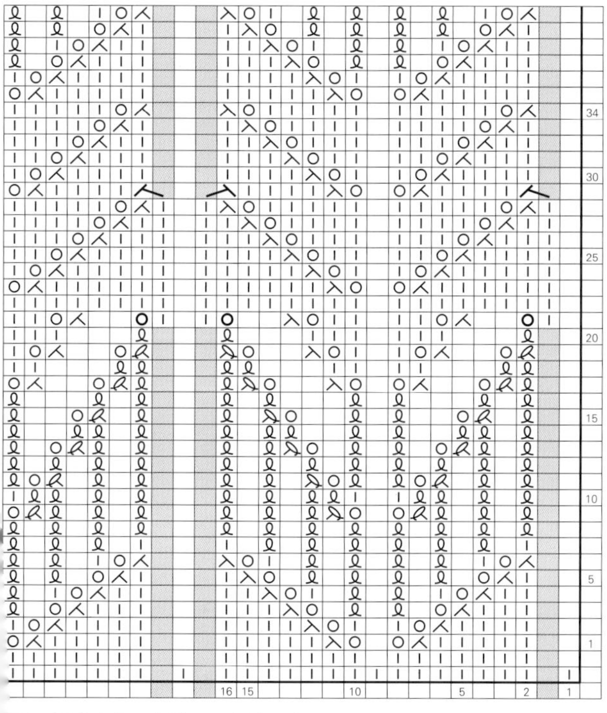

□ = ⊟ 上针　　▒ = 没有针目处

16针34行1个花样

153 变化

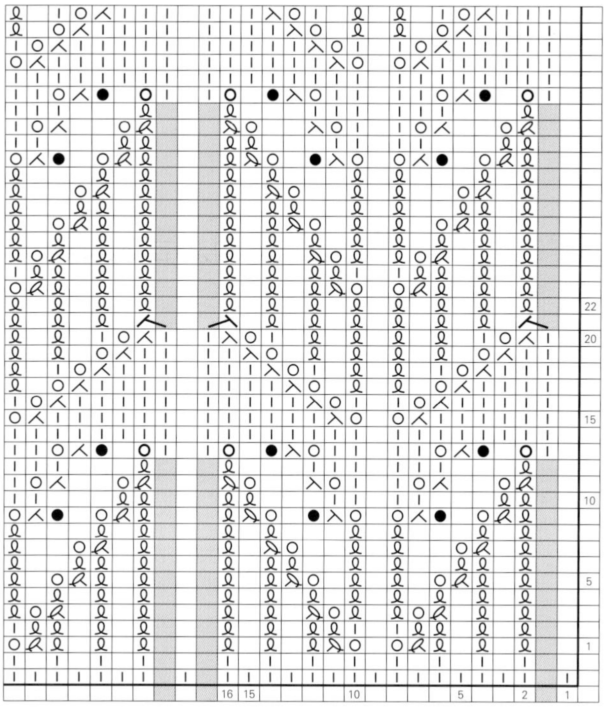

□ = ⊟ 上针　　▒ = 没有针目处

●=

16针22行1个花样

将菱形花样中的扭针编织换成了镂空花样，显得更加优雅

154 基础

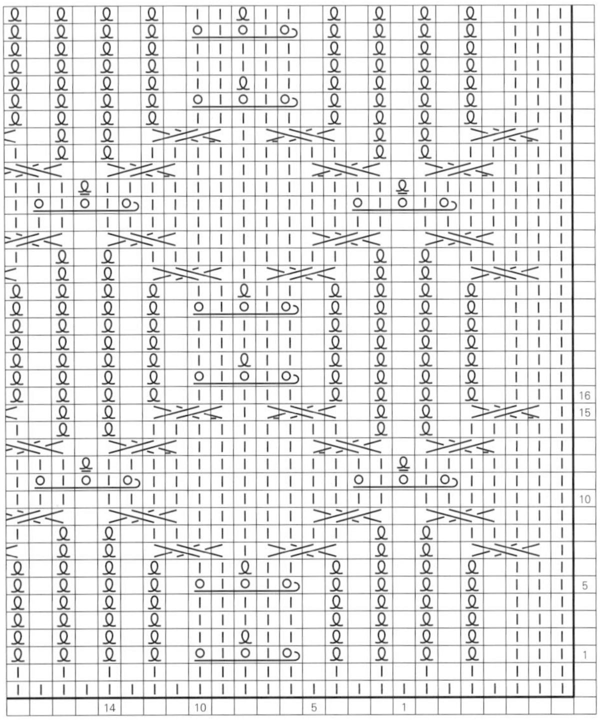

155 变化

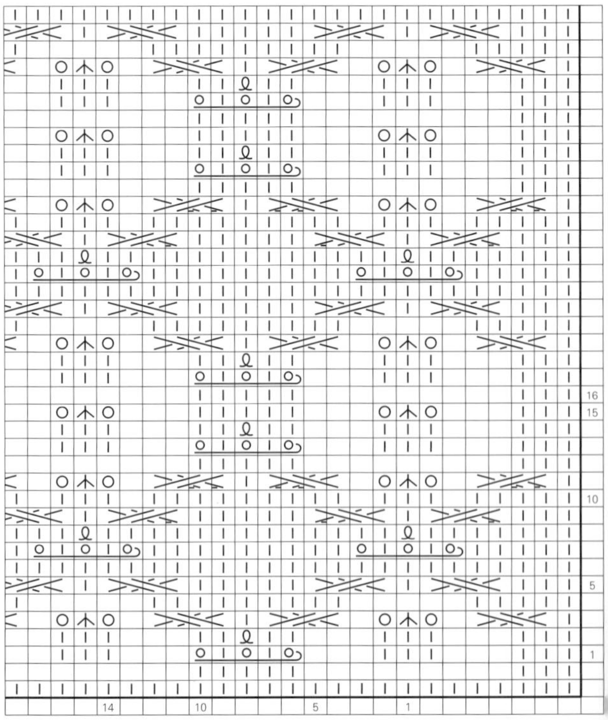

□ = ⊟ 上针

14针16行1个花样

○|○|○ = 参见133页

□ = ⊟ 上针

14针16行1个花样

○|○|○ = 参见133页

将中央的扭针编织的交叉变为了菱形花样

156 基础

157 变化

☐ = 上针　　　　　35针16行1个花样

☐ = ─ 上针　　　　16行1个花样

25针20行1个花样

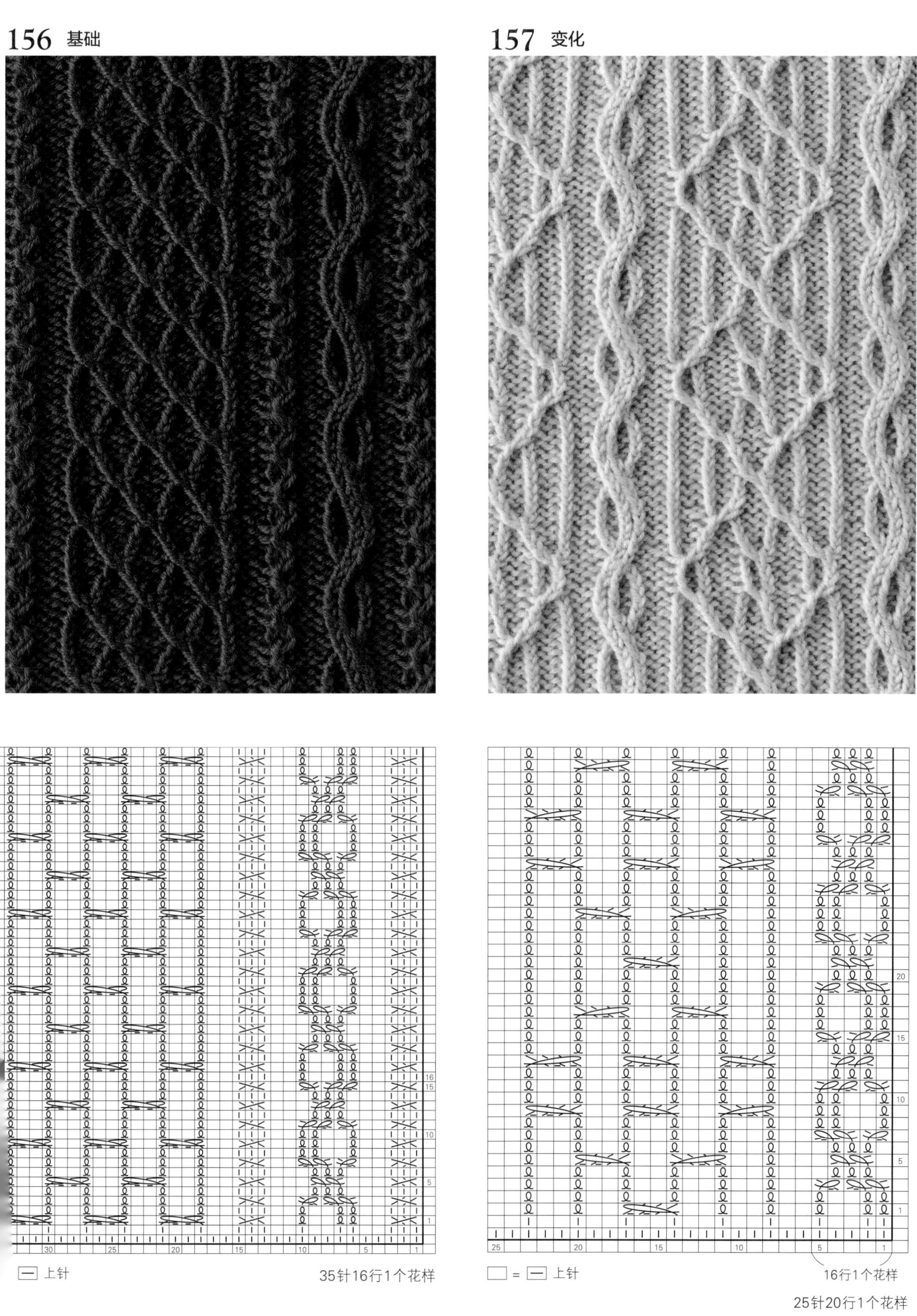

编织花样的变化

将镂空花样变为扭针的交叉花样，更具立体感

158 基础

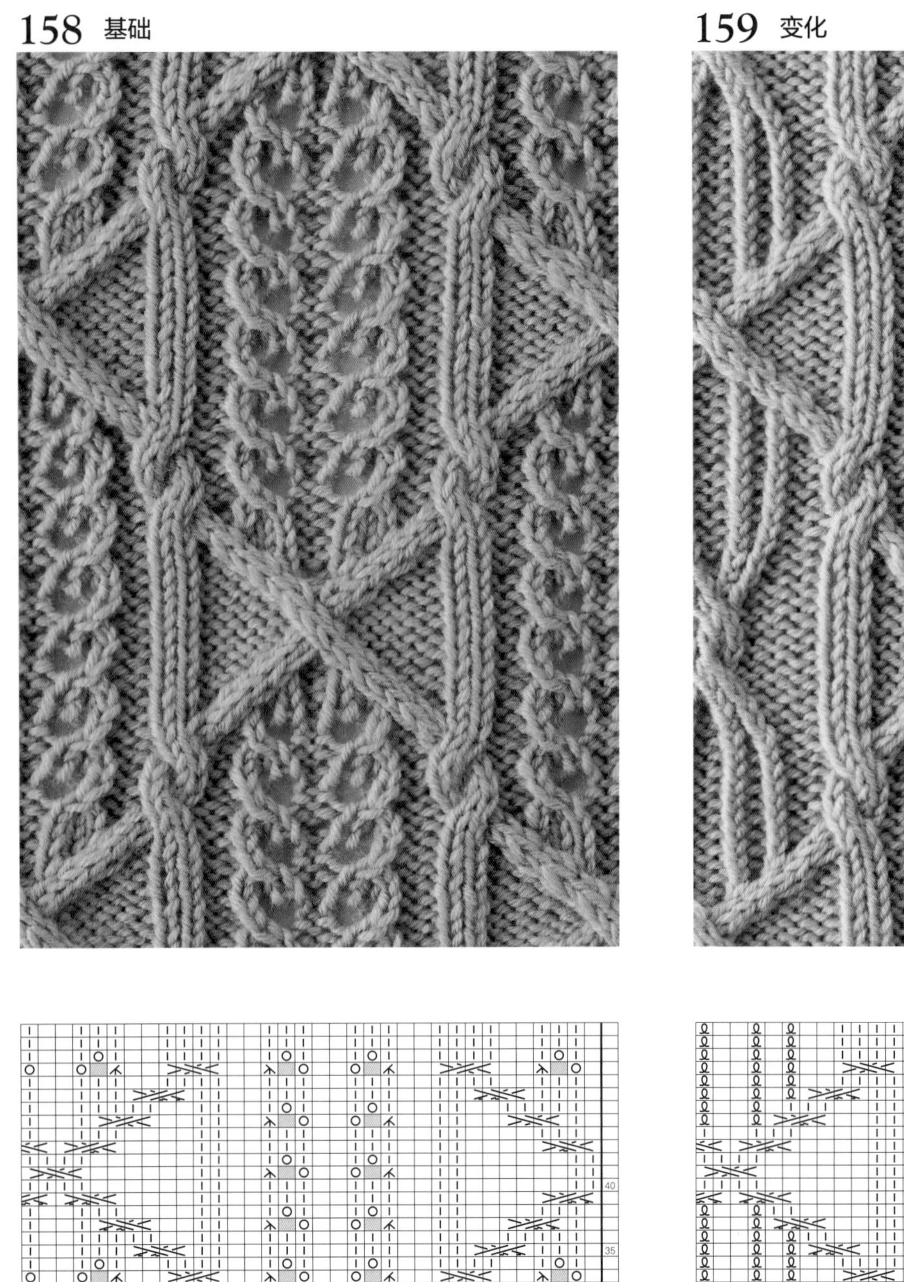

159 变化

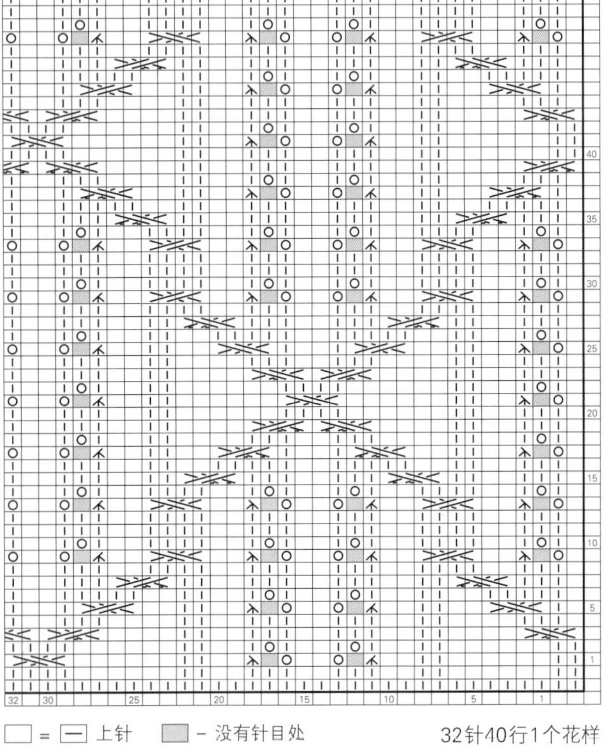

□ = ⊟ 上针　▒ - 没有针目处

32针40行1个花样

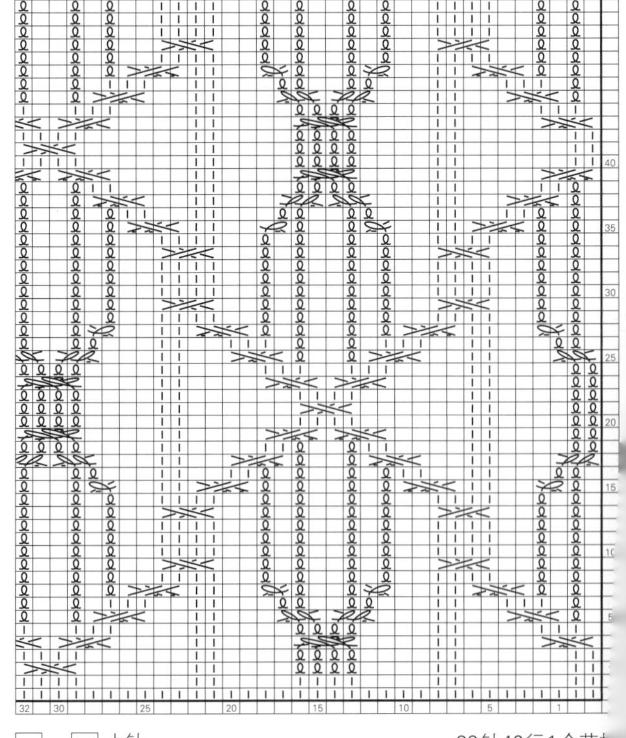

□ = ⊟ 上针

32针40行1个花样

160 基础

161 变化

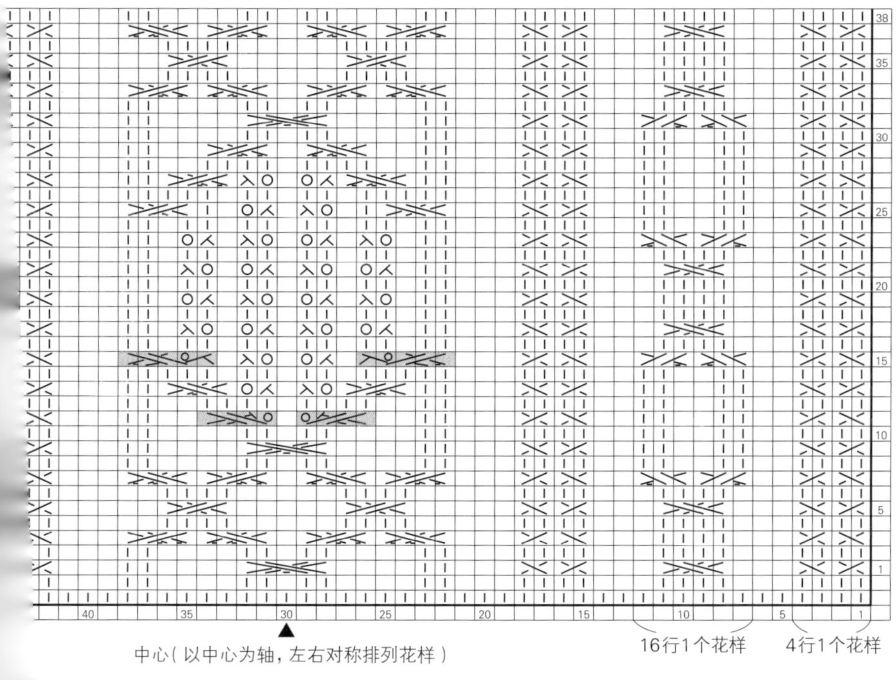

中心（以中心为轴，左右对称排列花样）

16行1个花样　4行1个花样

⊟ 上针

= 交叉的同时编织挂针和2针并1针

= 交叉的同时编织挂针和2针并1针

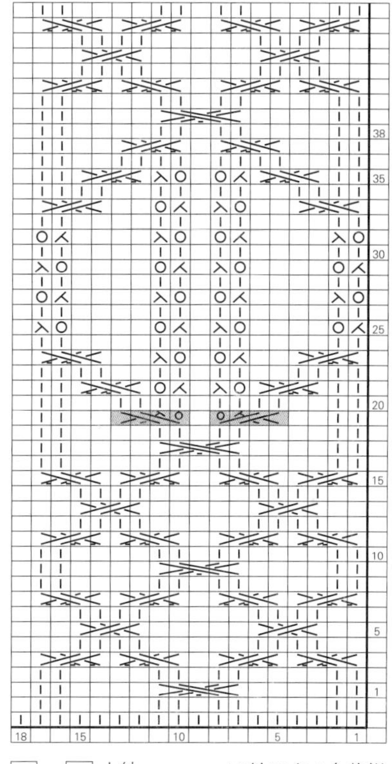

□ = ⊟ 上针

18针38行1个花样

将左右对称的扭针花样改为同一方向的扭针花样

162 基础

163 变化

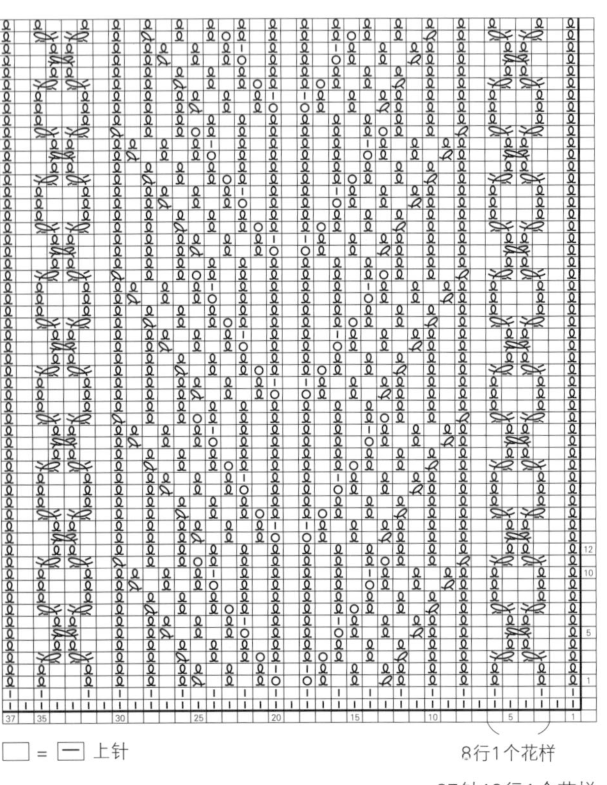

□ = ⊟ 上针

8行1个花样

37针12行1个花样

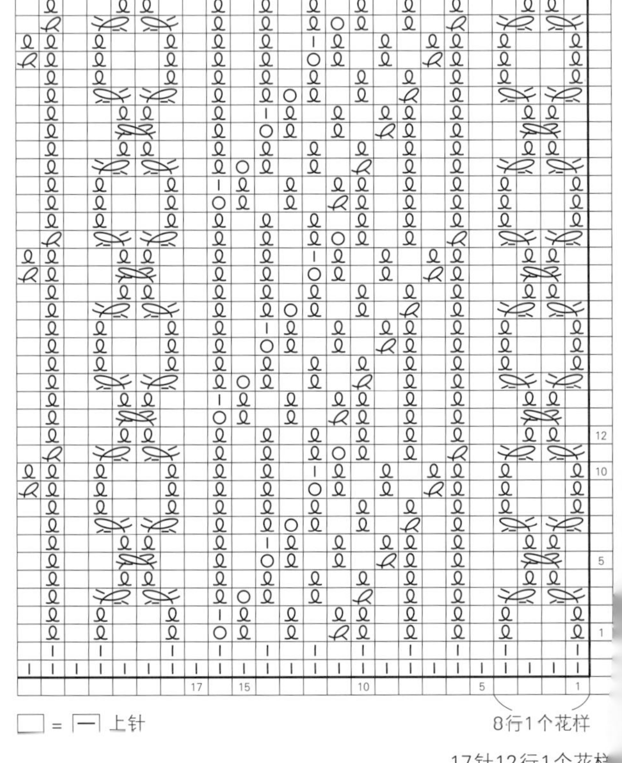

□ = ⊟ 上针

8行1个花样

17针12行1个花样

在镂空花样的扭针交叉花样的中间加入其他花样，变为纵向花样

164 基础

165 变化

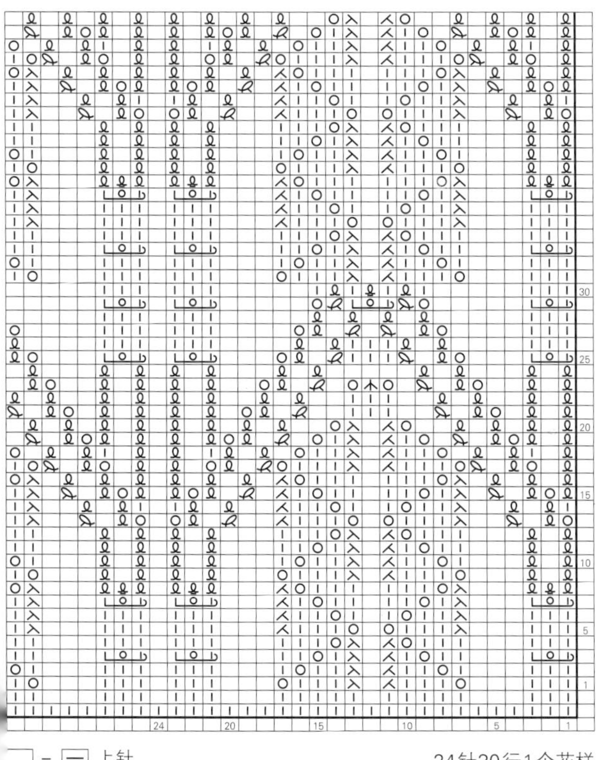

□ = ⊟ 上针

24针30行1个花样

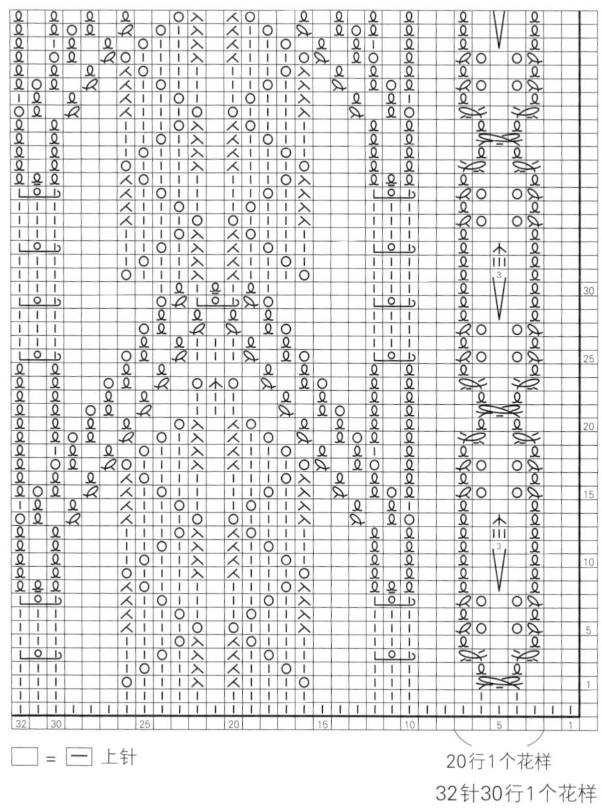

□ = ⊟ 上针

20行1个花样

32针30行1个花样

加入了小的扭针花样，突出了纵向花样

166 基础

167 变化

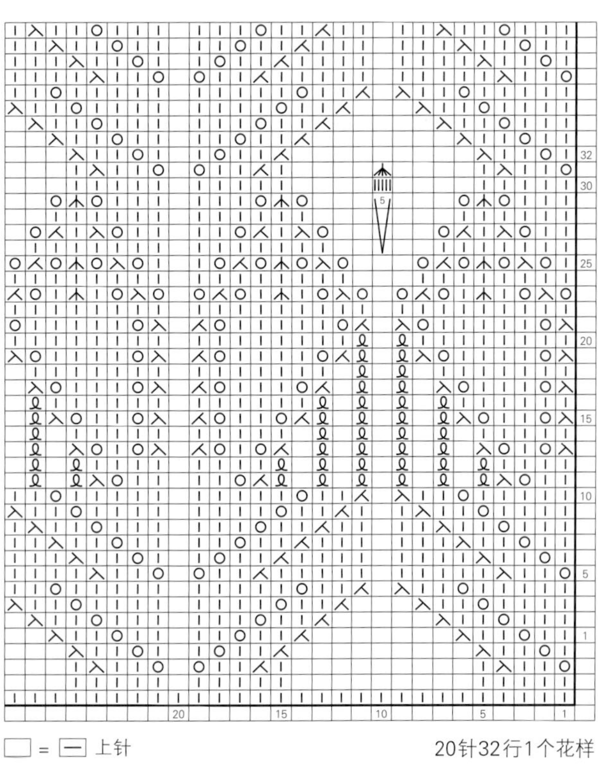

□ = ⊟ 上针

20针32行1个花样

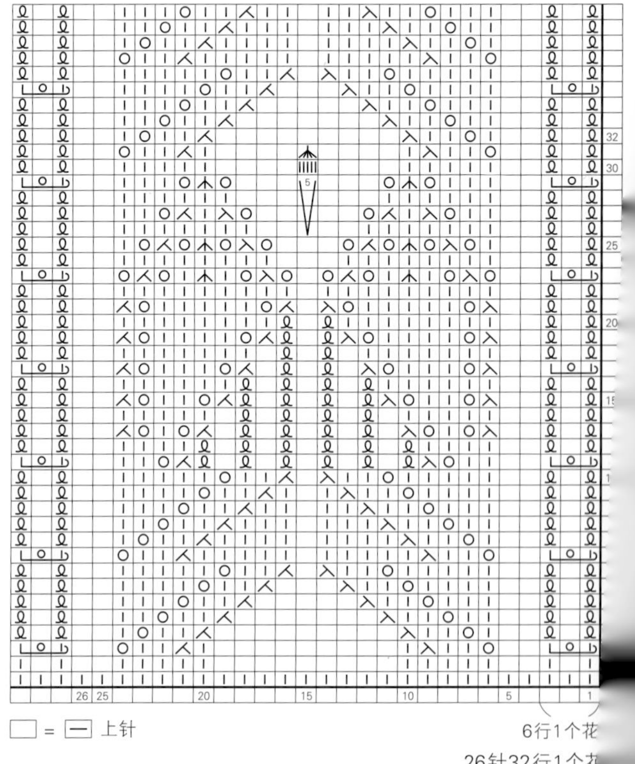

□ = ⊟ 上针

6行1个花样

26针32行1个花样

在树叶花样的基础上，加入感觉不同的小球球，突出了立体的感觉

168 基础

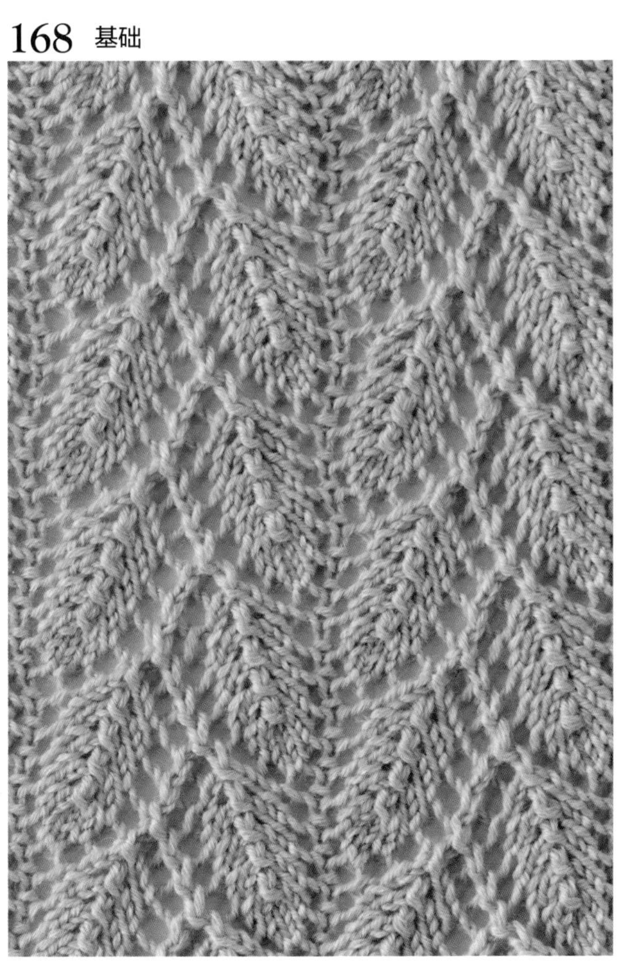

169 变化

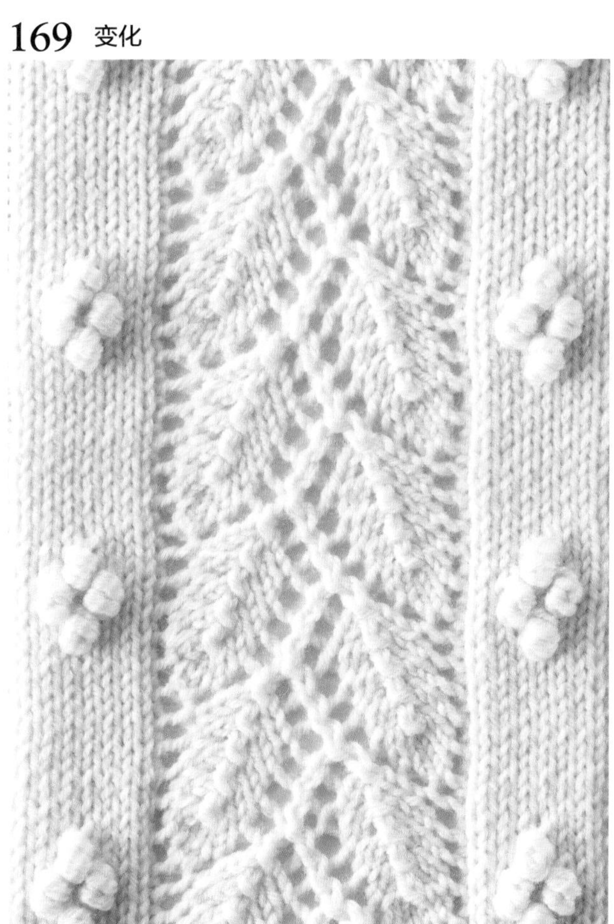

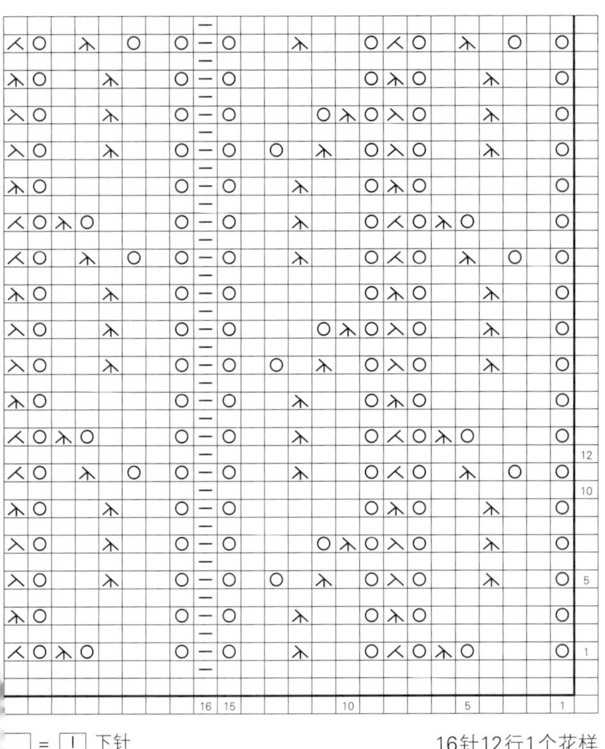

□ = 丨 下针

16针12行1个花样

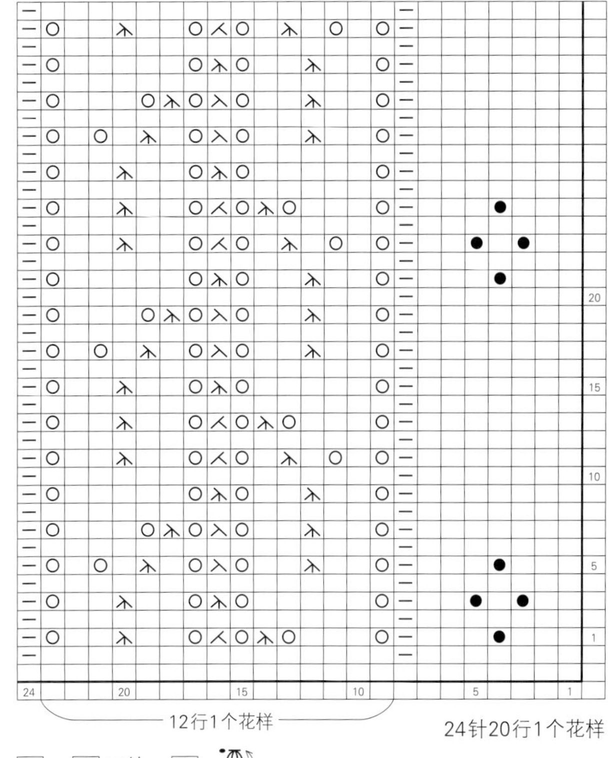

12行1个花样

24针20行1个花样

□ = 丨 下针　● =

加入小型扭针的镂空花样后变身为纵向花样

170 基础

171 变化

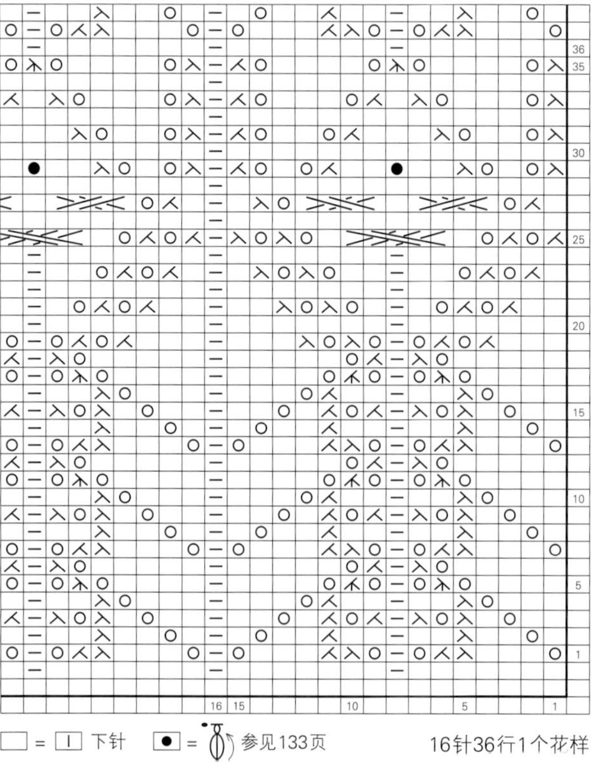

□ = [I] 下针　[●] = 参见133页

16针36行1个花样

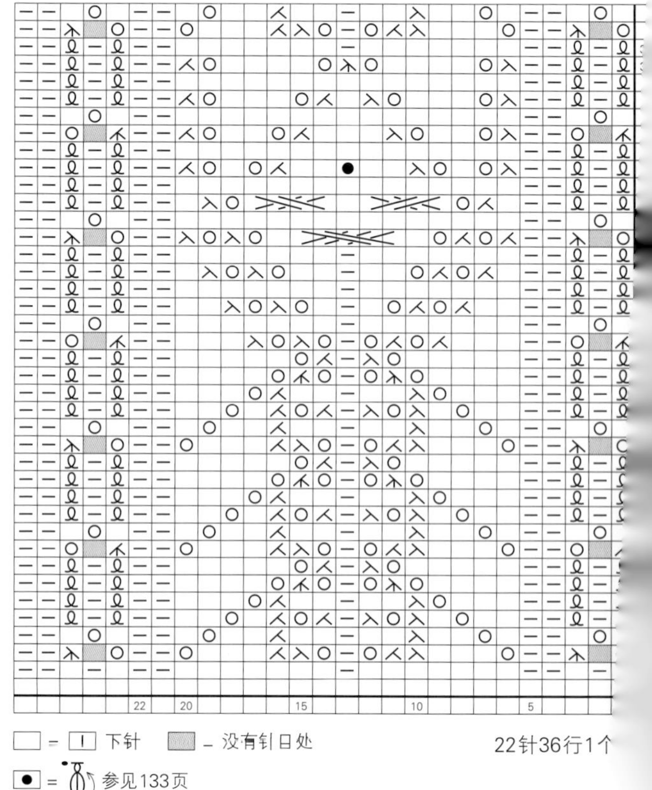

□ = [I] 下针　[▒] = 没有针目处

[●] = 参见133页

22针36行1个花样

将每行编织的镂空花样，改为每 2 行编织一次的花样，显得更加舒缓

172 基础

173 变化

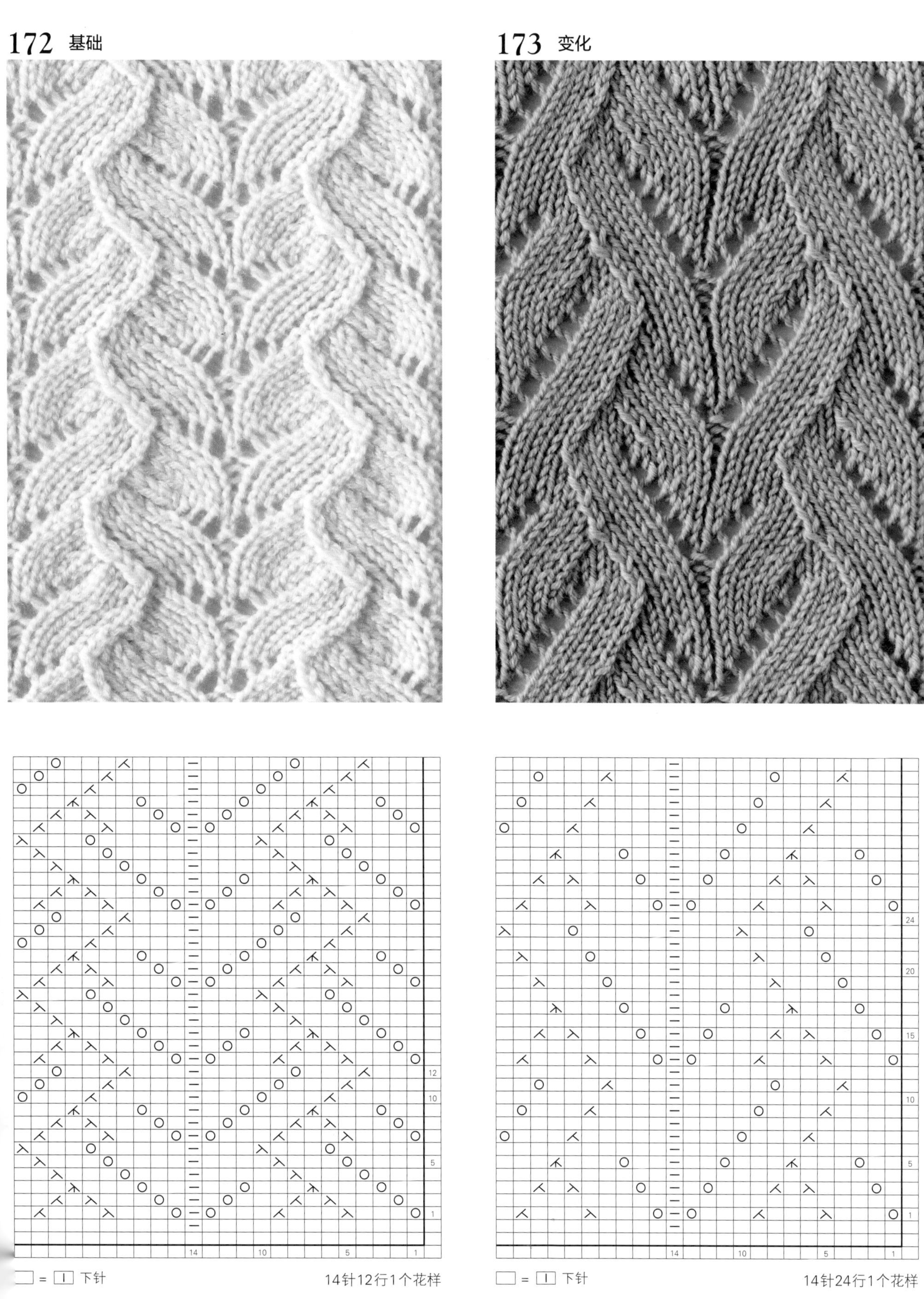

编织花样的变化

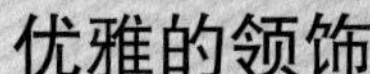

编织花样使用的是91页的175号花样。

编织方法/130页

分散加针、减针花样

（圆育克）

Round Yokes

分散加针、减针花样是只有编织中才有的设计，
在编织圆育克的时候，会经常使用到。
以一个花样为单位进行加针、减针，可以体验到花样不断变化的独特乐趣。

174

175

分散加针、减针花样

*符号图参见119页

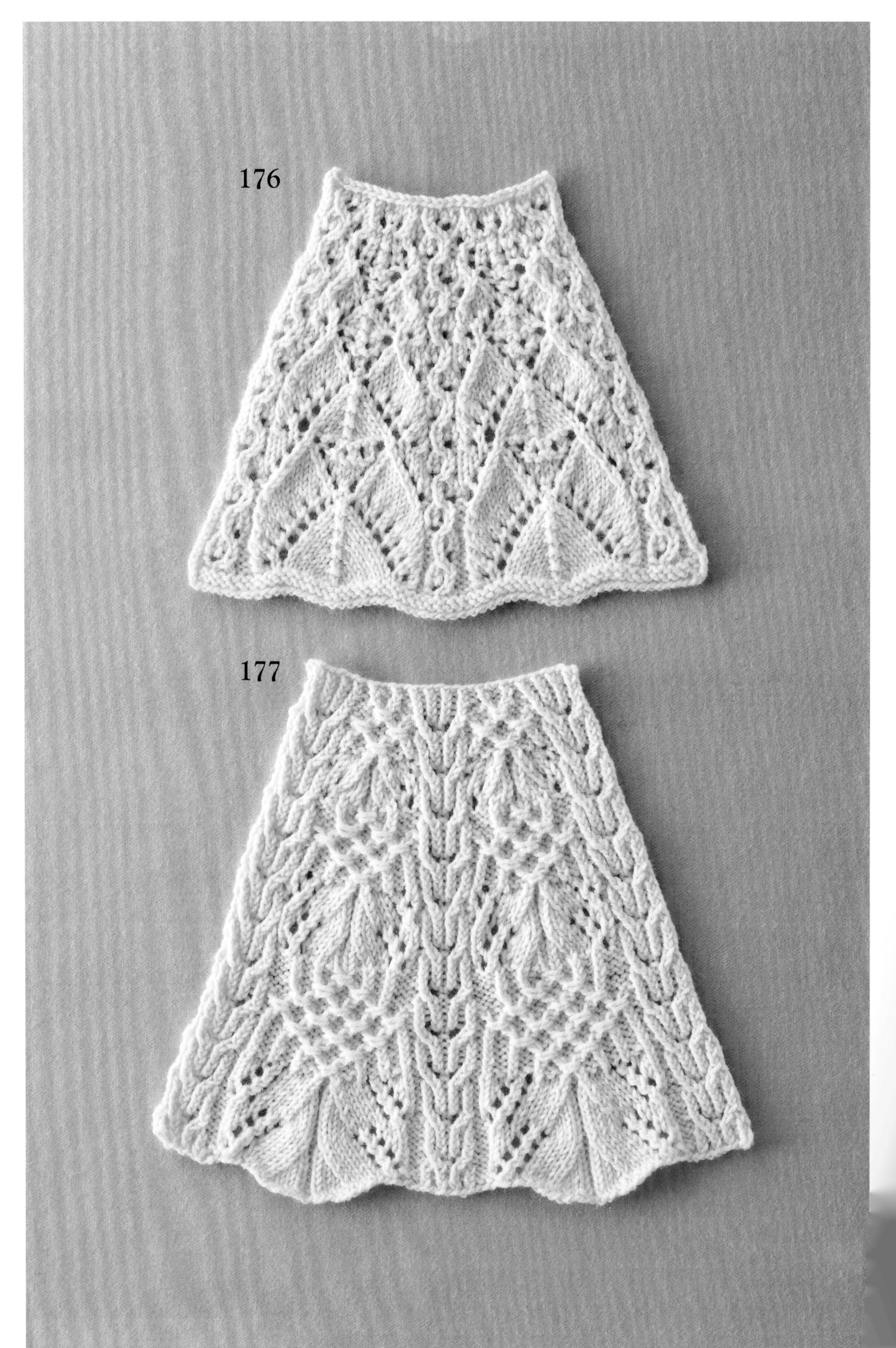

*符号图参见120页

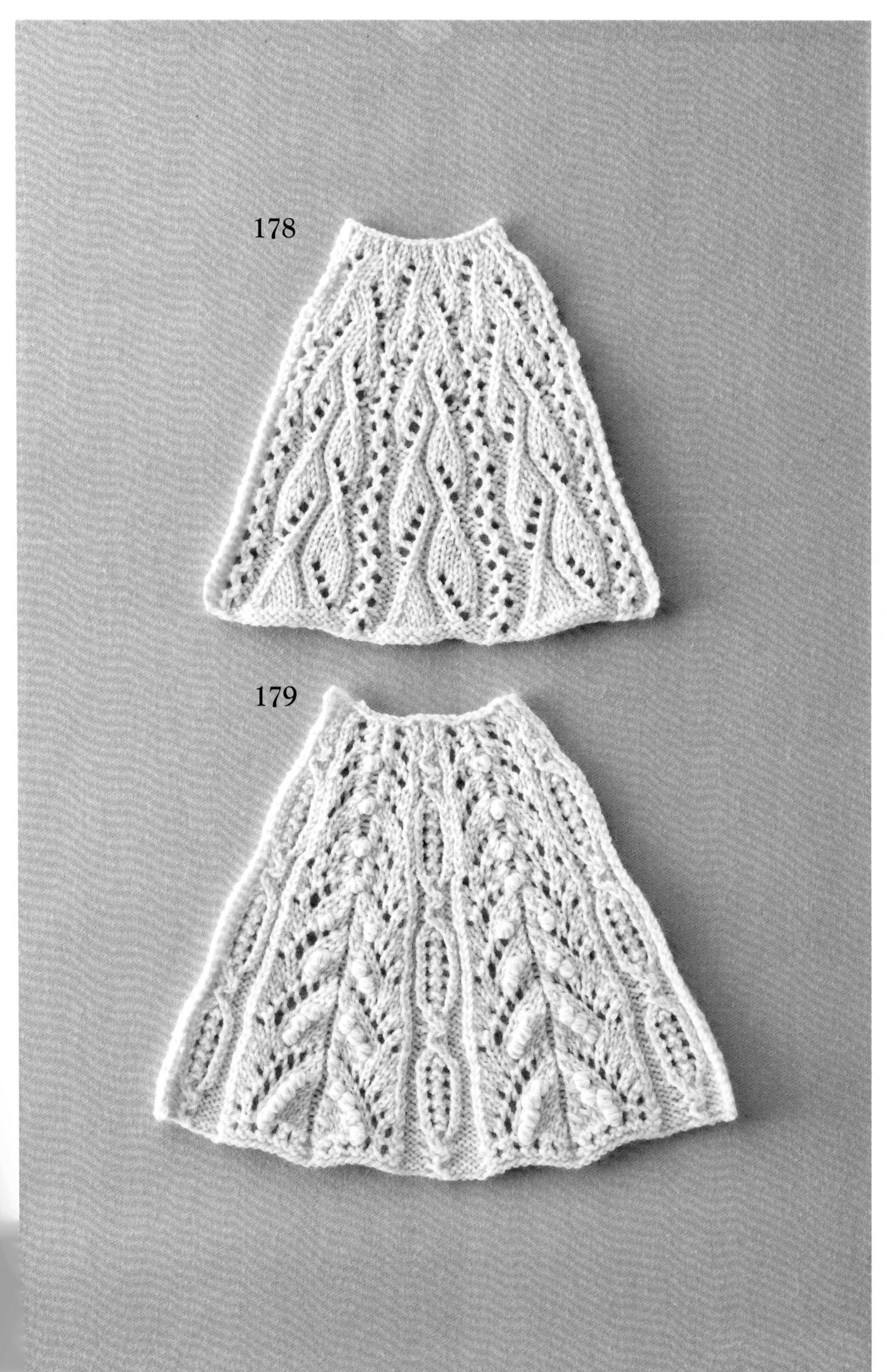

*符号图参见121页

*符号图参见122页

*符号图参见123页

*符号图参见124页

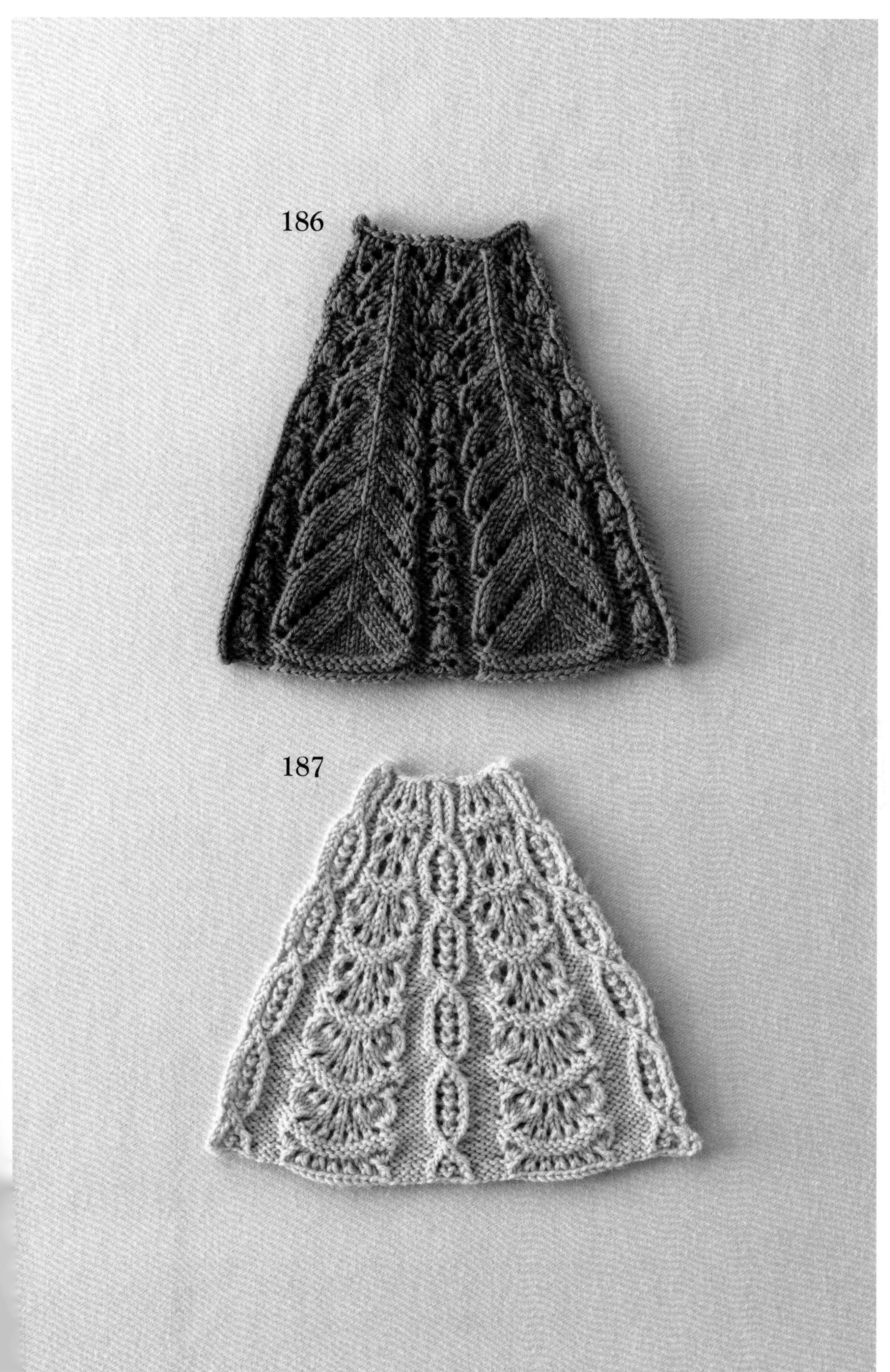

*符号图参见125页

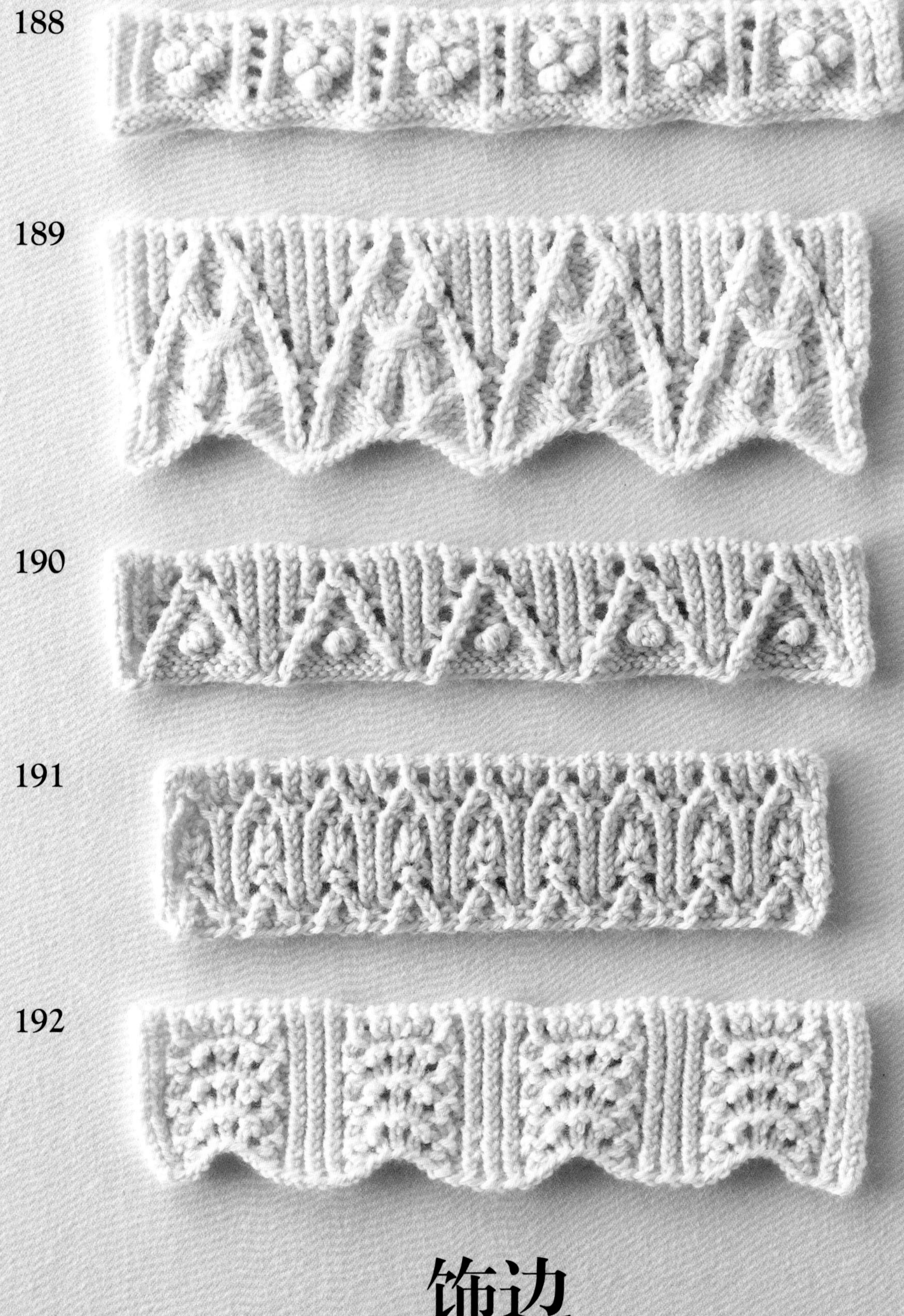

饰边

Edging

在编织设计中必不可少的饰边，虽然只是配角，但在美化作品上起着画龙点睛的效果。结合编织花样，选择一款最适合的吧。

*符号图参见112页

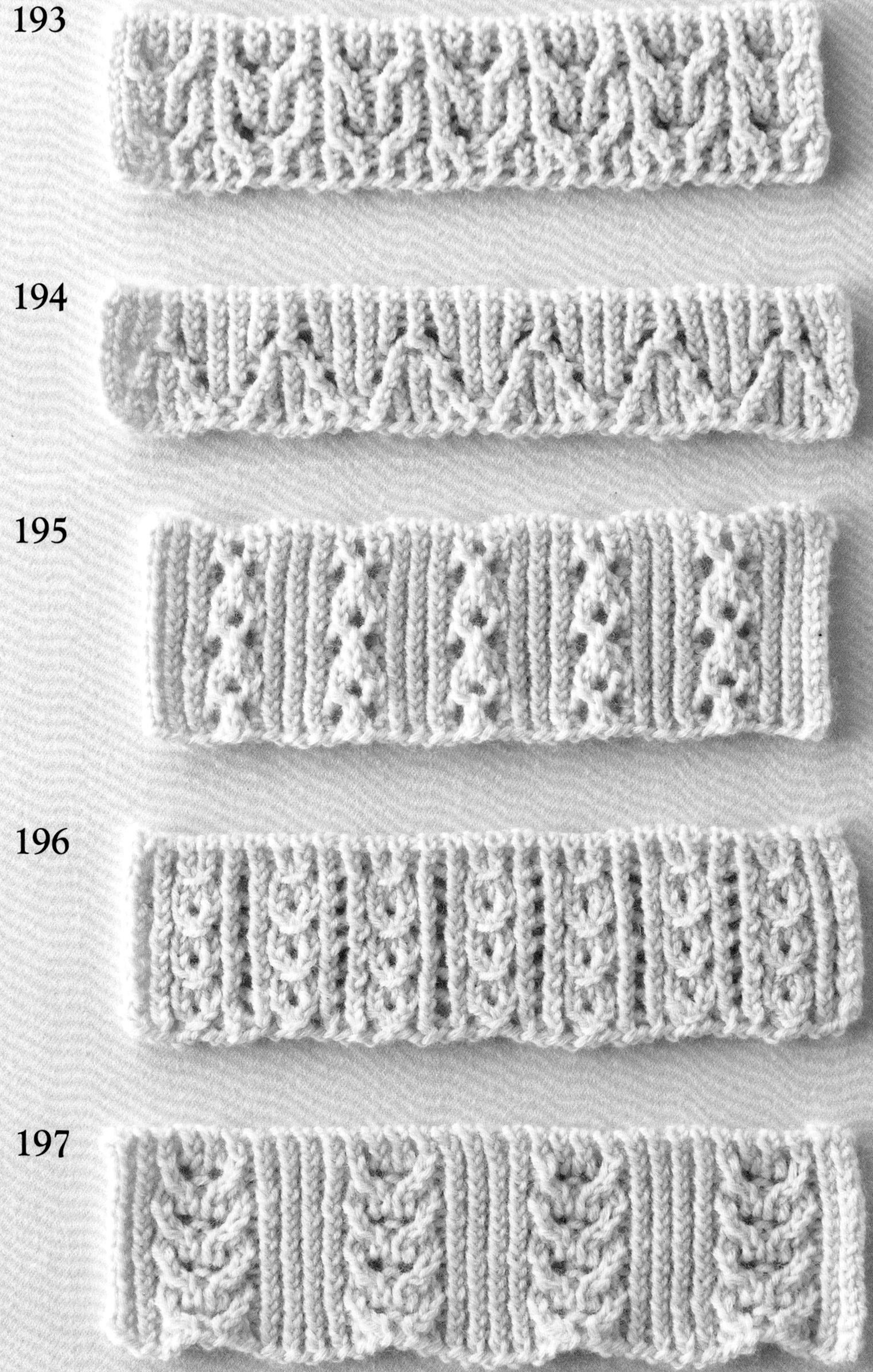

*符号图参见112页

198

199

200

201

202

*符号图参见113页

203

204

205

206

207

饰边

单罗纹针收针

*符号图参见113页

208

209

210

211

212

*符号图参见114页

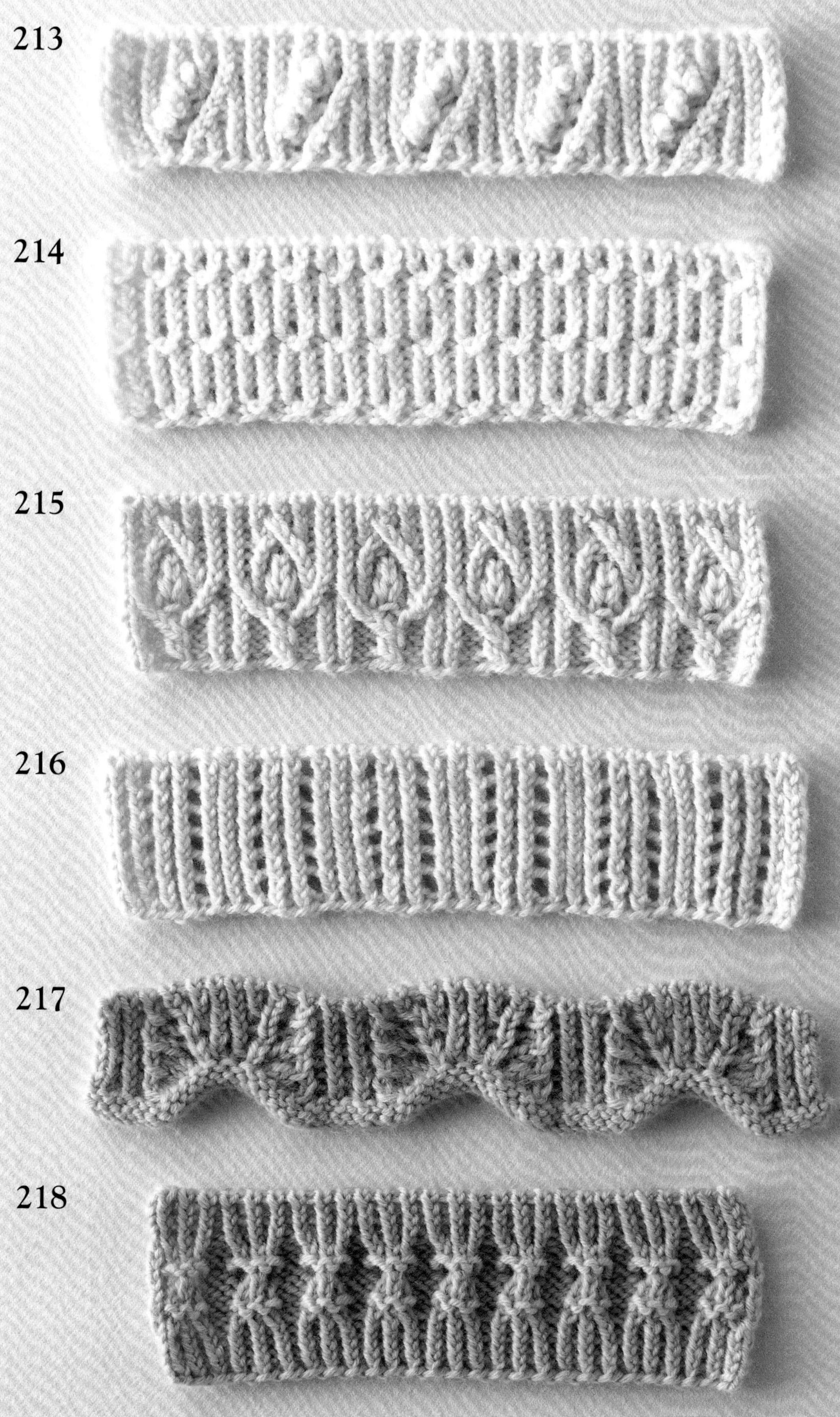

*符号图参见114页

219

220

221

222

223

224

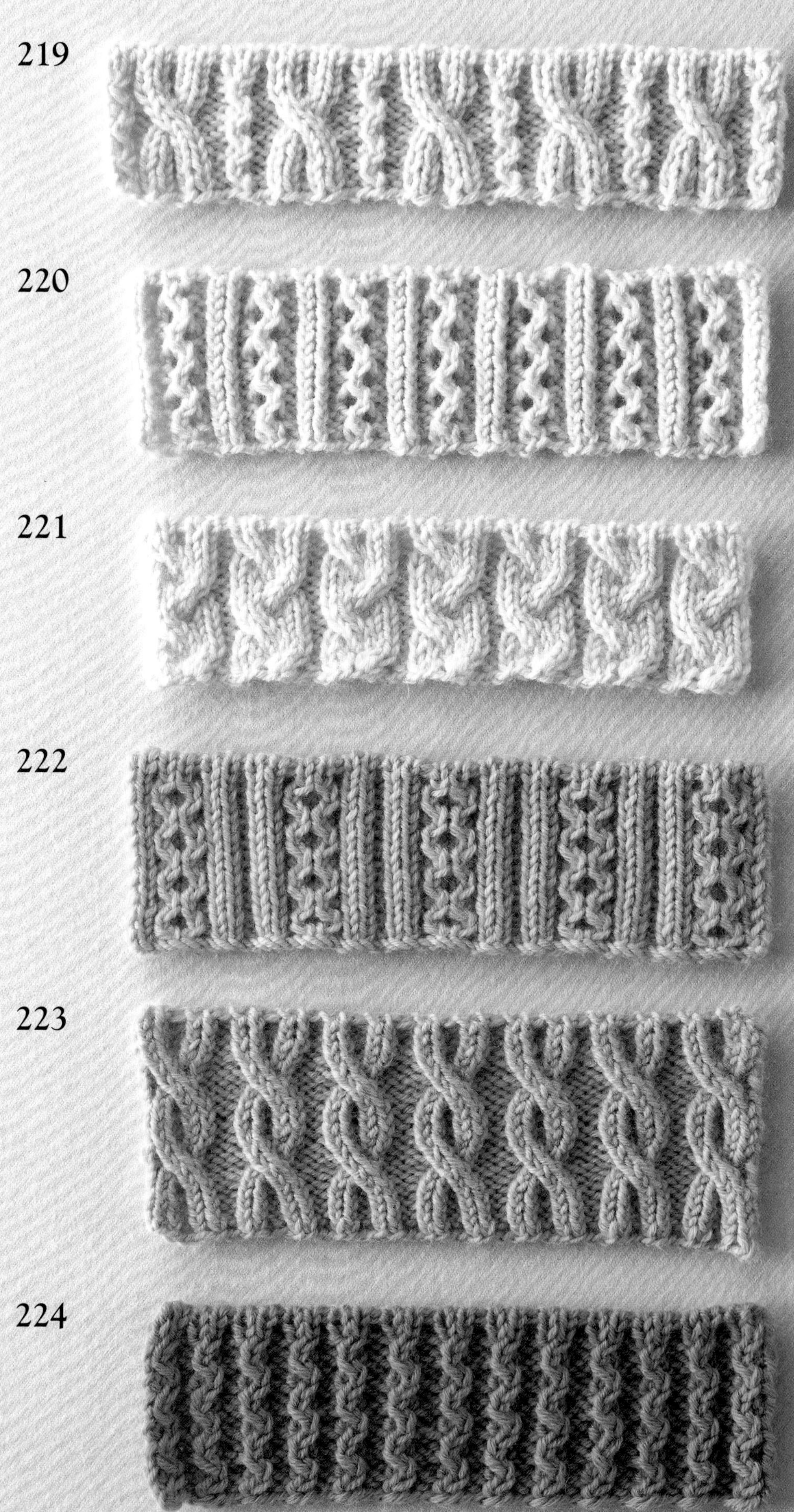

*符号图参见115页

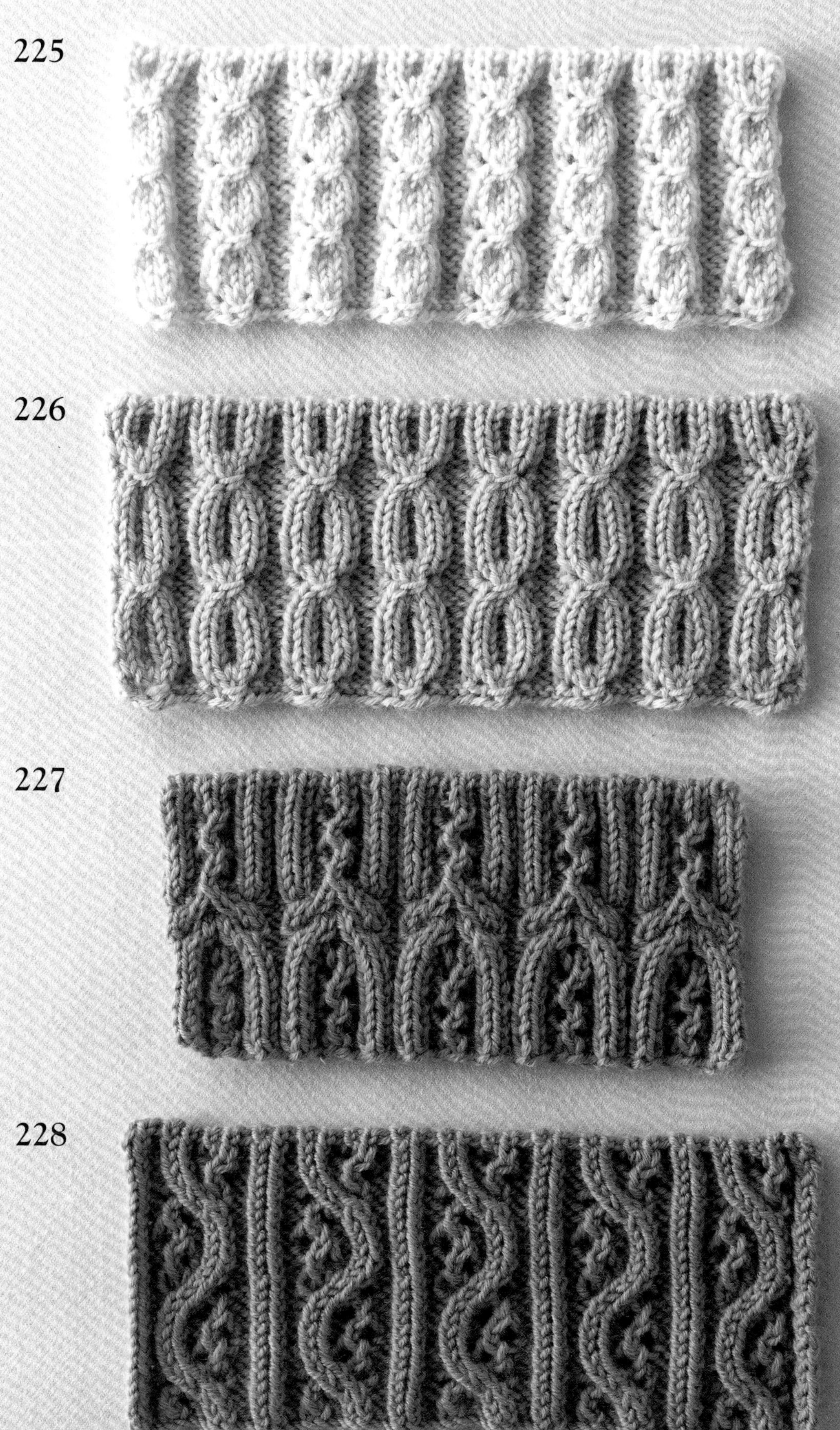

*符号图参见115页

229

230

231

232

233

234

*符号图参见116页

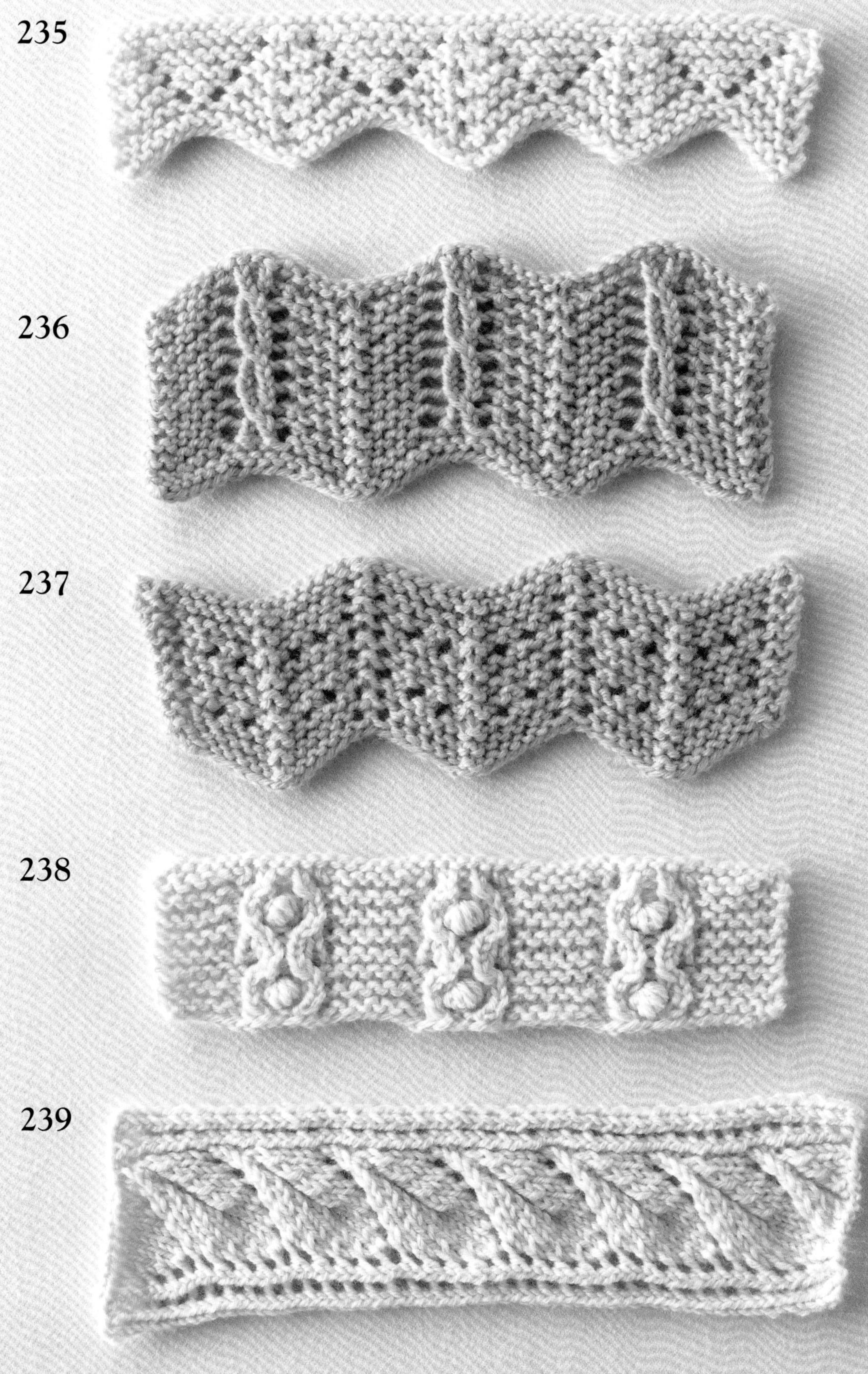

*符号图参见116页

240

241

242

243

244

245

*符号图参见117页

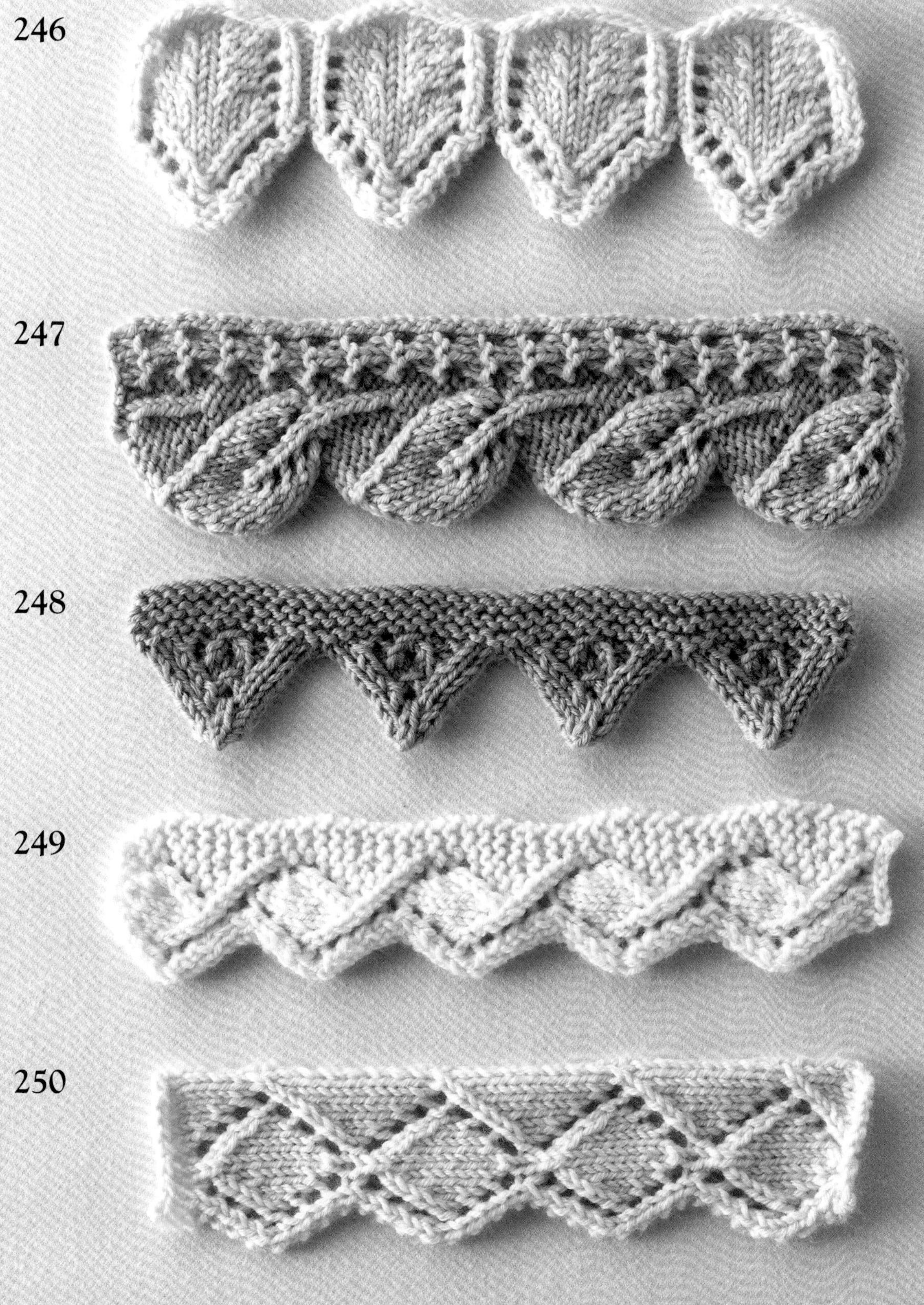

*符号图参见117页

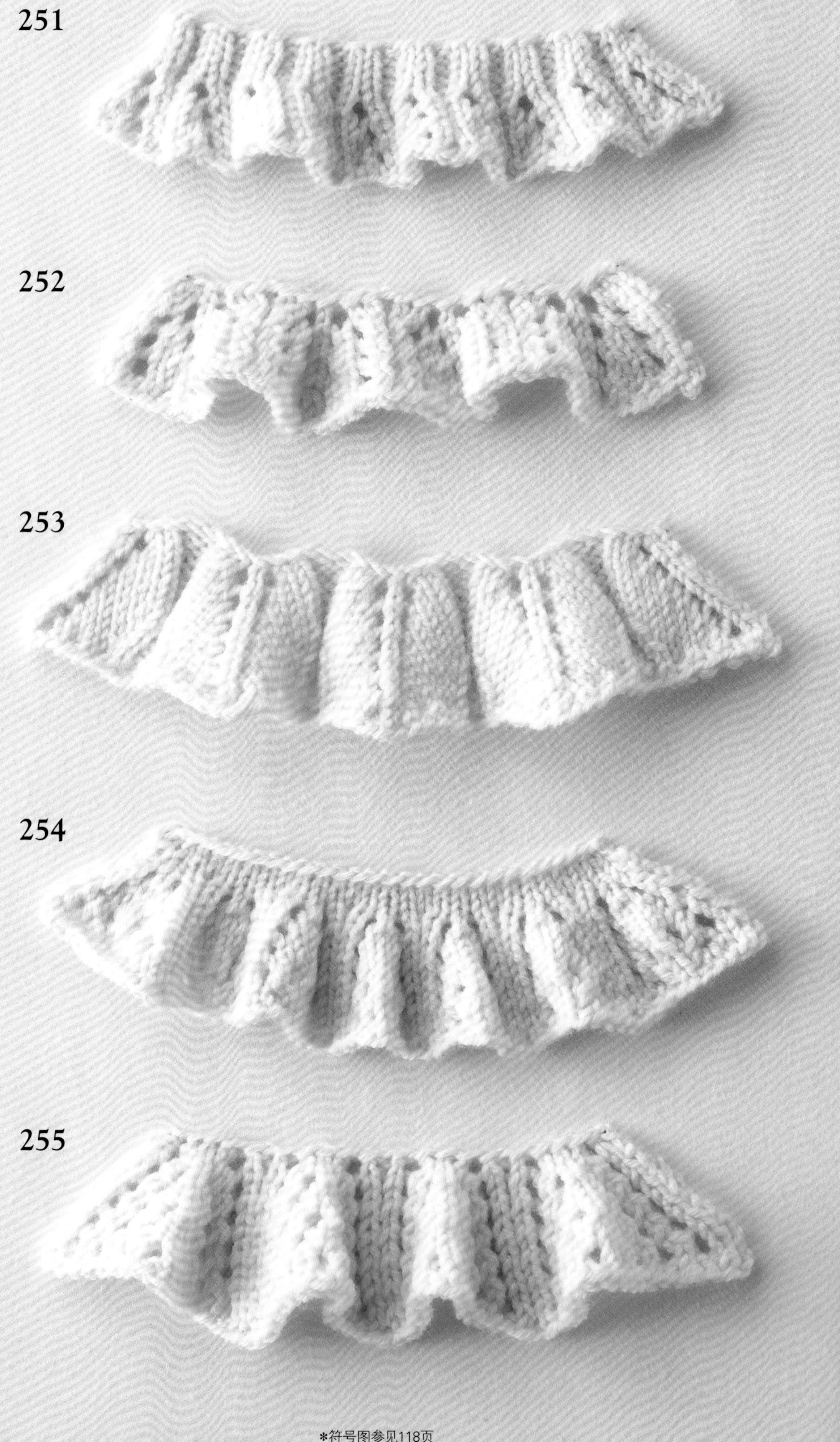

*符号图参见118页

饰边

单罗纹针收针

*符号图参见118页

*188～192／98页，193～197／99页

188

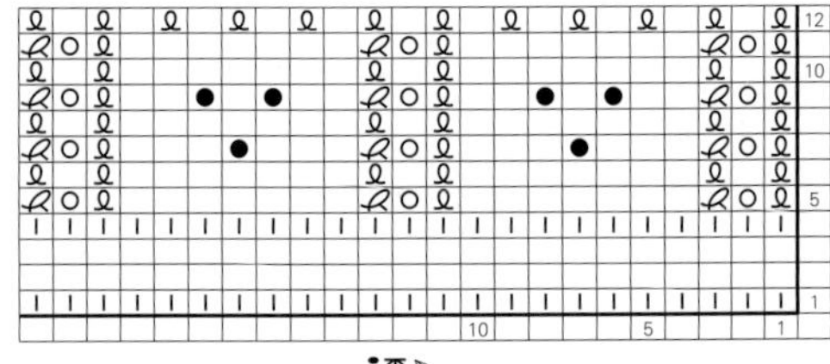

□ = ⊟ 上针

189

下针在编织扭针的同时
做单罗纹针收针

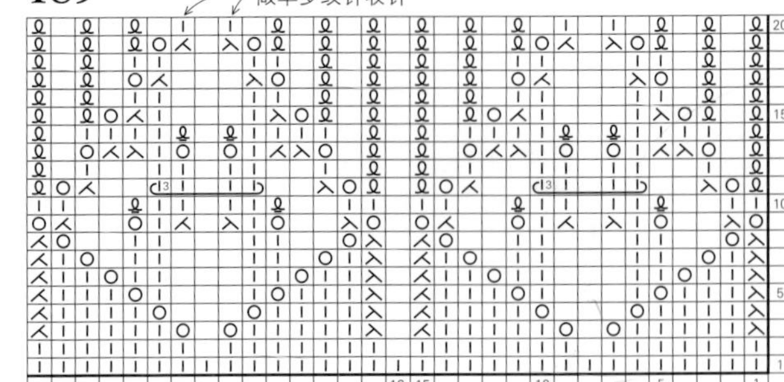

□ = ⊟ 上针　= 3卷绕线编

190

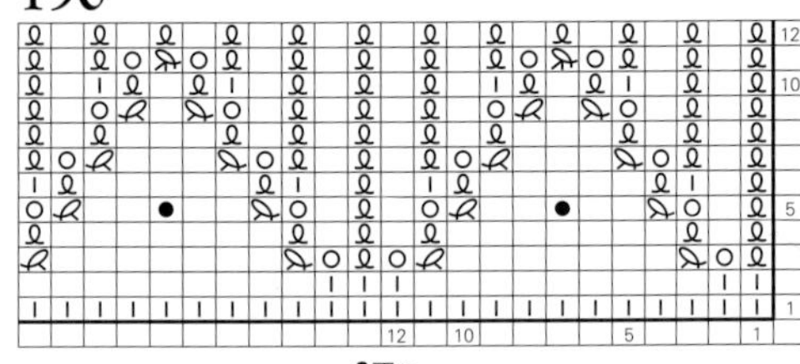

□ = ⊟ 上针

191

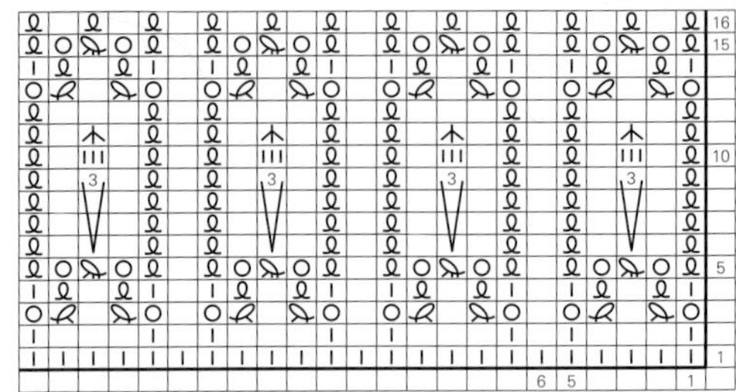

□ = ⊟ 上针

192

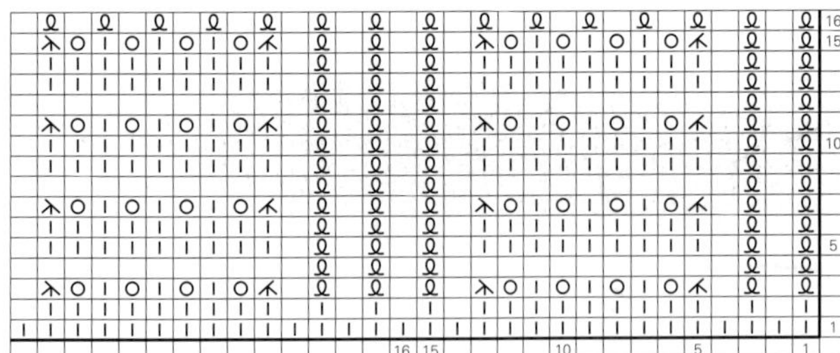

□ = ⊟ 上针

193

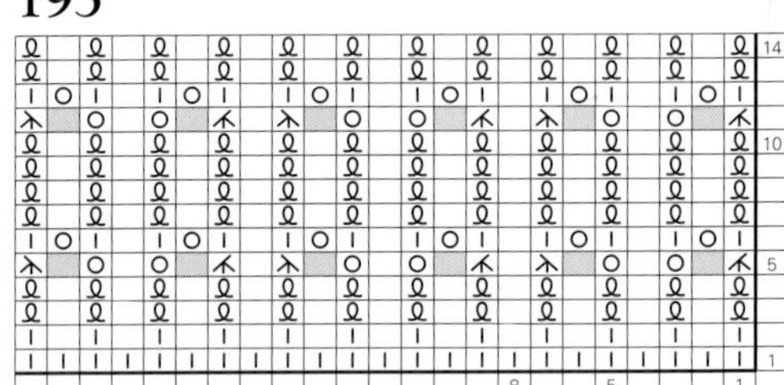

□ = ⊟ 上针　▒ = 没有针目处

194

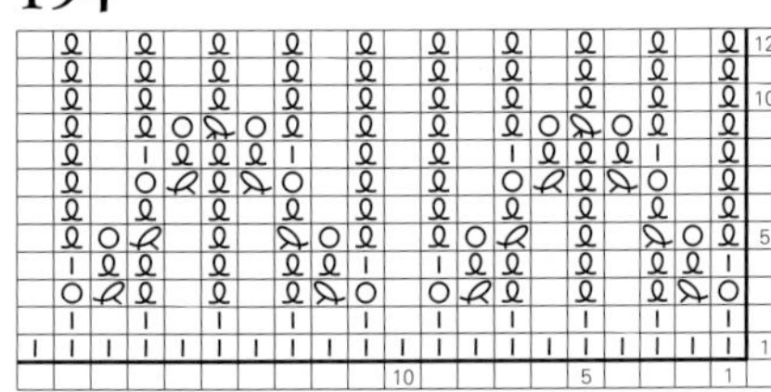

□ = ⊟ 上针

195

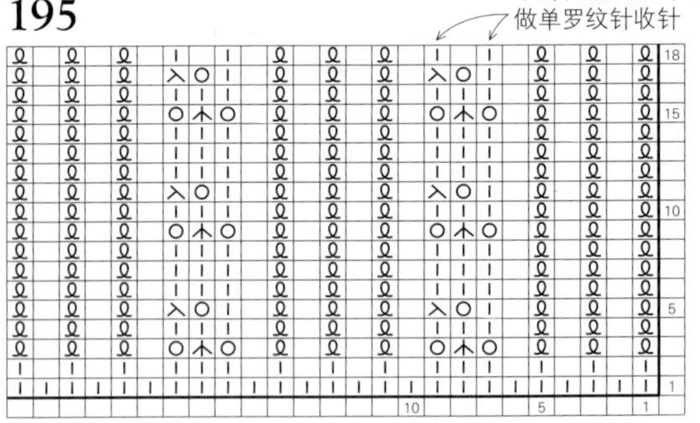
下针在编织扭针的同时
做单罗纹针收针

□ = ⊟ 上针

196

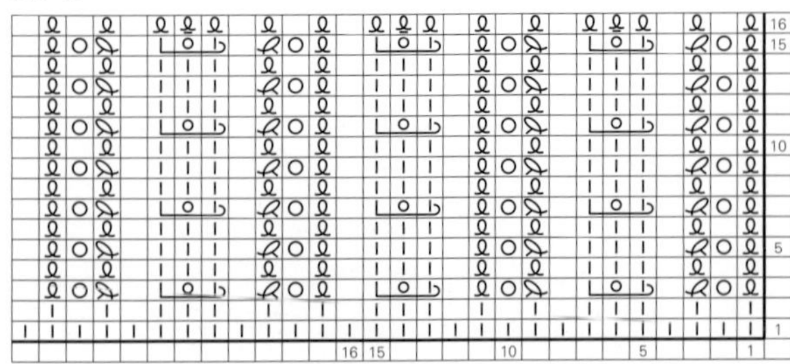

□ = ⊟ 上针

197

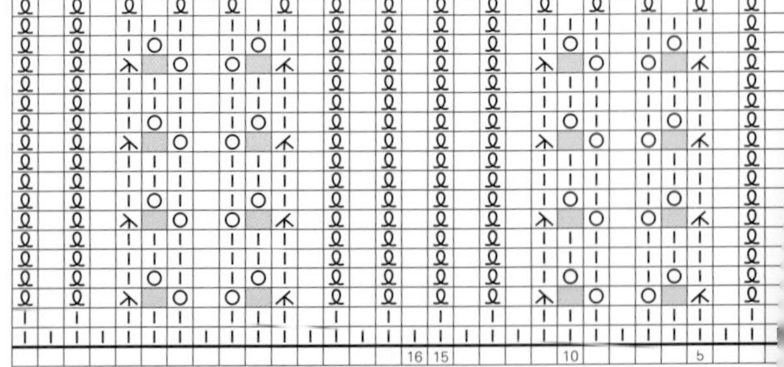

□ = ⊟ 上针　▒ = 没有针目处

*198～202／100页，203～207／101页

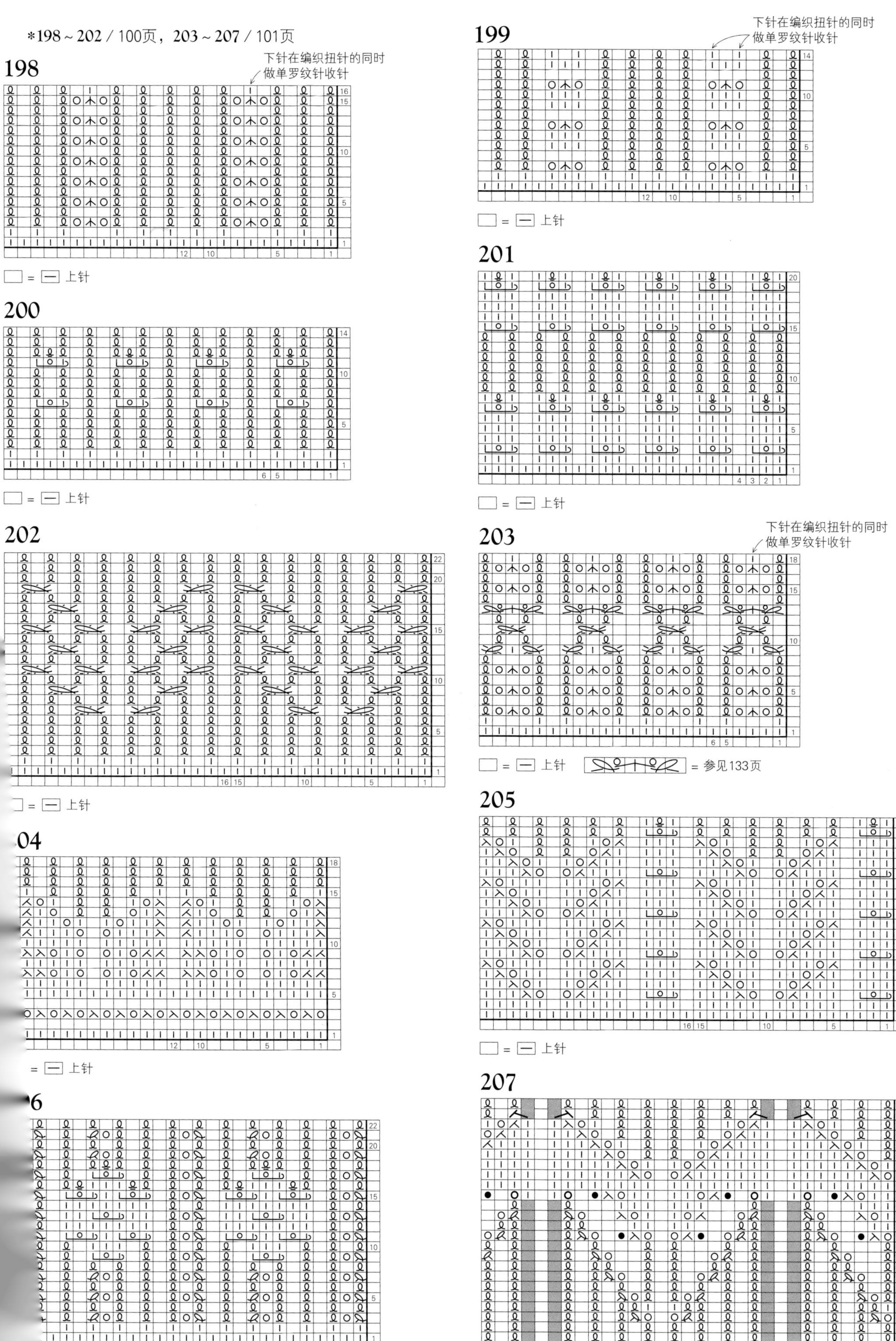

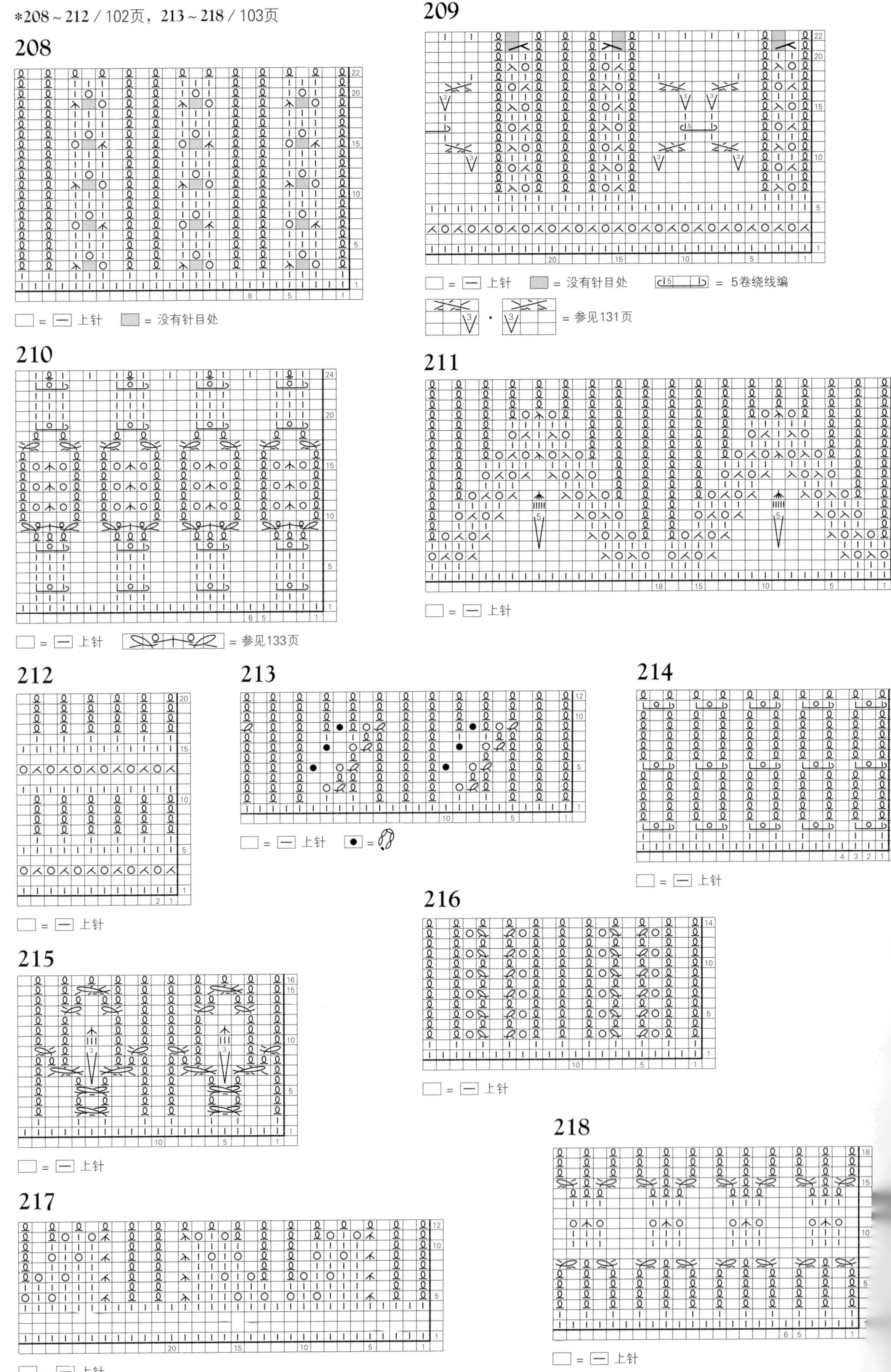
*208~212 / 102页，213~218 / 103页
208
□ = ⊟ 上针　▨ = 没有针目处
209
□ = ⊟ 上针　▨ = 没有针目处　= 5卷绕线编
= 参见131页
210
□ = ⊟ 上针　= 参见133页
211
□ = ⊟ 上针
212
□ = ⊟ 上针
213
□ = ⊟ 上针
214
□ = ⊟ 上针
215
□ = ⊟ 上针
216
□ = ⊟ 上针
217
□ = ⊟ 上针
218
□ = ⊟ 上针

*219～224／104页，225～228／105页

219

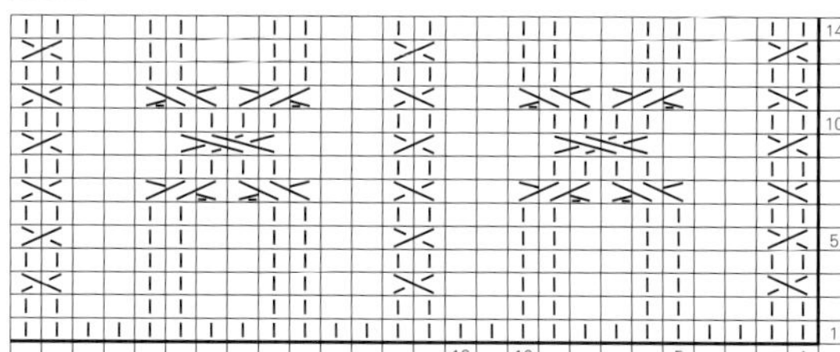

□ = ㊀ 上针

220

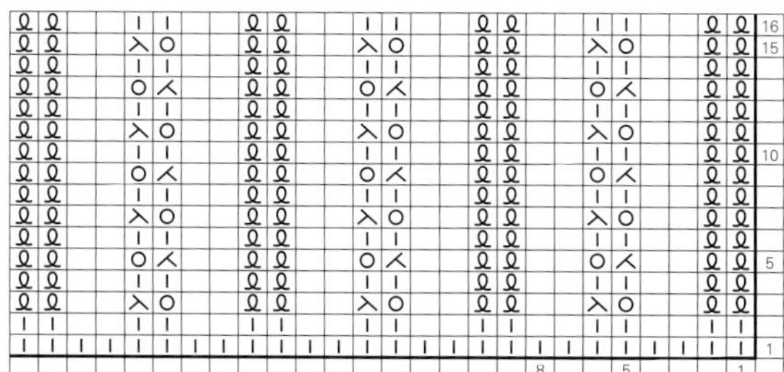

□ = ㊀ 上针

221

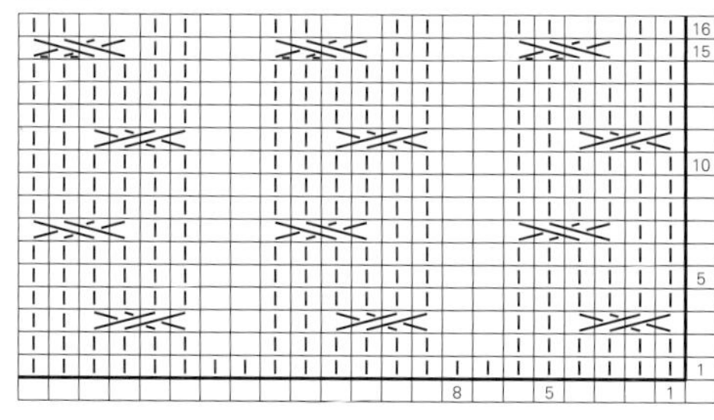

□ = ㊀ 上针

222

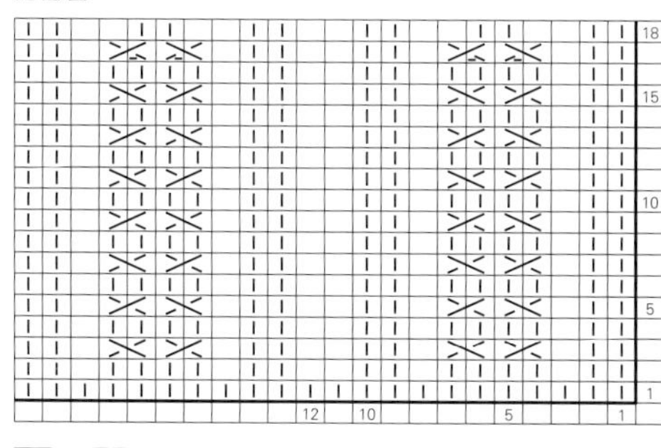

□ = ㊀ 上针

3

□ 上针　　= 右上扭针2针的交叉

224

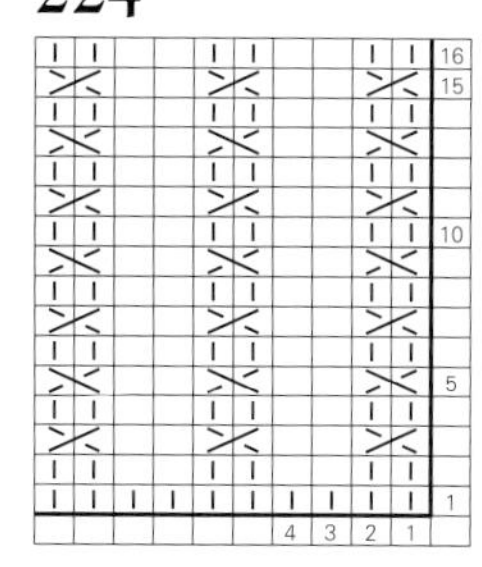

□ = ㊀ 上针

225

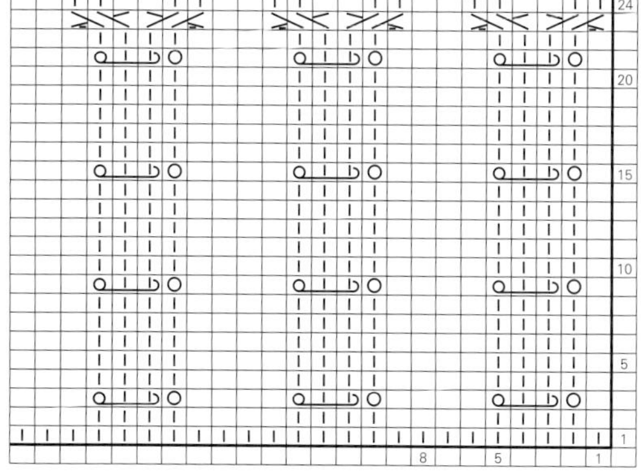

□ = ㊀ 上针　　= 参见133页

226

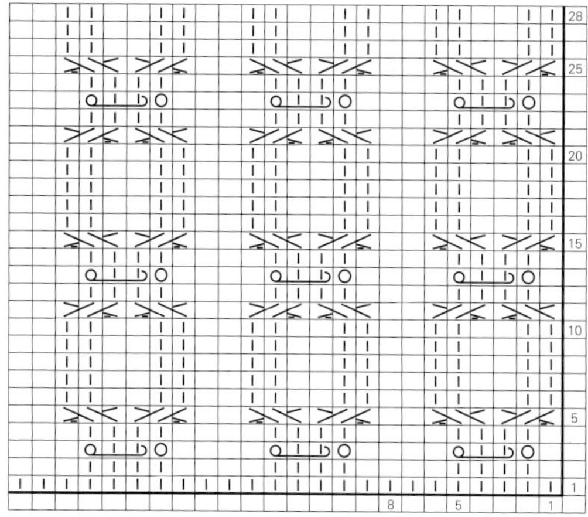

□ = ㊀ 上针　　= 参见133页

227

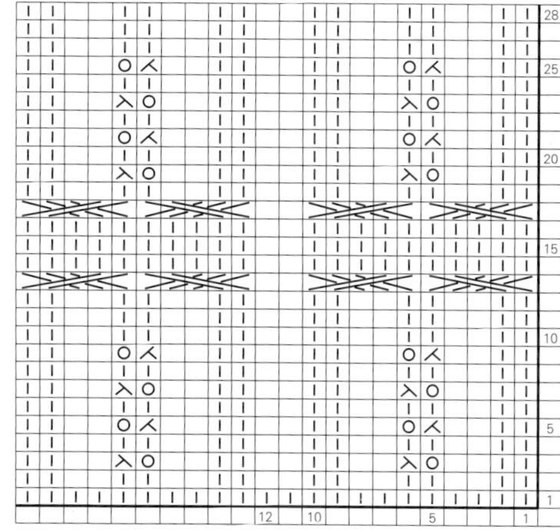

□ = ㊀ 上针

228

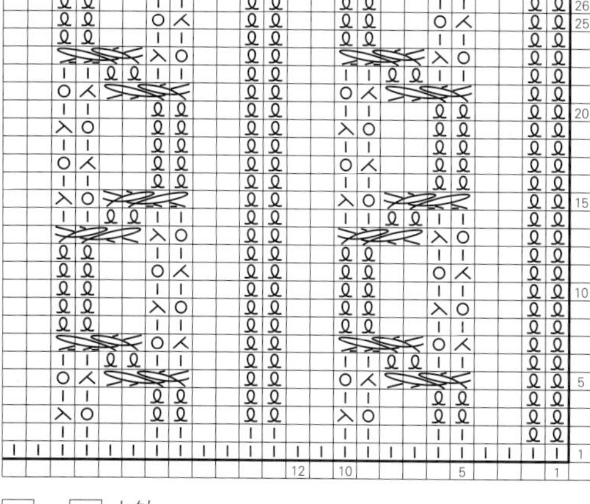

□ = ㊀ 上针

*229～234 / 106页，235～239 / 107页

229

□ = 丨 下针　● = (symbol)　⌒ = 上针的伏针收针

230

□ = 丨 下针　⌒ = 上针的伏针收针

231

□ = — 上针　⌒ = 上针的伏针收针

(symbol) = 2卷绕线编

232

□ = — 上针　⌒ = 上针的伏针收针

233

□ = — 上针　⌒ = 上针的伏针收针

234

□ = — 上针

239

□ = 丨 下针

235

□ = — 上针　⌒ = 上针的伏针收针

236

□ = — 上针　⌒ = 上针的伏针收针

237

□ = — 上针　⌒ = 上针的伏针收针

238

□ = — 上针　● = (symbol)　⌒ = 上针的伏针收针

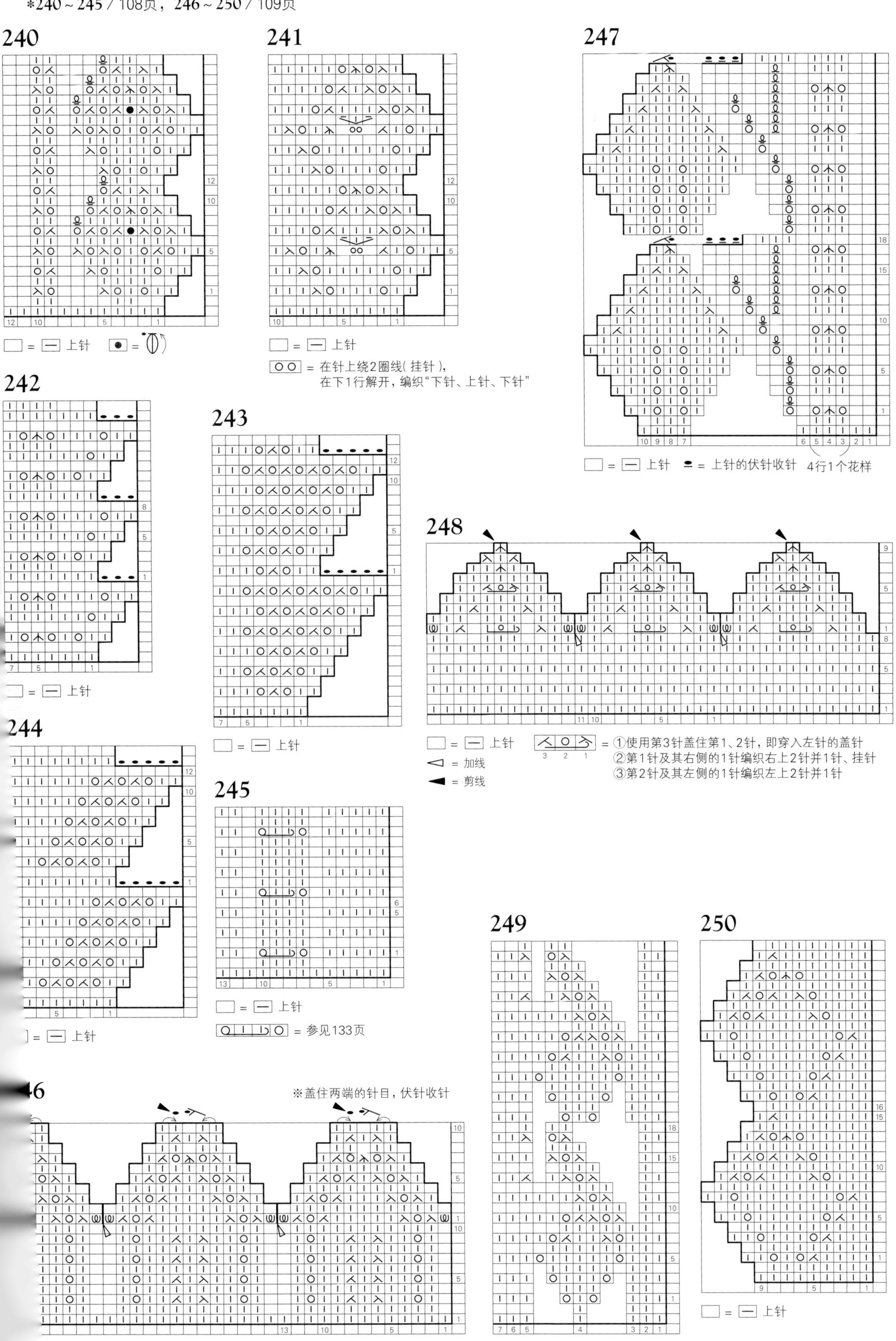

240
□ = ⊟ 上针
241
□ = ⊟ 上针
○○ = 在针上绕2圈线（挂针），在下1行解开，编织"下针、上针、下针"
242
□ = ⊟ 上针
243
□ = ⊟ 上针
244
□ = ⊟ 上针
245
□ = ⊟ 上针
= 参见133页
246
※盖住两端的针目，伏针收针
⊟ 上针
= 加线
= 剪线
247
□ = ⊟ 上针
= 上针的伏针收针
4行1个花样
248
□ = ⊟ 上针
= 加线
= 剪线
= ①使用第3针盖住第1、2针，即穿入左针的盖针
②第1针及其右侧的1针编织右上2针并1针、挂针
③第2针及其左侧的1针编织左上2针并1针
249
□ = ⊟ 上针
250
□ = ⊟ 上针

*251～255 / 110页，256～260 / 111页

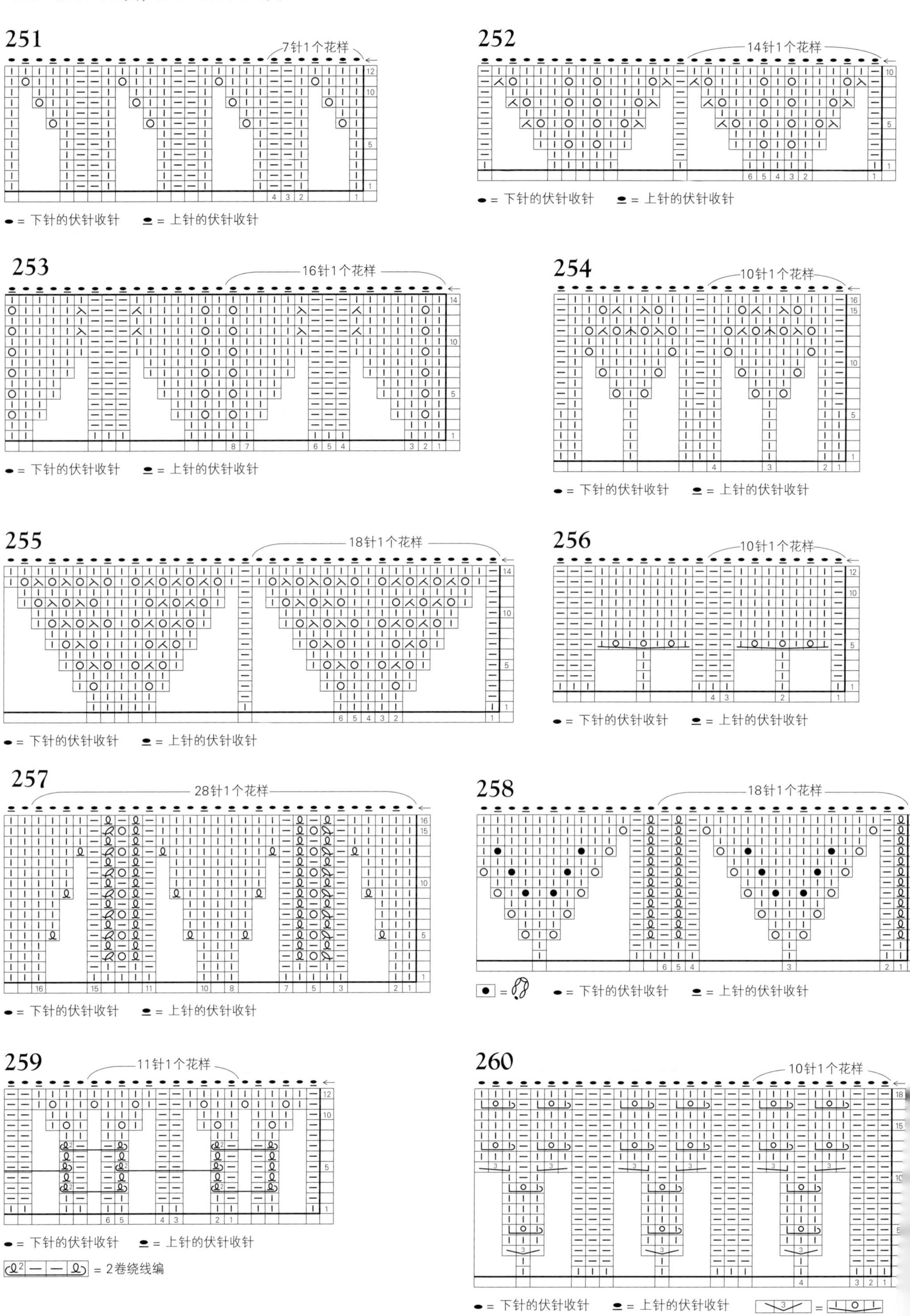

251

7针1个花样

●＝下针的伏针收针　●＝上针的伏针收针

252

14针1个花样

●＝下针的伏针收针　●＝上针的伏针收针

253

16针1个花样

●＝下针的伏针收针　●＝上针的伏针收针

254

10针1个花样

●＝下针的伏针收针　●＝上针的伏针收针

255

18针1个花样

●＝下针的伏针收针　●＝上针的伏针收针

256

10针1个花样

●＝下针的伏针收针　●＝上针的伏针收针

257

28针1个花样

●＝下针的伏针收针　●＝上针的伏针收针

258

18针1个花样

●＝ 　●＝下针的伏针收针　●＝上针的伏针收针

259

11针1个花样

●＝下针的伏针收针　●＝上针的伏针收针

＝2卷绕线编

260

10针1个花样

●＝下针的伏针收针　●＝上针的伏针收针　　＝

*174、175／91页

174

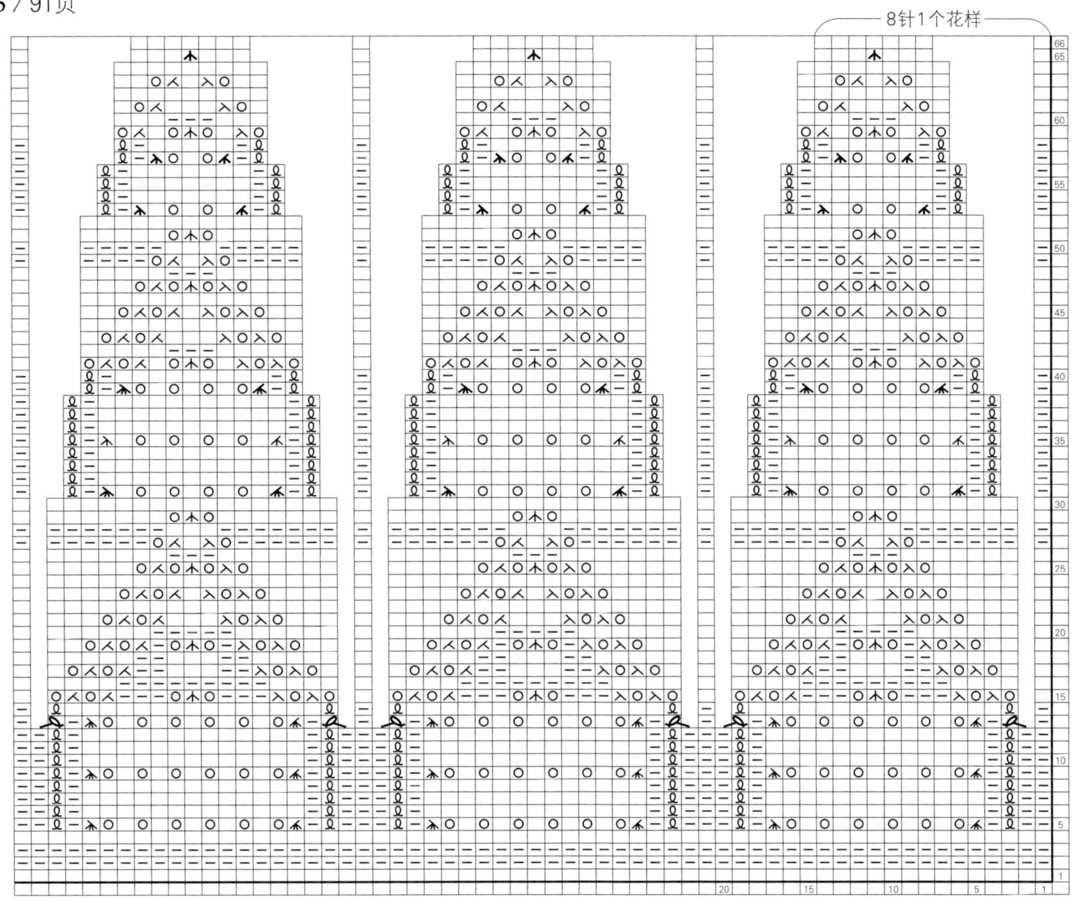

□ = | 下针

175

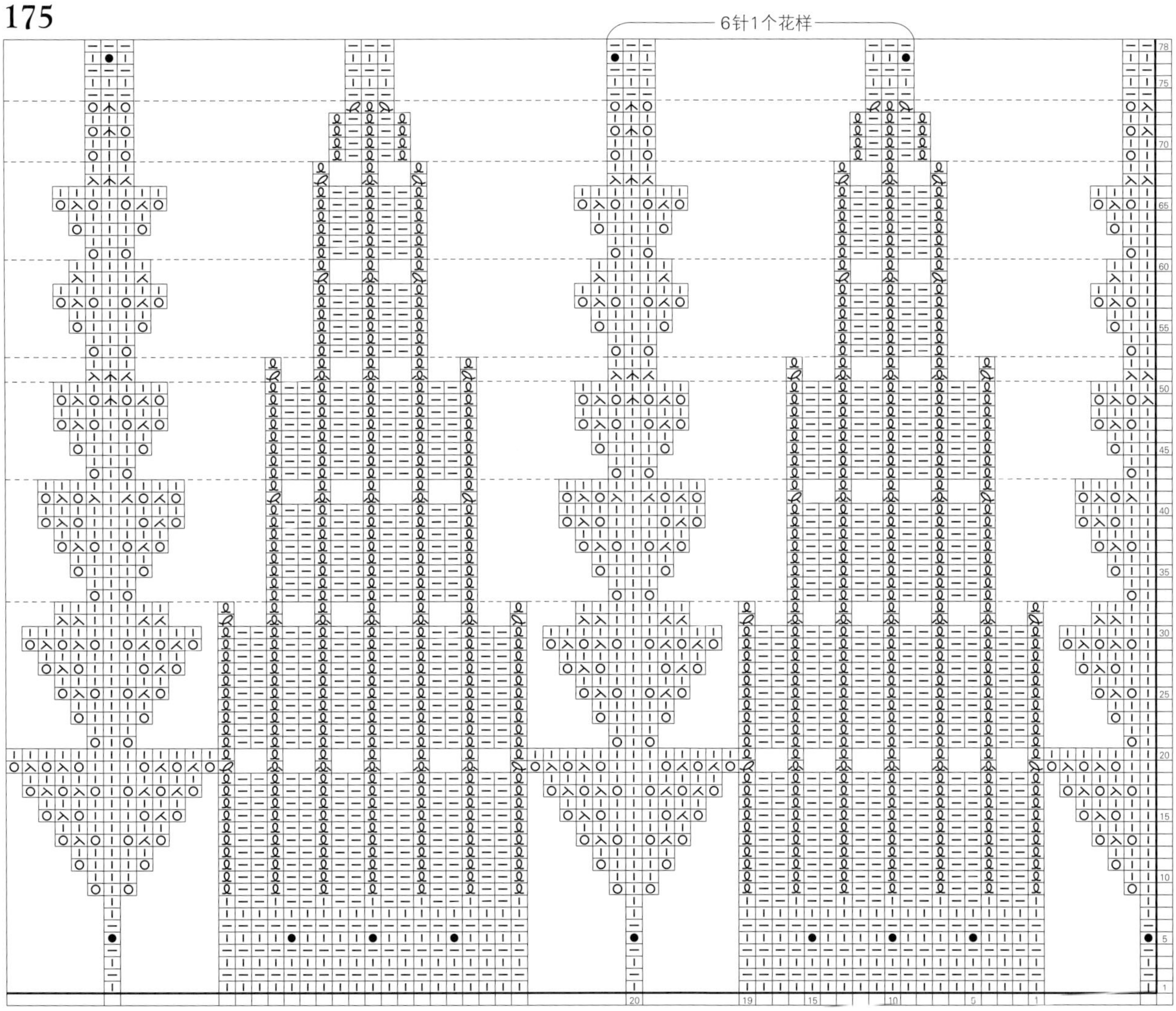

6针1个花样

● = (symbol)　※第5行、第77行的小球球，每5针编织1个

*176、177 / 92页

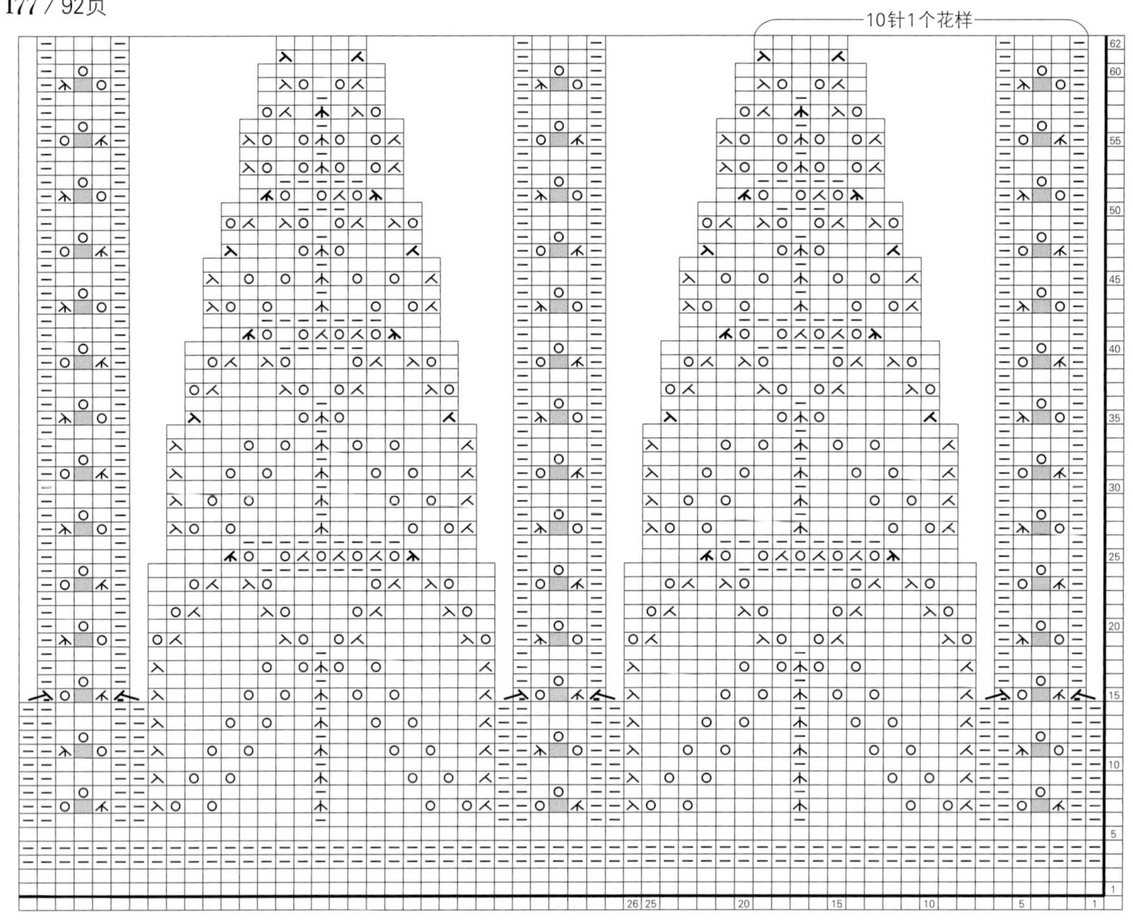

□ = □ 下针　■ = 没有针目处

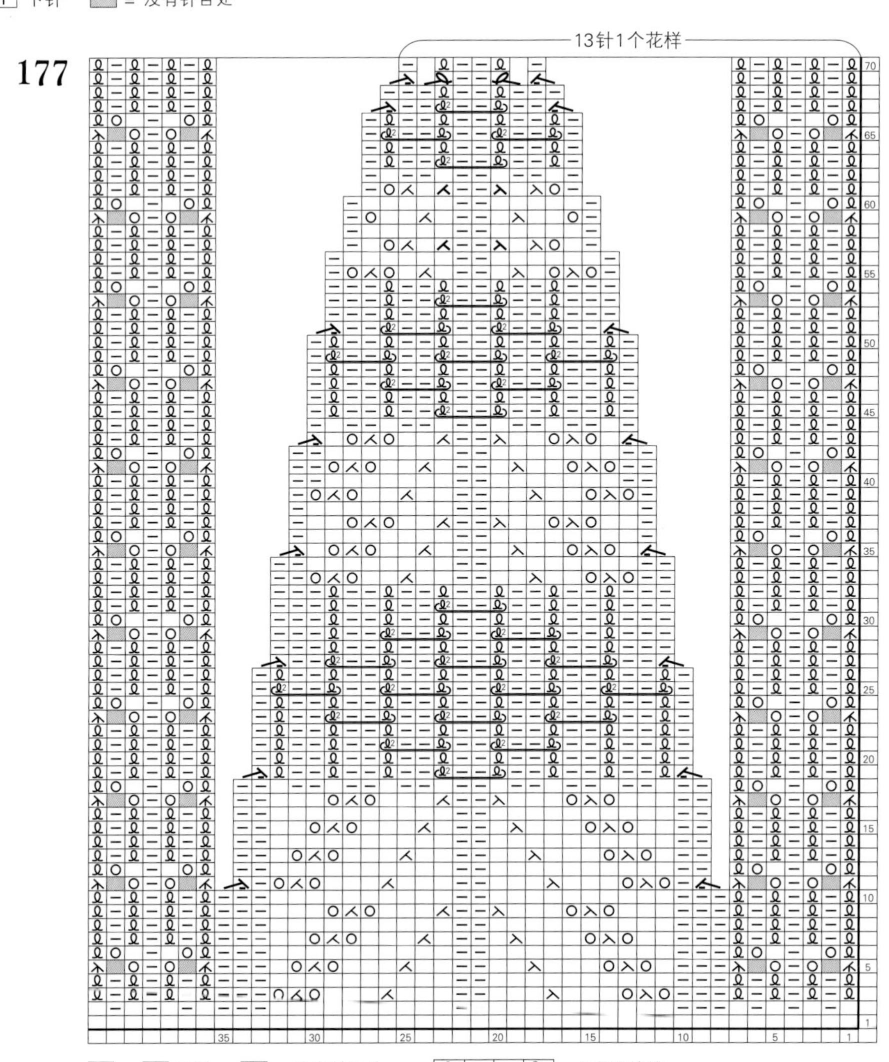

□ = □ 下针　■ = 没有针目处　ℓ2—— ℓ = 2卷绕线编

*178、179 / 93页

178

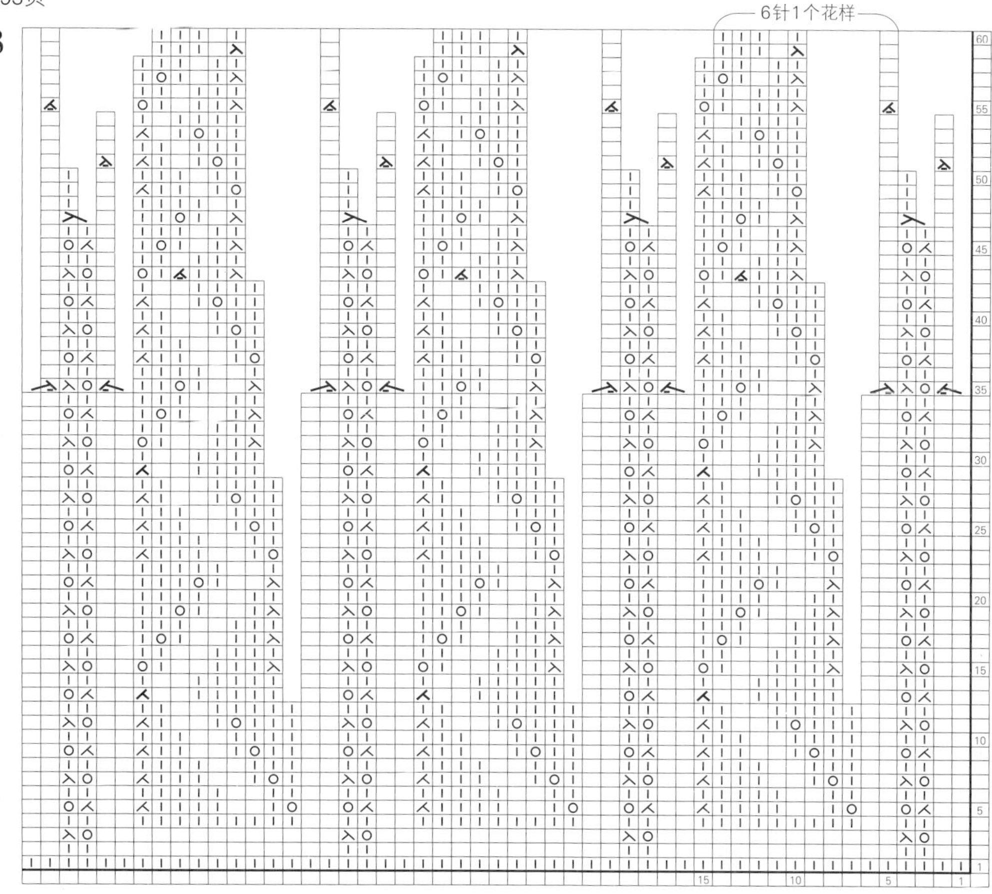

179

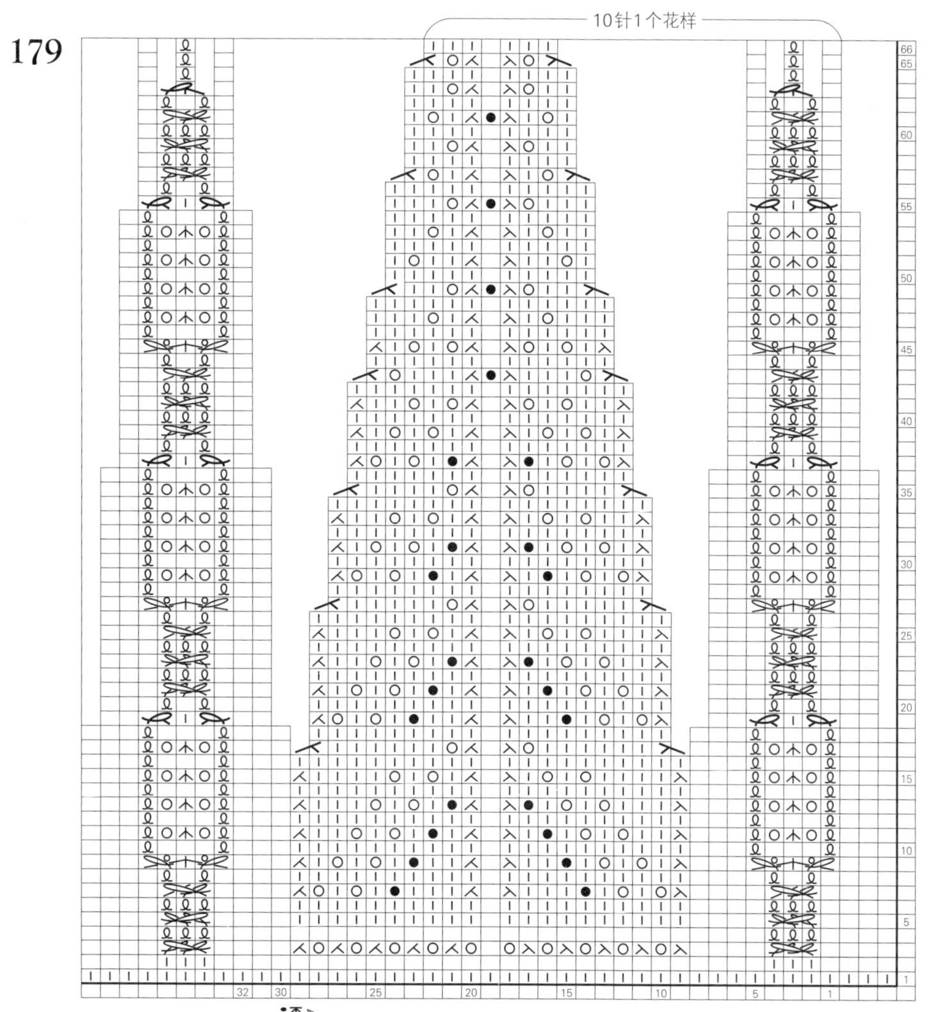

*180、181 / 94页

180

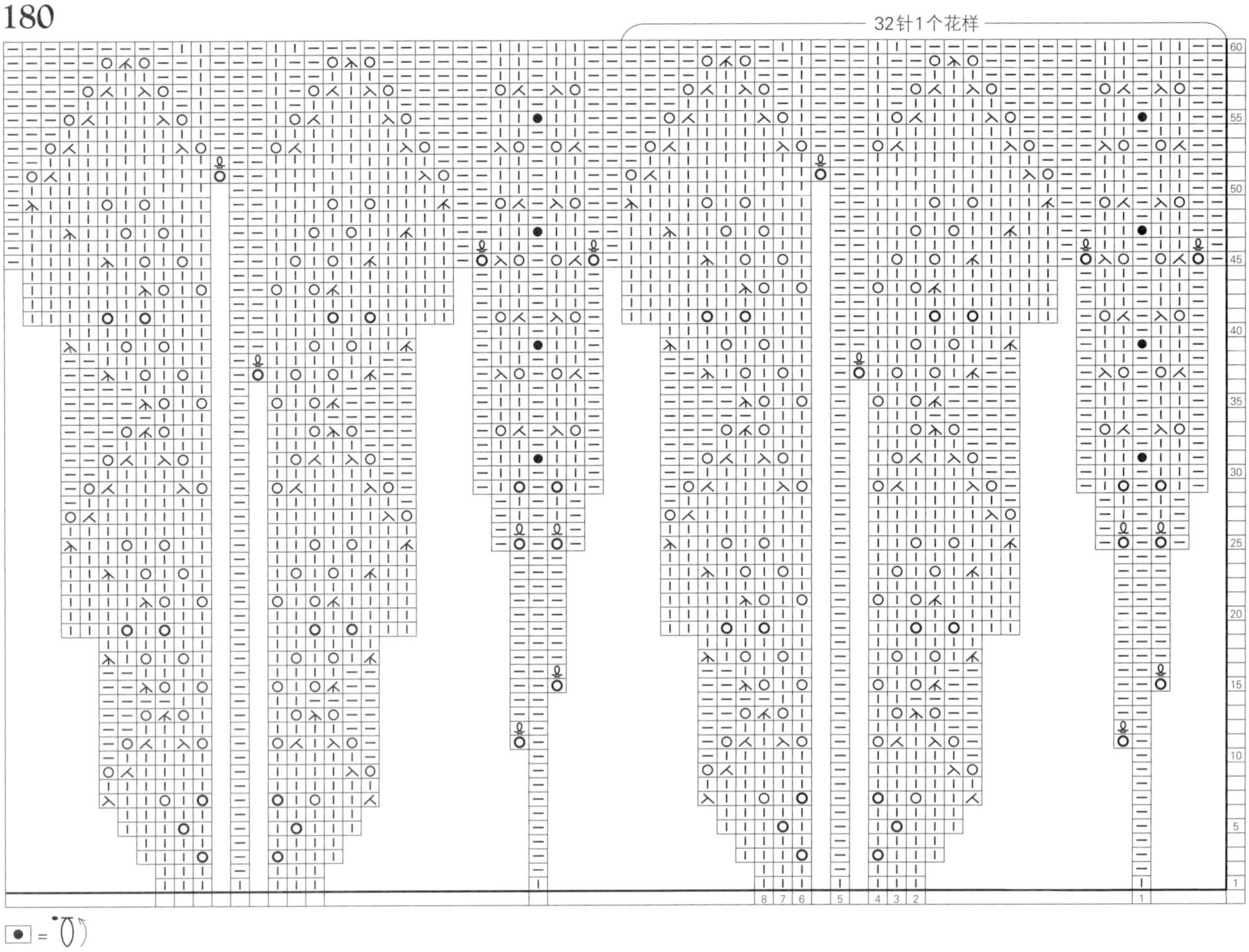

32针1个花样

■ = (symbol)

181

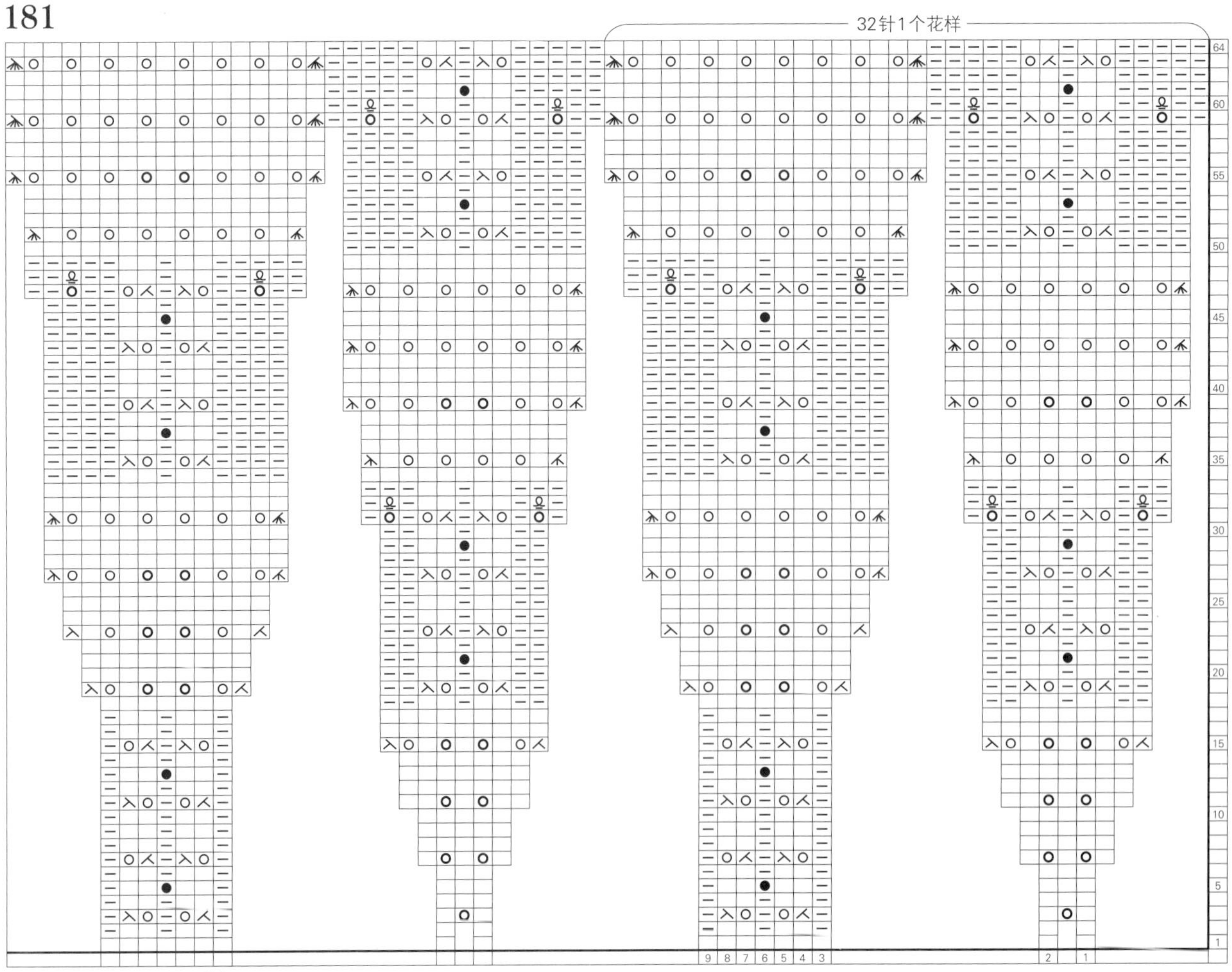

32针1个花样

□ = 丨 下针　■ = (symbol)

*182、183 / 95页

182

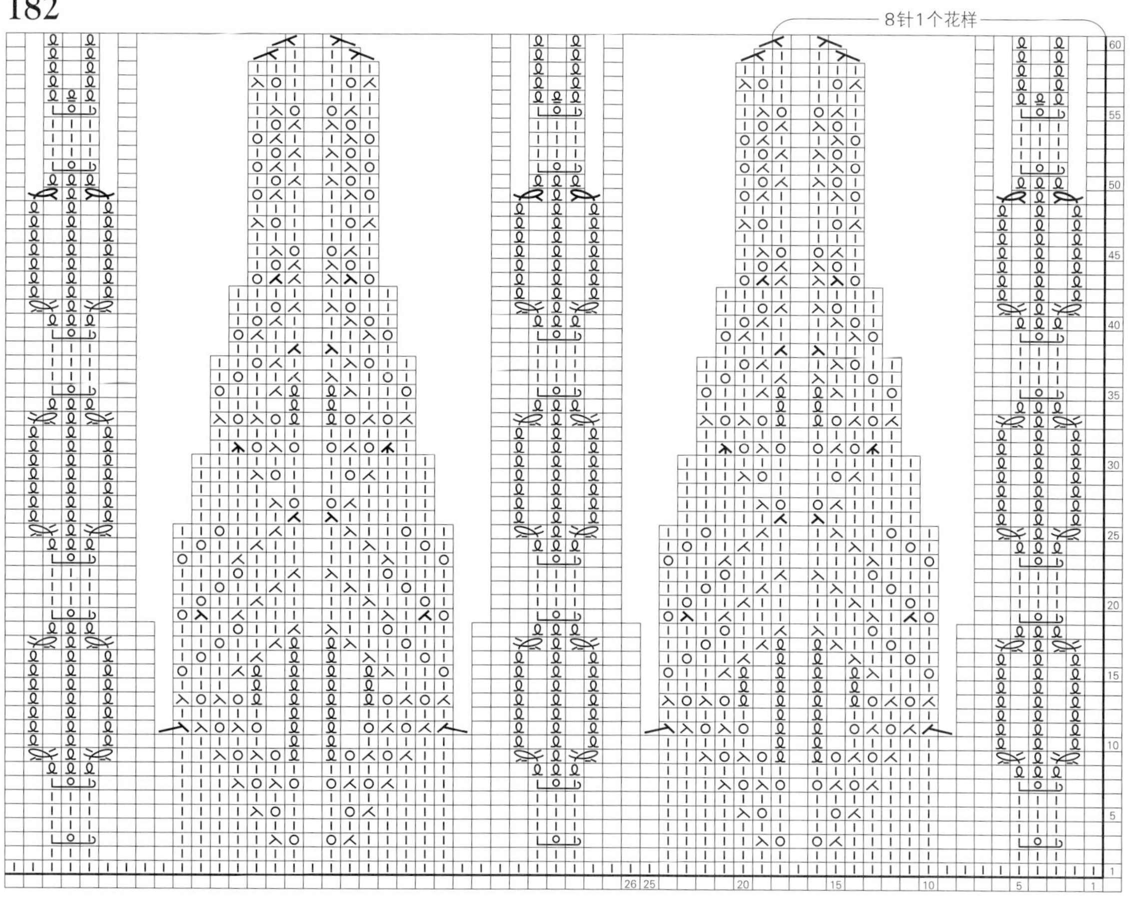

183

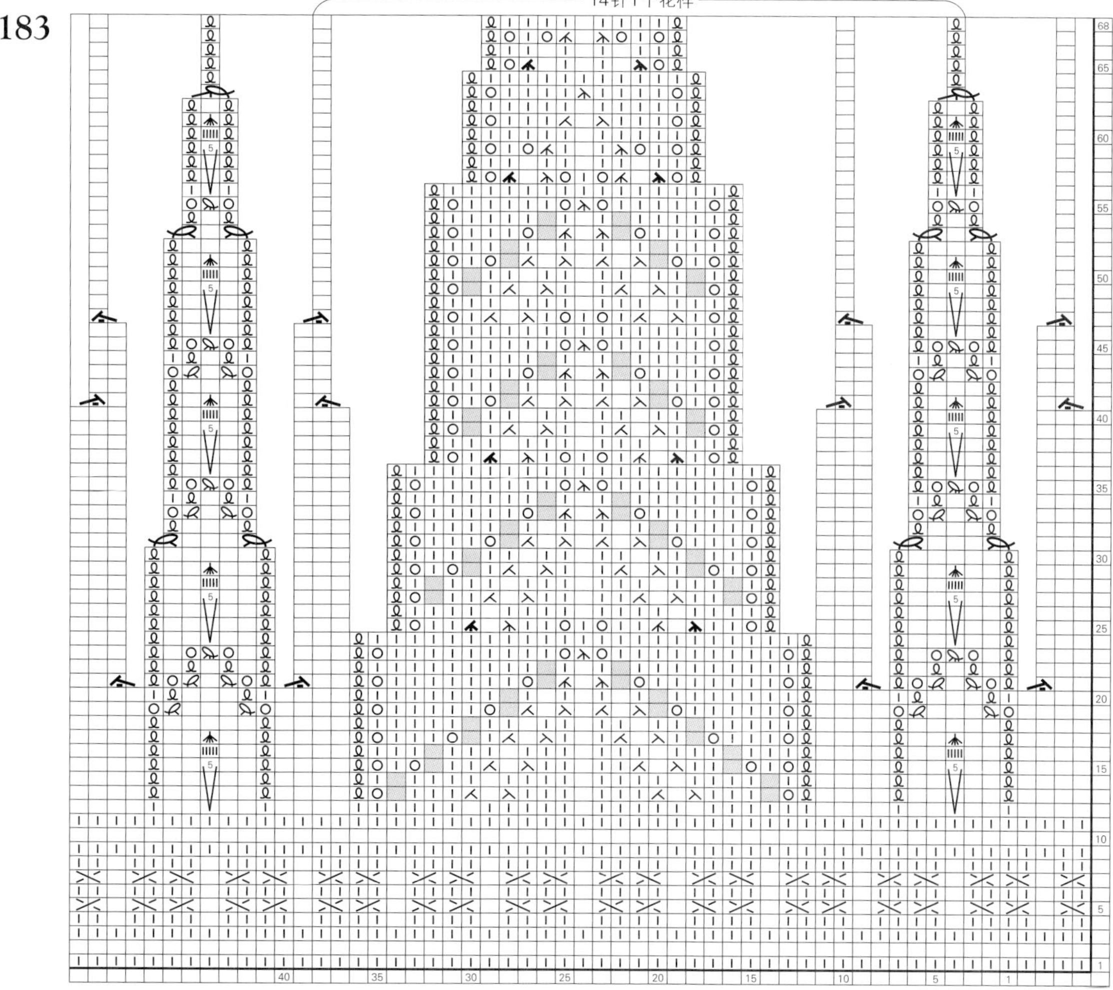

*184、185 / 96页

184

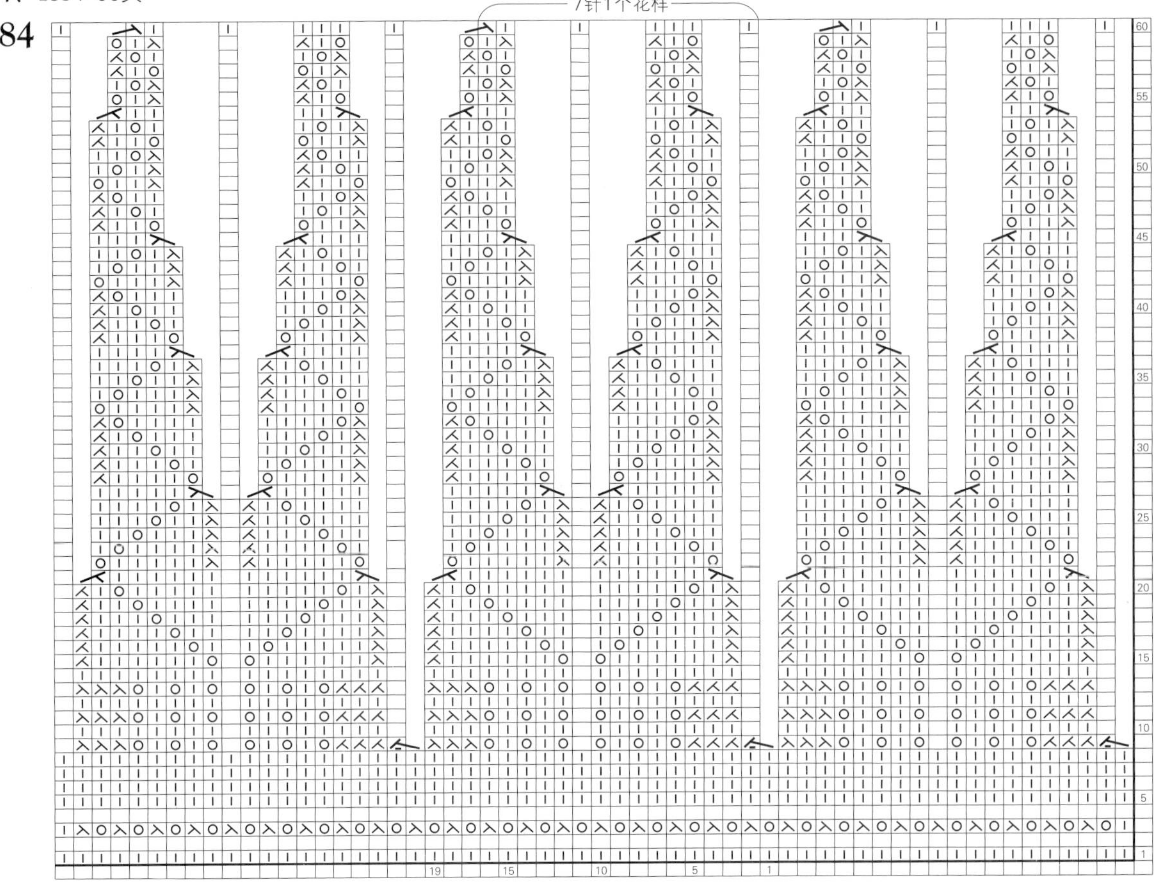

□ = 〔—〕 上针

185

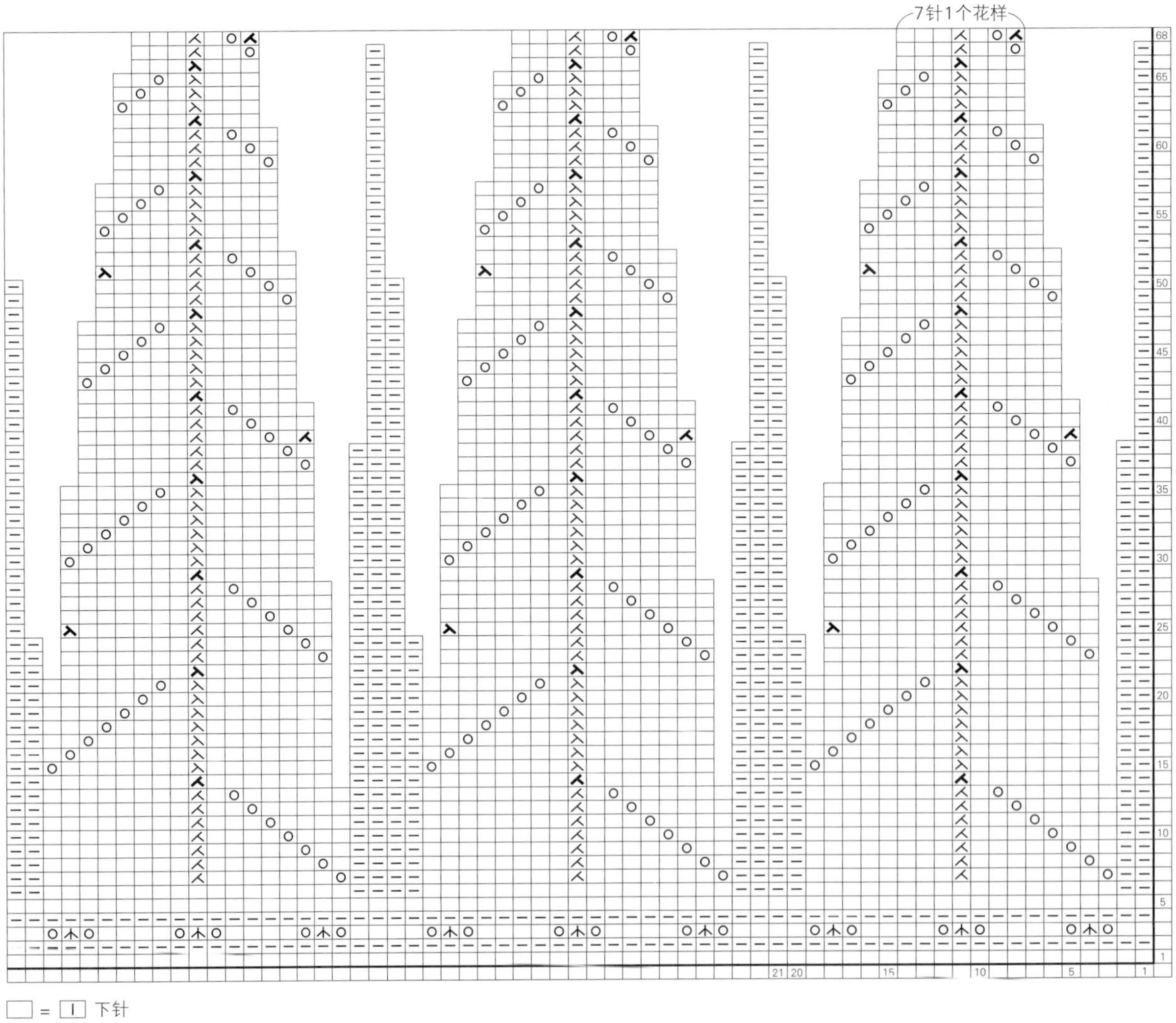

7针1个花样

□ = 〔Ⅰ〕 下针

*186、187 / 97页

186

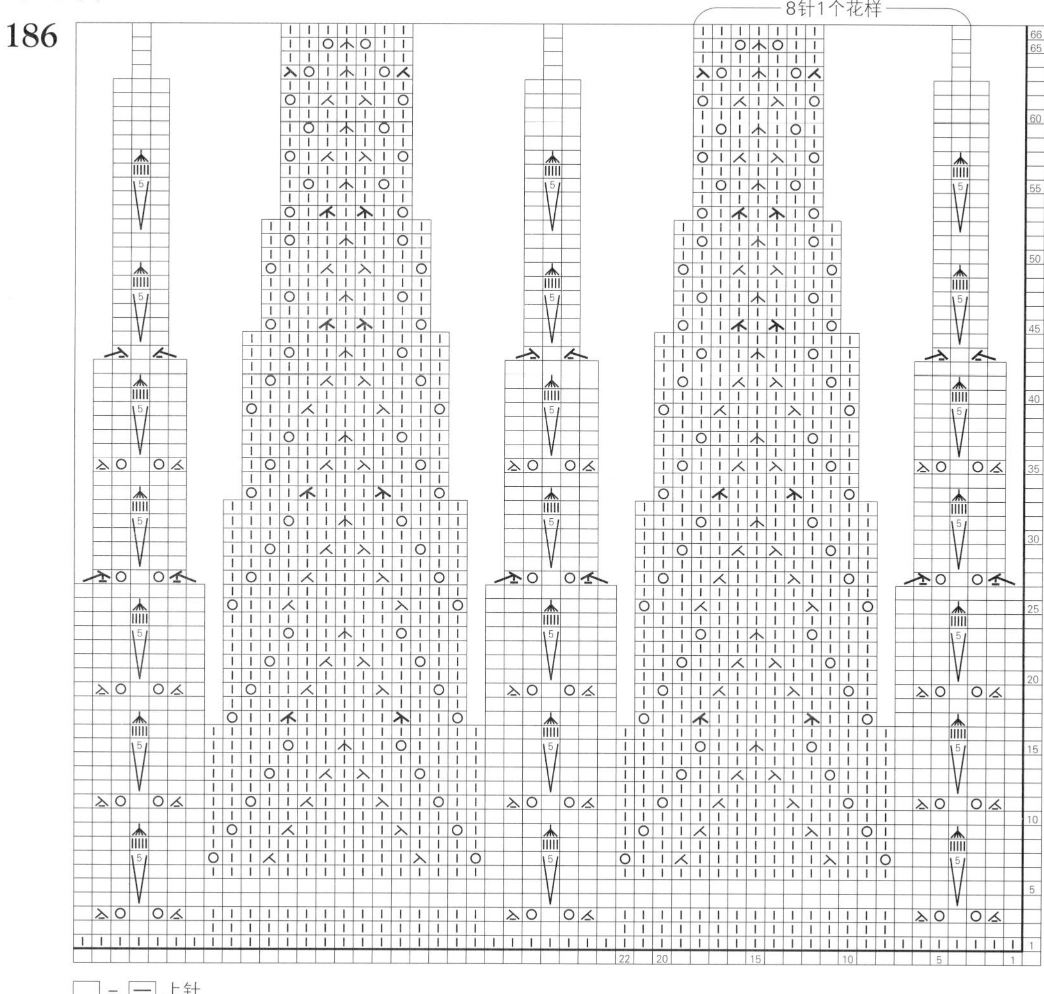

187

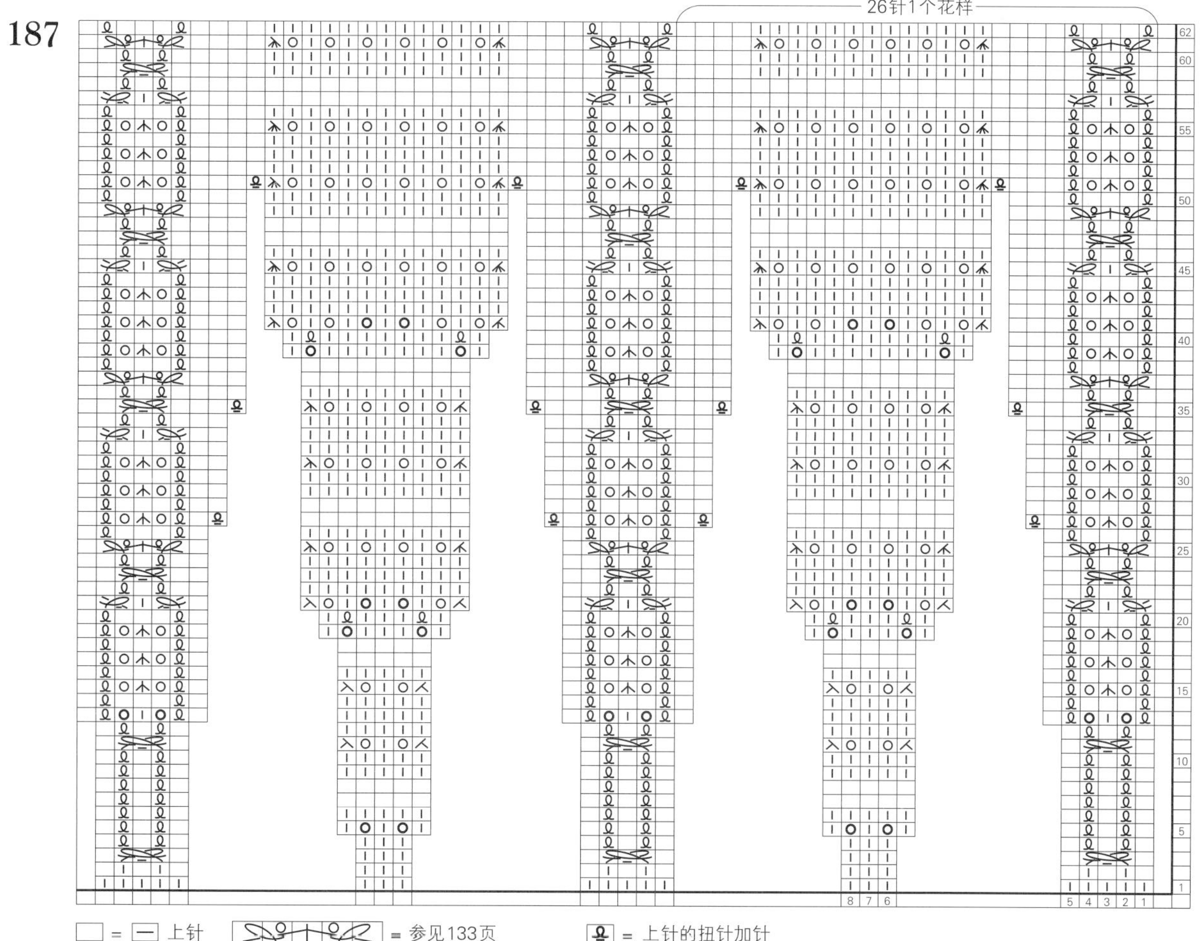

镂空花样 | 4页

带褶边的迷你围巾

编织花样使用的是14页的24号花样，褶边使用的是110页的255号花样的变化款式。

⁎材料　钻石线MD（中粗）　白色（701）55g/2团

⁎工具　棒针6号

⁎成品尺寸　宽15.5cm，长103.5cm

⁎编织密度　10cm×10cm面积内：编织花样26.5针、27行

⁎编织方法和顺序

①手指起针，等针直编258行编织花样，编织终点伏针收针。

②在编织起点、编织终点分别挑针，参照图示，使用分散加针的方法编织边饰。

③边饰编织终点的针目参照图示，做下针的伏针收针和上针的伏针收针。

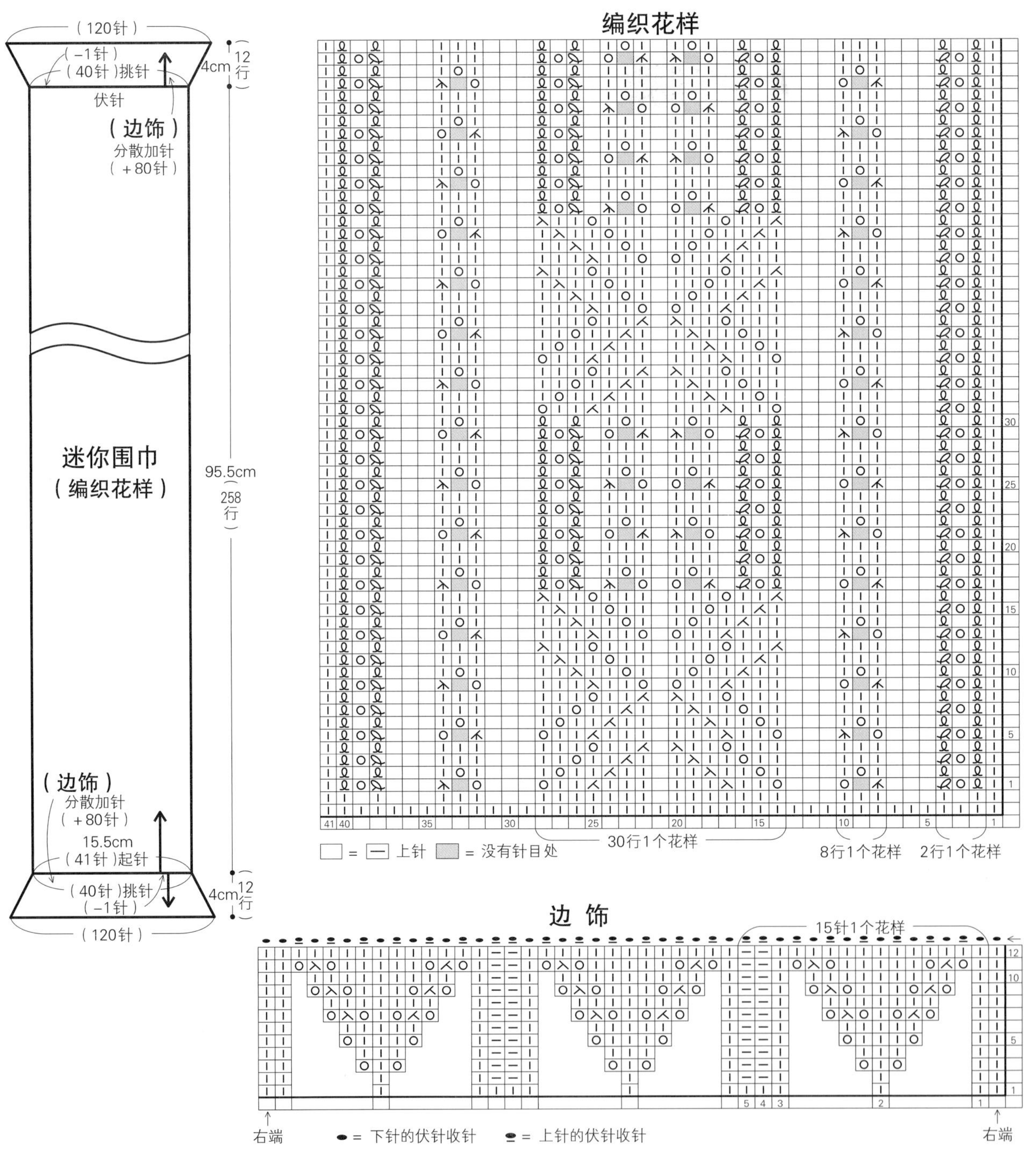

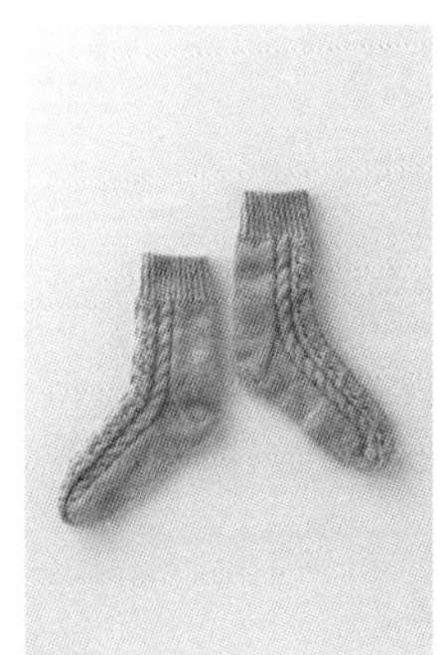

基础花样和交叉花样 | 38页

暖暖的冬日毛袜

编织花样使用的是47页的106号花样。

⋆**材料** 钻石线PS（中粗）灰色（101）55g/2团

⋆**工具** 棒针6号、4号

⋆**成品尺寸** 脚腕一周20cm、袜筒长19.5cm、袜底长21cm

⋆**编织密度** 10cm×10cm面积内：下针编织25针、35行；编织花样27针、35行

⋆**编织方法和顺序**

①另线锁针起针，起26针，环形编织3行下针编织，下一行挑取起针的下半弧编织上针，做单罗纹针的起针。

②随后编织20行扭针的单罗纹针，脚面按编织花样编织，脚底做下针编织。

③脚后跟、脚尖参照图示编织。脚面与脚底的编织终点之间做下针编织无缝缝合。

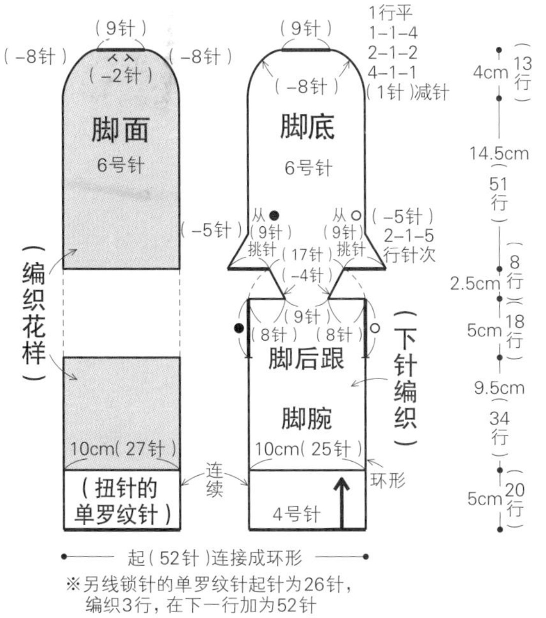

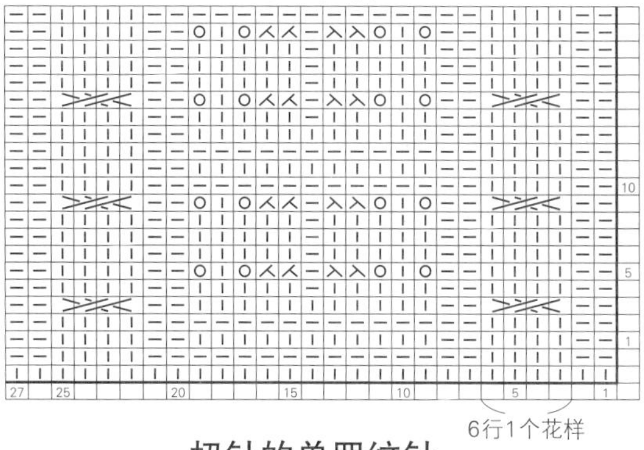

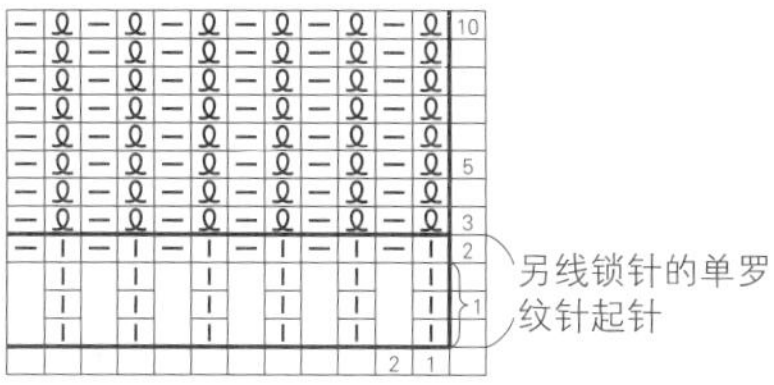

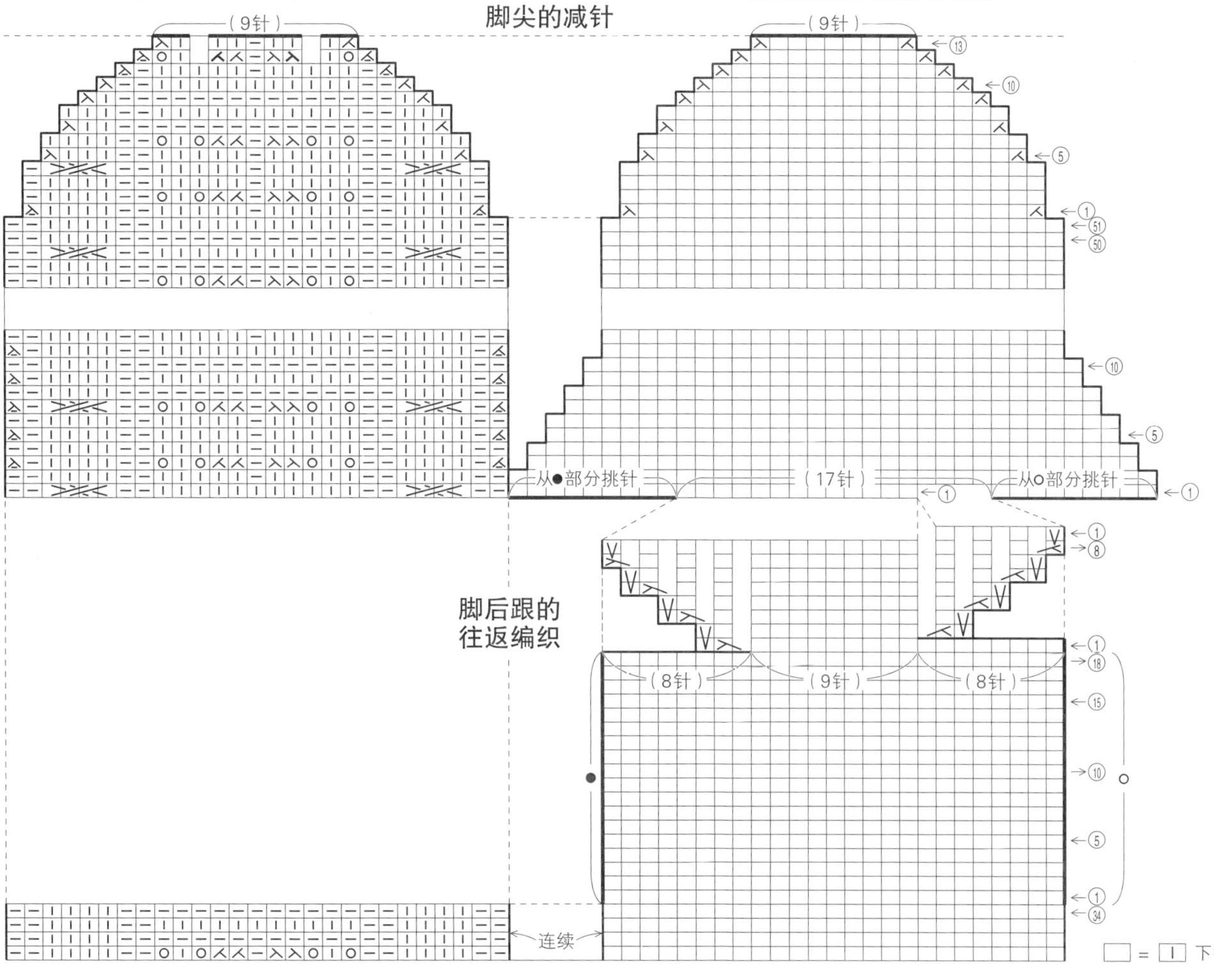

组合花样 | 58页

交叉花样与镂空花样的帽子

编织花样选用的是61页的131号花样中的部分花样。

＊材料　钻石线DTW（中粗）米色（911）50g/2团

＊工具　棒针6号、4号

＊成品尺寸　头围cm、帽深22cm

＊编织密度　10cm×10cm面积内：编织花样29针、34行

＊编织方法和顺序

①另线锁针起针，按编织花样环形编织。重复编织5组编织花样，等针直编28行。

②参照编织花样，在进行分散减针的同时编织帽顶部分。

③将线穿入编织终点的15针中，穿2圈，收紧。

④解开另线锁针的起针，挑取针目，环形编织扭针的双罗纹针，编织终点做环形的扭针的双罗纹针收针。

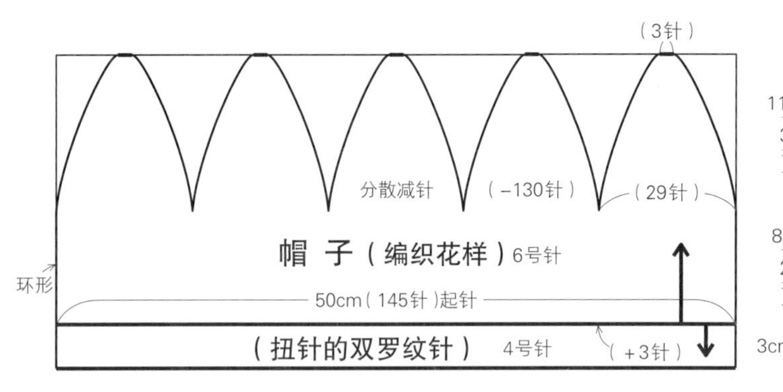

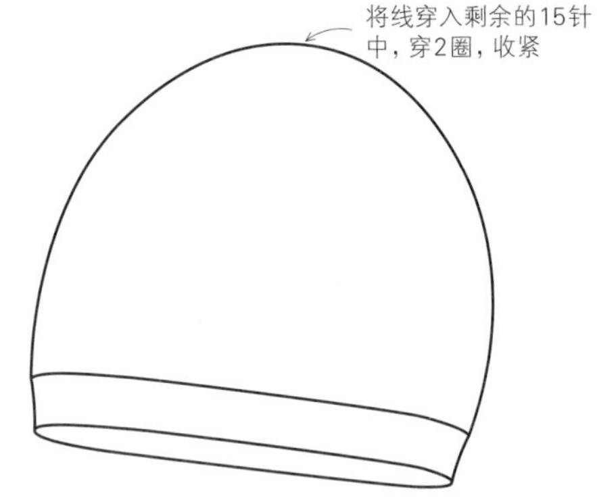

编织花样

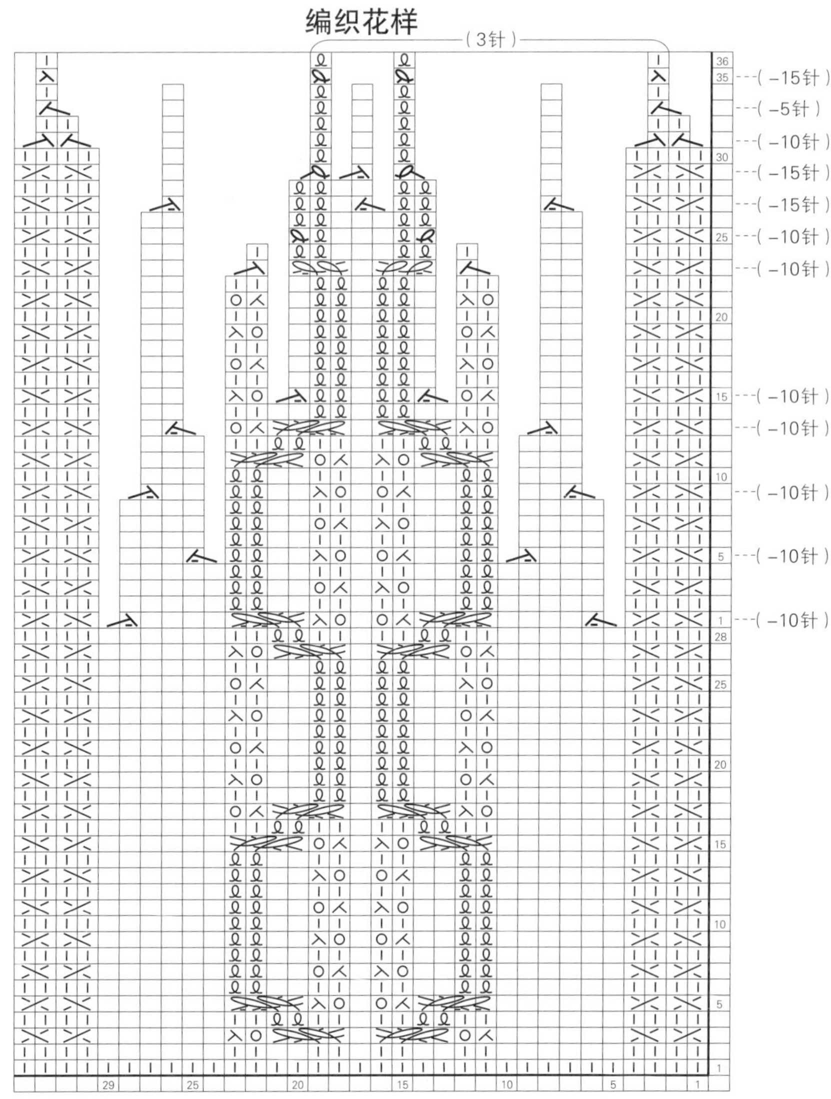

扭针的双罗纹针

编织花样的变化 | 74页

可爱的半指手套

编织花样使用的是86页的167号花样。

＊材料　钻石线AP（中粗）红色（409）45g/2团

＊工具　棒针6号、5号

＊成品尺寸　掌围18cm、长20.5cm

＊编织密度　10cm×10cm面积内：下针编织23针、31行；编织花样32针、31行

＊编织方法和顺序

①右手、左手分别另线锁针起针，环形编织8行编织花样，从第9行开始，右手、左手对称排列编织花样与下针编织。

②继续编织20行，编织2行单罗纹针，编织终点做环形的单罗纹针收针。

③解开另线锁针的起针，挑取针目，环形编织2行起伏针，编织终点做上针的伏针收针。

④解开拇指处编入的另线，挑取16针，环形编织下针编织，最后1行编织单罗纹针，编织终点做环形的单罗纹针收针。

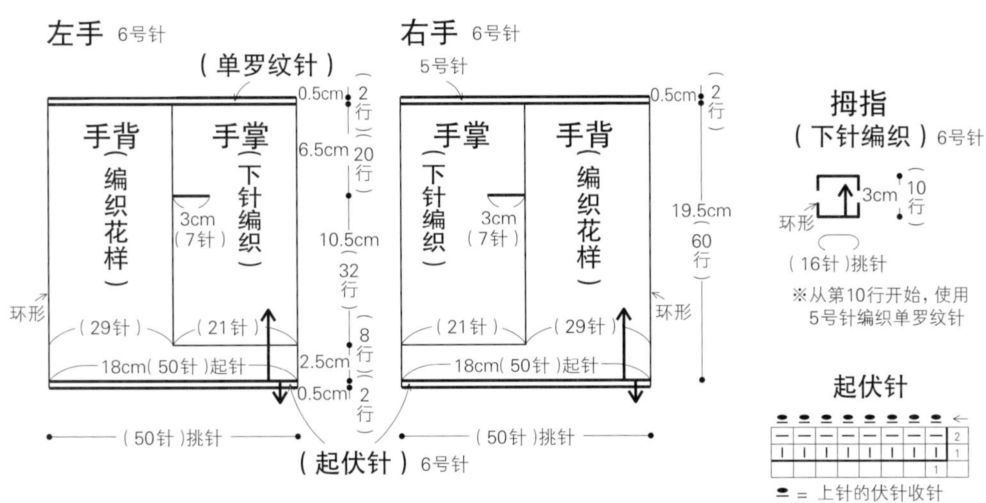

单罗纹针

□ = | 下针

右手　编织花样

编入另线

（7针）

下针编织

32行

8行

※左手与右手对称编织

右手的编织起点

6行1个花样

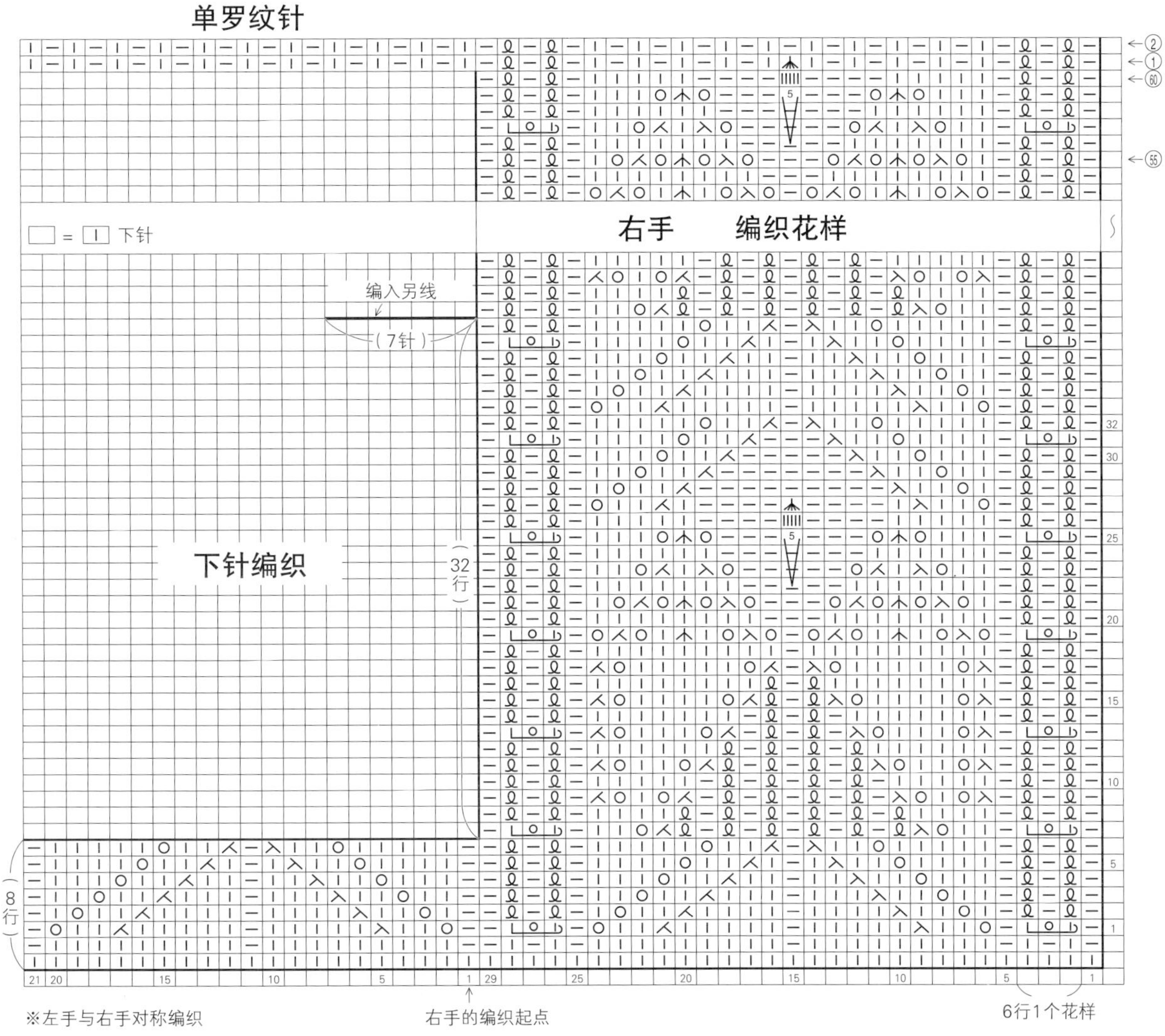

圆育克 | 90页

优雅的领饰

编织花样使用的是91页的175号花样。

＊**材料** 钻石线DTL（中粗）原色（601）40g/1团

＊**工具** 棒针5号、4号、7号，钩针2/0号

＊**成品尺寸** 领围42.5cm、长10.5cm

＊**编织密度** 10cm×10cm面积内：编织花样（外圈）25针、37行

＊**编织方法和顺序**

①在7号针上手指起针，从第2行开始换为5号针，组合编织编织花样与两侧的起伏针，参照图示，编织35行，并同时进行加针、减针。第3行的小球球使用钩针编织，钩织的时候要注意大小保持不变。在第35行编织扣眼。

②编织4行起伏针，编织终点做上针的伏针收针。

③纽扣起4针锁针，环形钩织，整体上钩织2行短针，在钩织第2行的时候，要将钩针插入起针的针目中，包裹着第1行的短针进行钩织，将反面当作正面使用。在左前门襟的指定位置缝上纽扣。

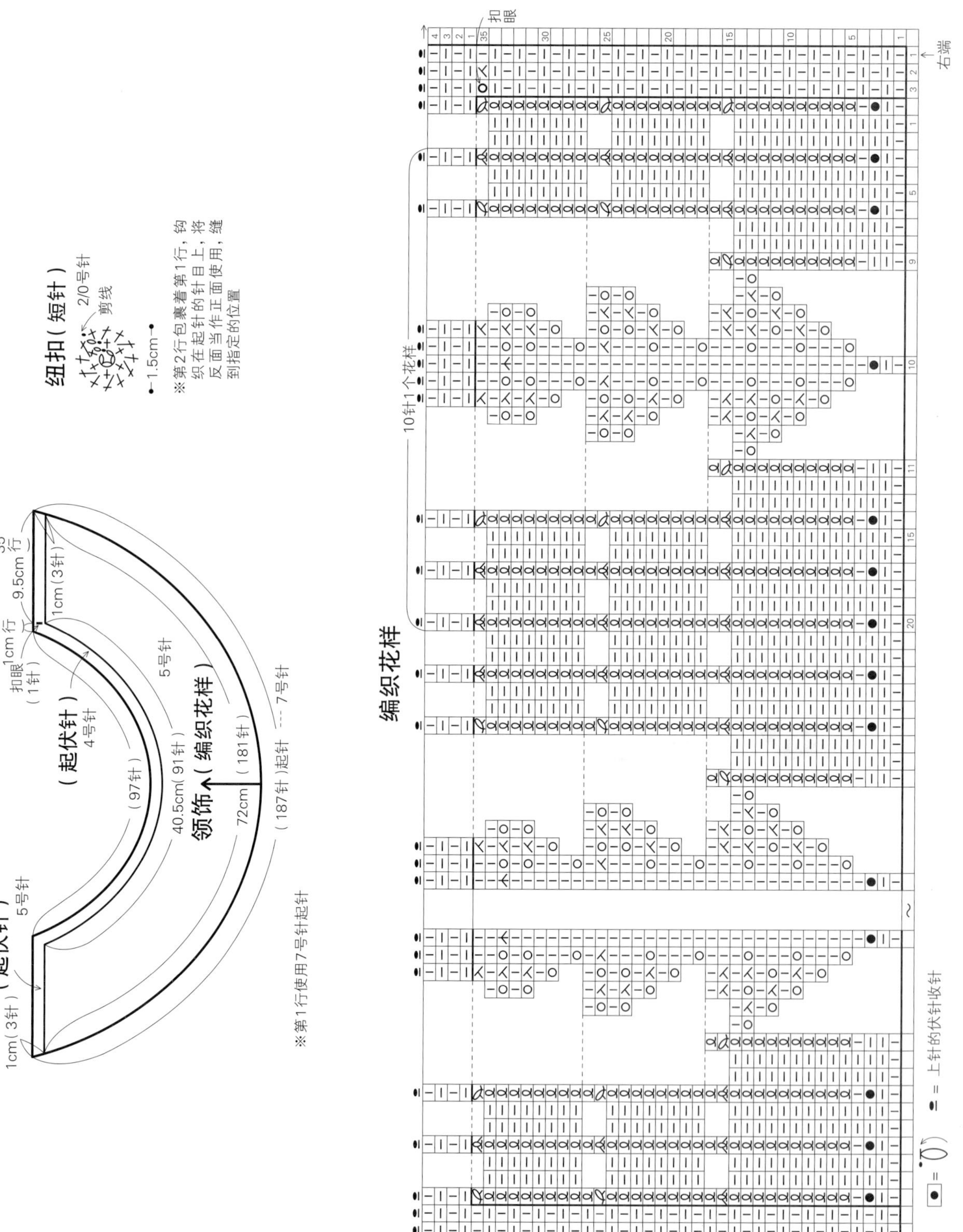

符号的编织方法

编织出的加针与交叉

＊2卷绕线编，将右棒针插入到针目中，绕2圈线后拉出。

滑针的线

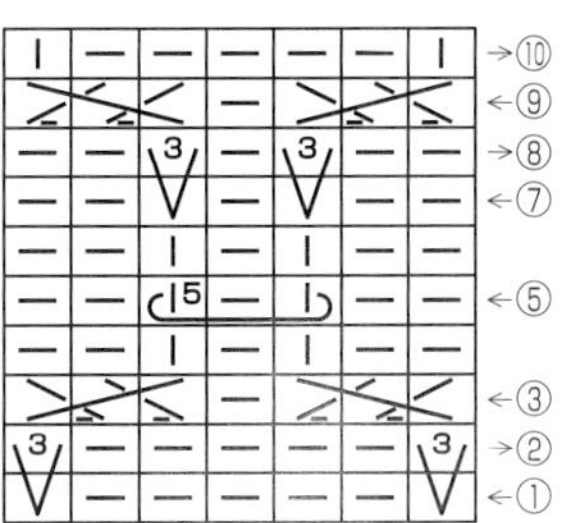

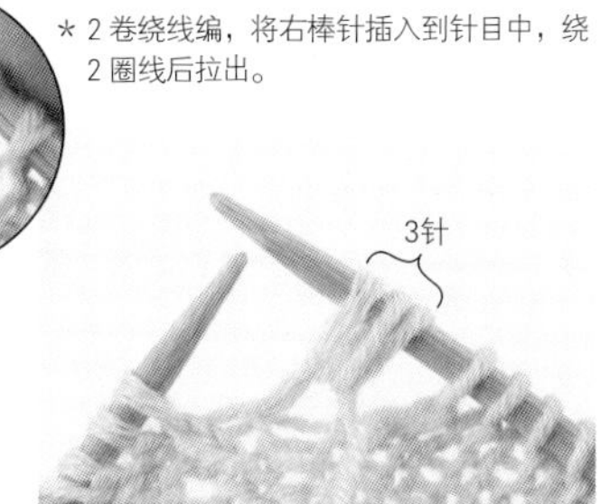

1 在第1行编织2卷绕线编、2针挂针、2卷绕线编。

2 在第2行，解开缠绕上的线圈，变为3针，3针作为滑针滑过。

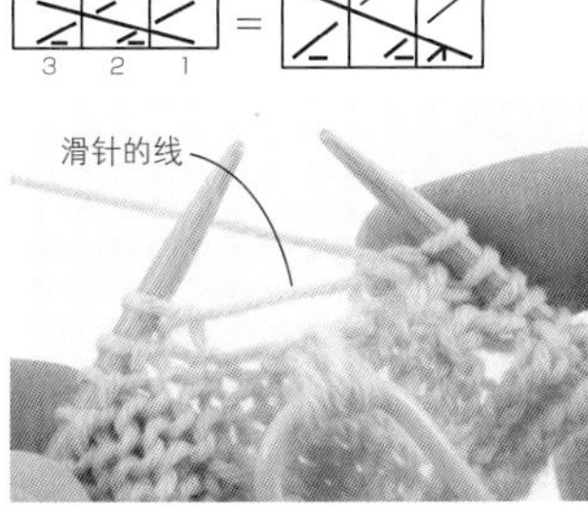

3 在第3行，将滑针的3针移到麻花针上，放在织片前备用。

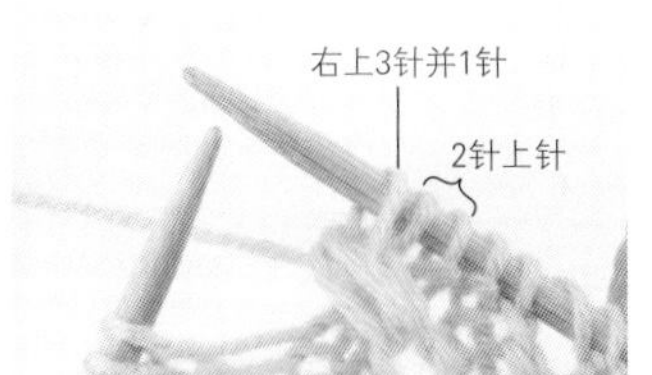

4 第2、3针编织上针，移到麻花针上的3针编织右上3针并1针。

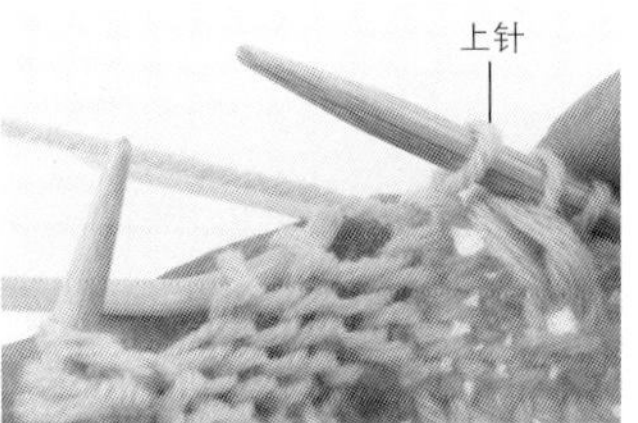

5 编织上针，将第1、2针移到麻花针上，放在织片后备用。

6 前1行的3针滑针编织左上3针并1针，移到麻花针上的2针编织上针。

7 在第5行，编织5卷绕线编，第7～9行，按照与步骤1～6相同的方法编织，编织第10行，完成。

每5针、2行共4次的上针的浮针的中心拉针

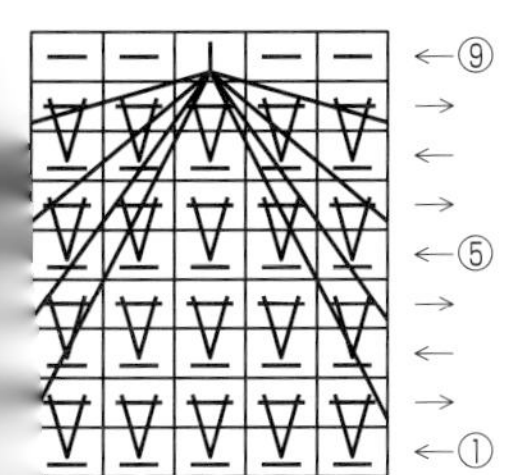

1 第2行从反面编织，将线放在织片后，5针均不编织，直接移至右棒针上。再重复3次。

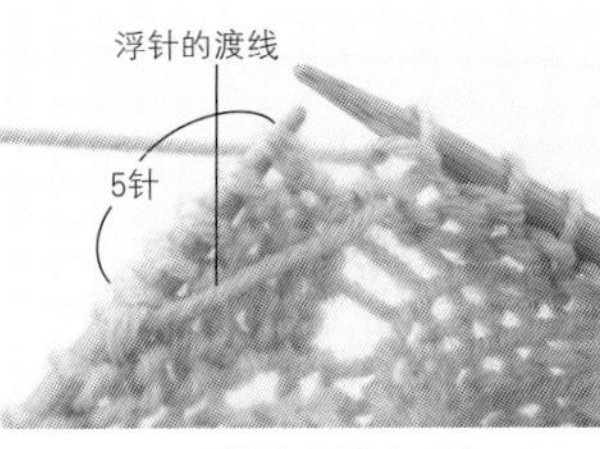

2 第3行，浮针的渡线出现在正面。这5针编织上针。

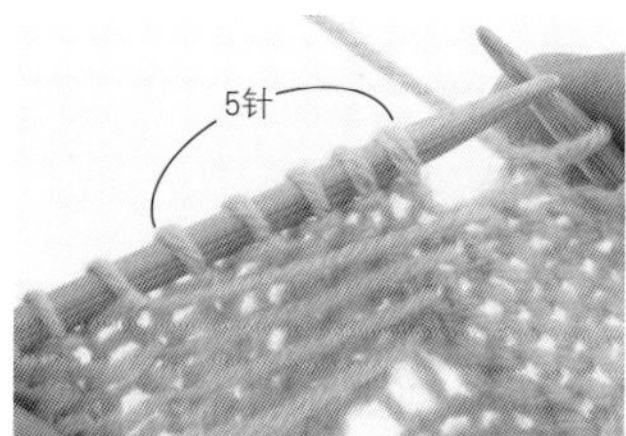

3 第9行从正面编织，已经有4根浮针的渡线了。

第1、2针编织上针，使用右棒针挑起浮针的4根渡线，插入第3针中，编织下针。

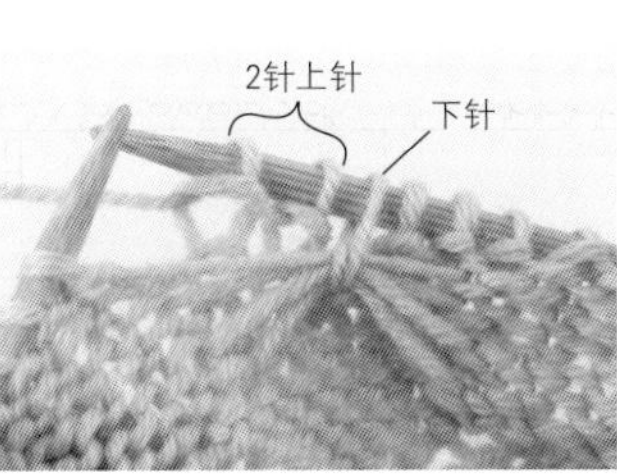

5 第4、5针编织上针，上针的浮针的中心拉针完成。

穿入左针的盖针与右上交叉（下侧为1针上针）

1 在正面编织的行，使用第3针盖住第1、2针，再移至麻花针上，放在织片前备用，然后按照箭头的方向，将右棒针插入第4针中。

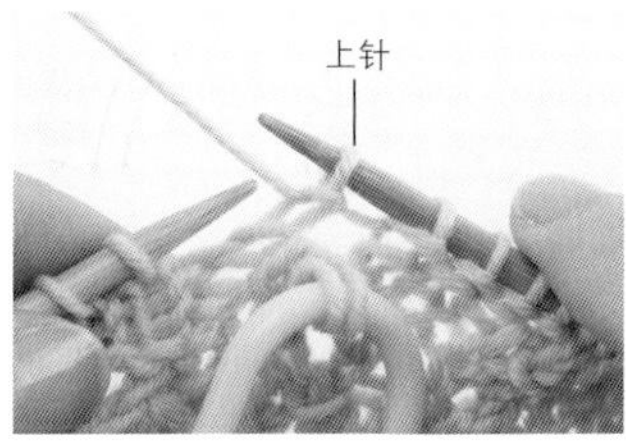

2 第4针编织上针。也有第4针编织下针的情况。

穿入左针的盖针与左上交叉（下侧为1针上针）

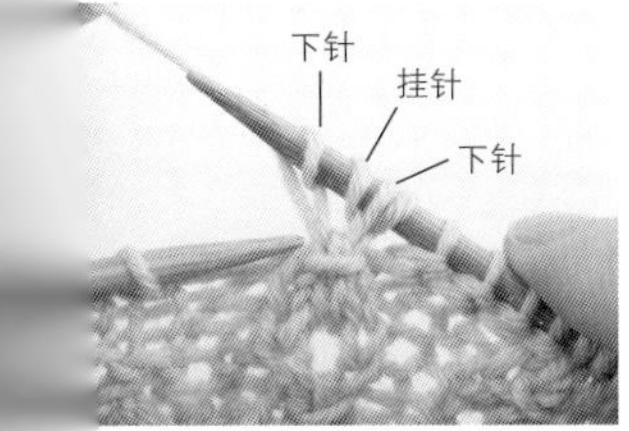

到麻花针上的针目，依次编织下针、挂针、下针。

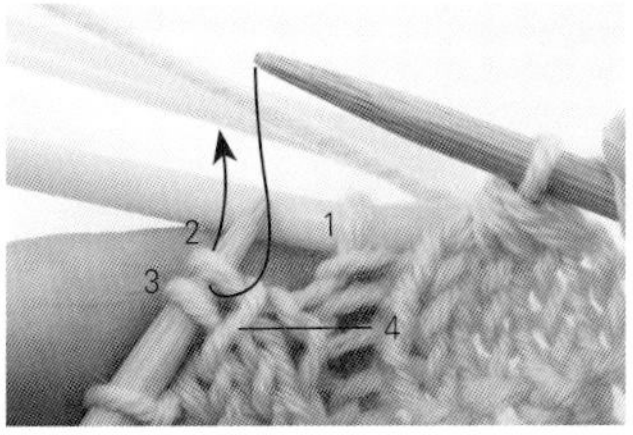

1 在正面编织的行，将第1针移至麻花针上，放在织片后备用，然后使用第4针盖住第2、3针，按照箭头的方向，将右棒针插入第2针中。

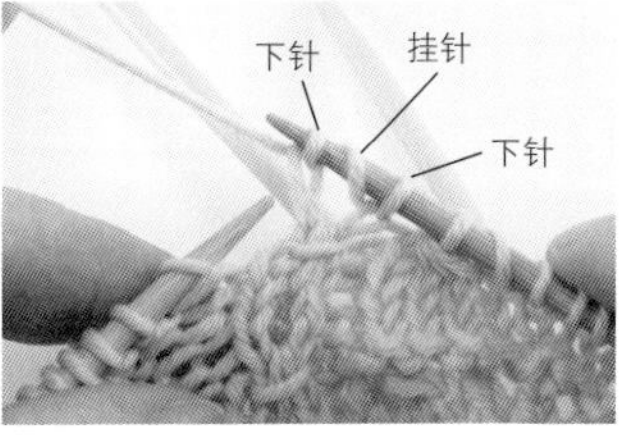

2 第2针编织下针，再编织1针挂针，第3针编织下针。

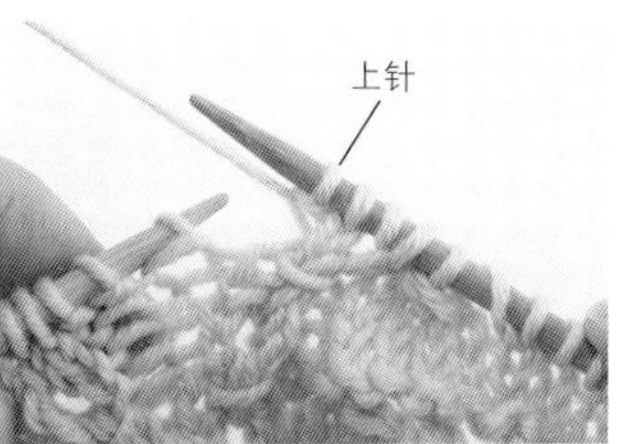

3 移到麻花针上的第1针，编织上针。也有第1针编织下针的情况。

右上3针与2针的交叉

1 将第1、2、3针移到麻花针上，放在织片前备用。

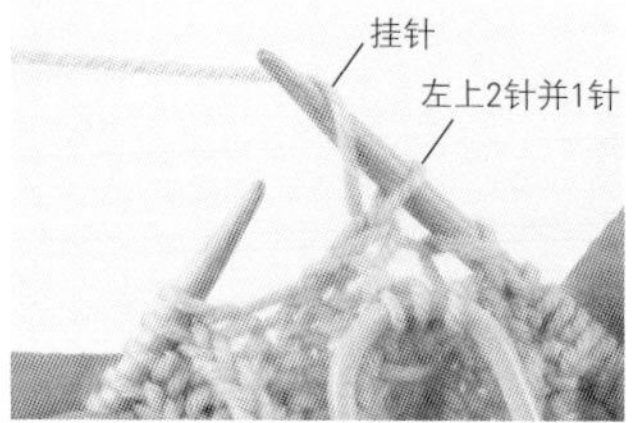

2 第4、5针编织左上2针并1针，随后编织1针挂针。

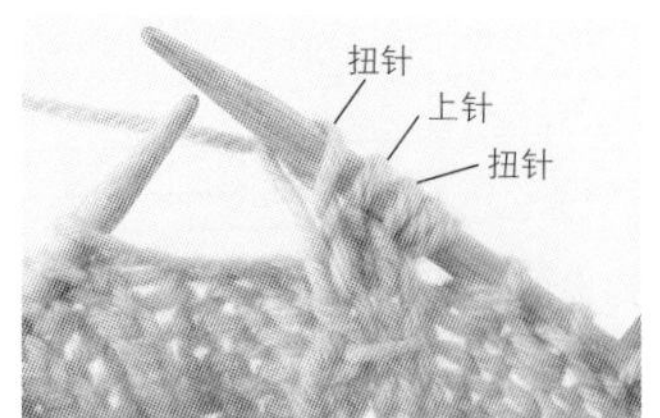

3 麻花针上的第1针编织扭针，第2针编织上针，第3针编织扭针。

左上3针与2针的交叉

1 将第1、2针移到麻花针上，放在织片后备用。

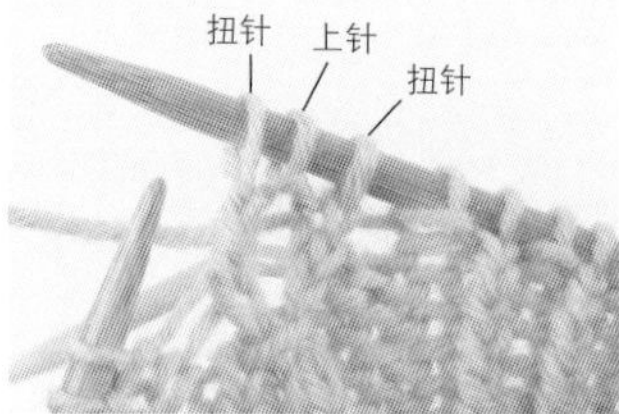

2 第3针编织扭针，第4针编织上针，第5针编织扭针。

3 编织1针挂针后，将移到麻花针上的第1、2针编织右上2针并1针。

左上3针并1针与上针的交叉

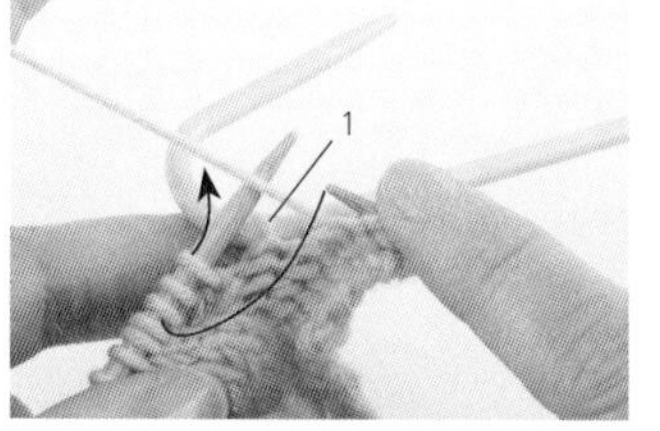

1 在正面编织的行，将第1针移到麻花针上，放在织片后备用，然后按照箭头的方向，将右棒针插入第2、3、4针中。

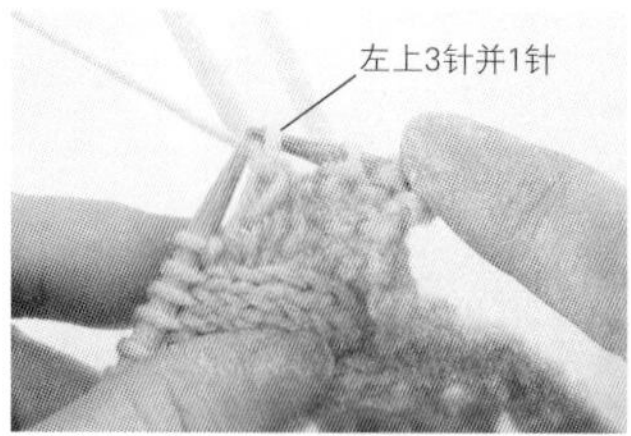

2 第2、3、4针编织左上3针并1针。

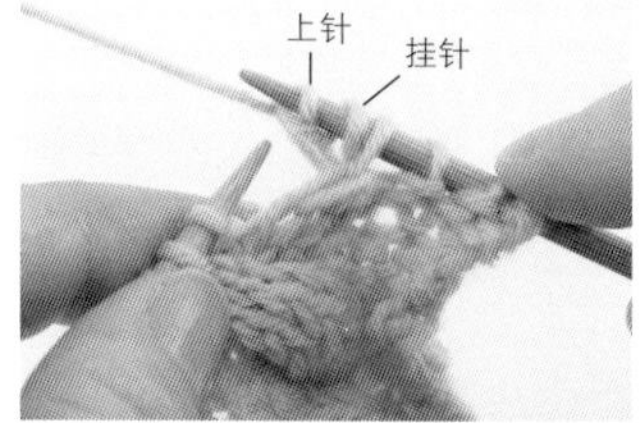

3 编织挂针，移到麻花针上的第1针编织上针。由于减少了1针，所以在下1行要编织1针挂针以加针。

上针和右上3针并1针的交叉

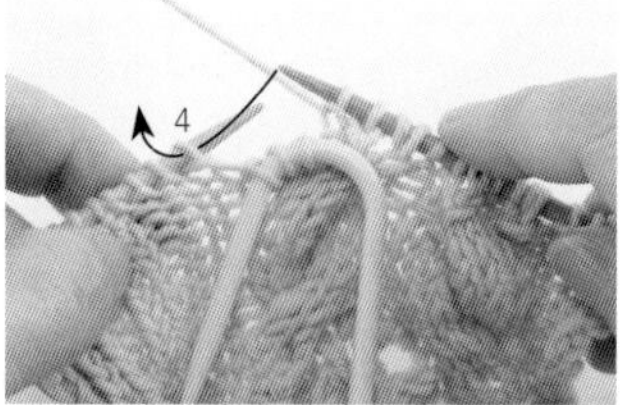

1 在正面编织的行，将第1、2、3针移到麻花针上，放在织片前备用，然后按照箭头的方向，将右棒针插入第4针中。

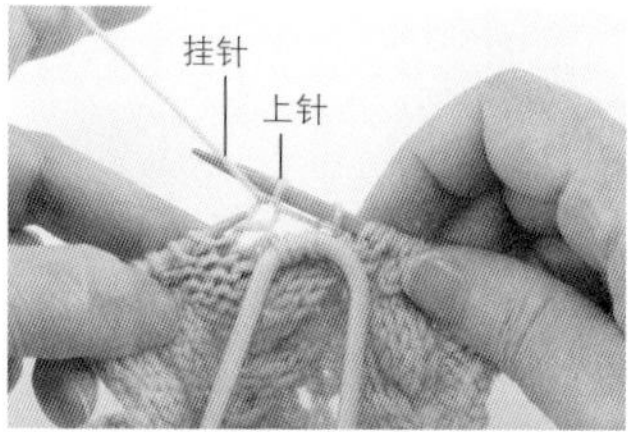

2 第4针编织上针，编织挂针。

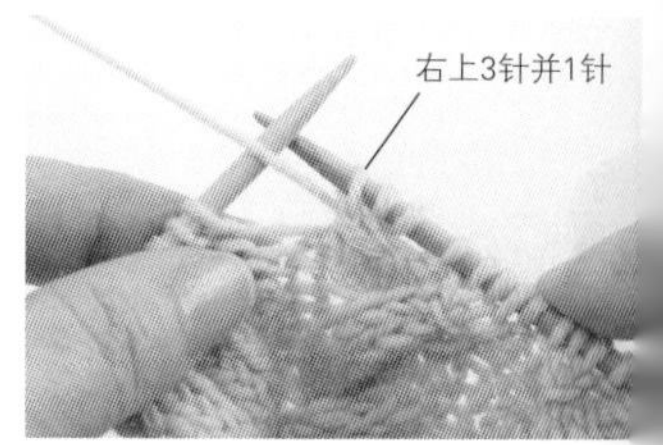

3 移到麻花针上的第1、2、3针编织右上3针并1针。由于减少了1针，所以在下1行要编织1针挂针以加针。

穿入右针的盖针（5针的情况）

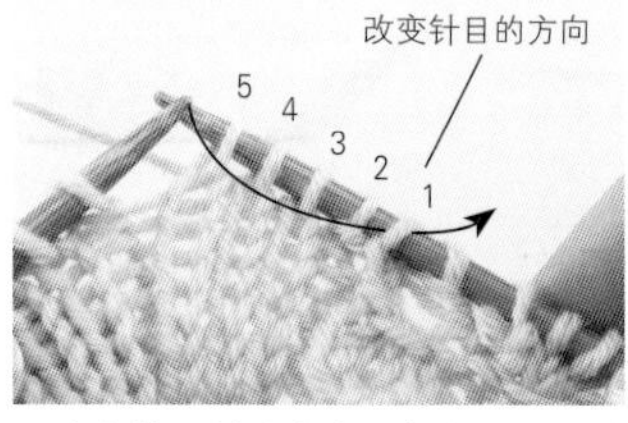

1 改变第1针的方向，将第1～5针移到右棒针上。

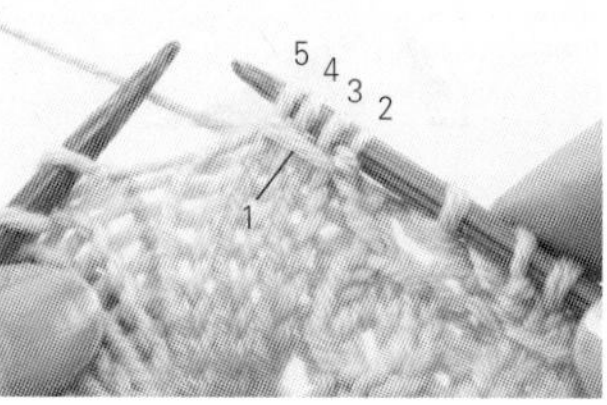

2 按照步骤1的箭头的方向，将左棒针插入第1针中，挑起第1针，盖住第2～5针。

3 将第2～5针移回左棒针。

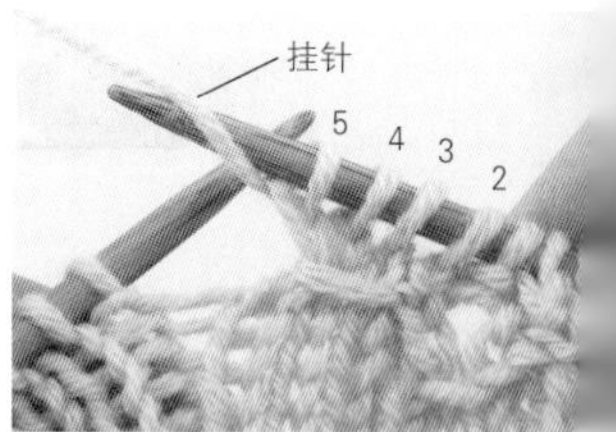

4 第2～5针编织下针，再编织1针挂针，完成。

穿入左针的盖针（5针的情况）

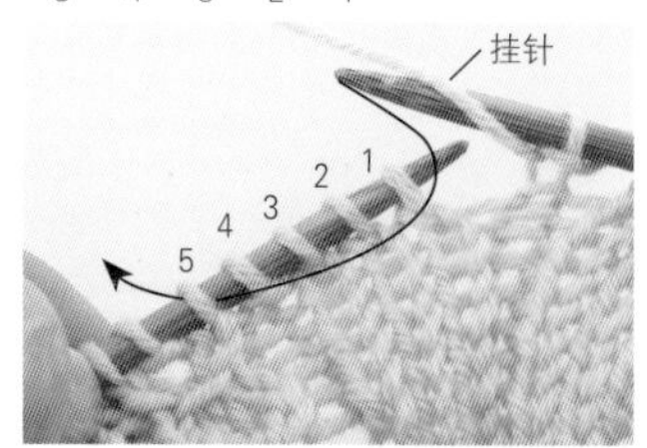

1 编织挂针。

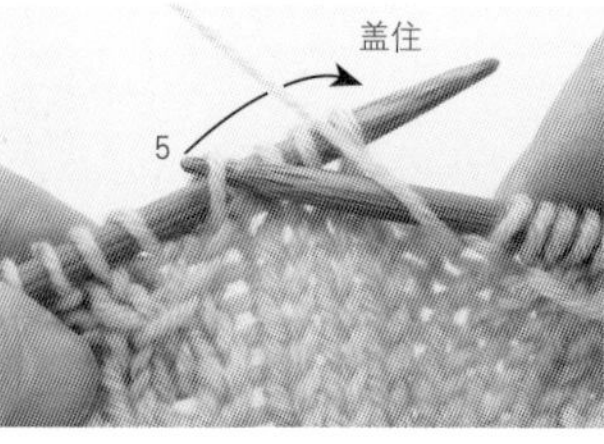

2 按照箭头的方向，将右棒针插入第5针中。

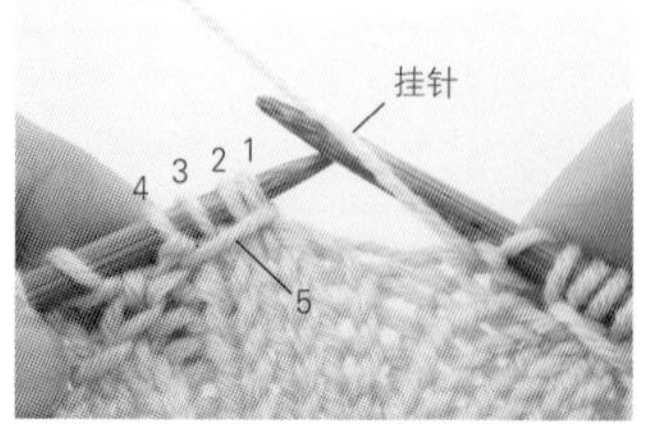

3 挑起第5针，盖住第1～4针。

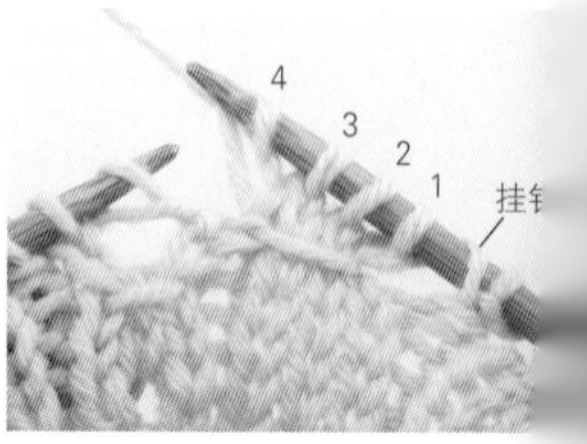

4 第1～4针编织下针，完成。

穿入左针的盖针（4针的情况）

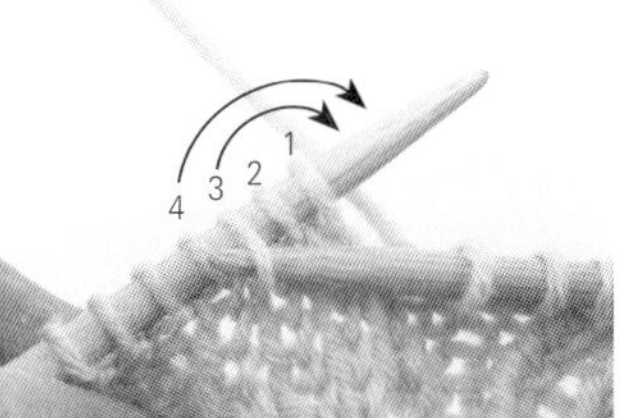

1 按照箭头的方向，依次将右棒针插入第3针和第4针中，盖住第1、2针。

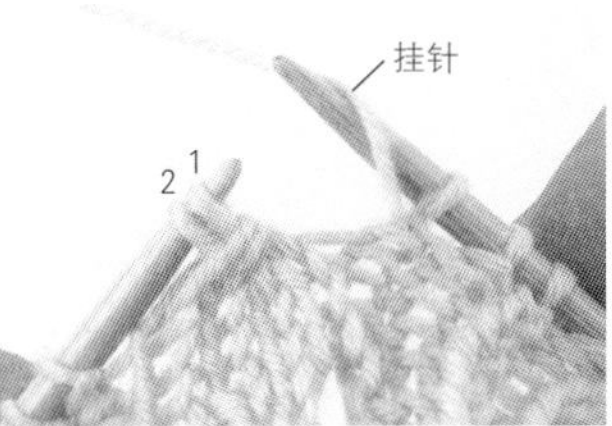

2 穿入左针的盖针完成，变为了2针。随后编织挂针。

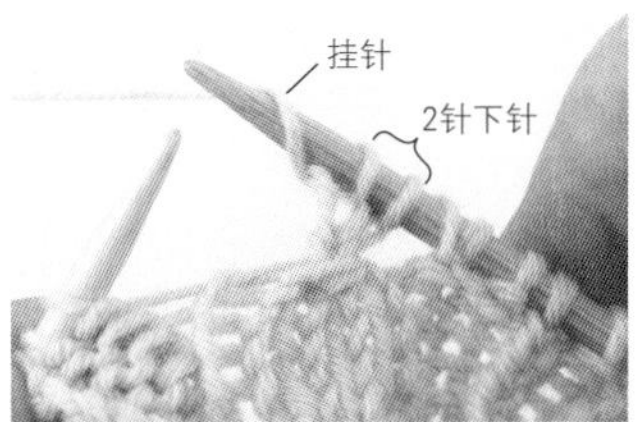

3 编织2针下针、挂针。

4 再编织下1针，整个花样就能清楚地显现出来了。

的编织方法

1 将第1～4针移到麻花针上，放在织片前备用，第5、6针编织下针。

2 将第3、4针移回左棒针，将麻花针及其上面的第1、2针放在织片后备用。

3 第3、4针做5行上针编织。

4 麻花针上的第1、2针编织下针，完成。

穿入左针的盖针（5针的情况）

将右棒针插入第3针中，挑起，按照箭头的方向，盖住右侧的第1、2针。

2 接下来，依次使用第4、5针盖住右侧的第1、2针。

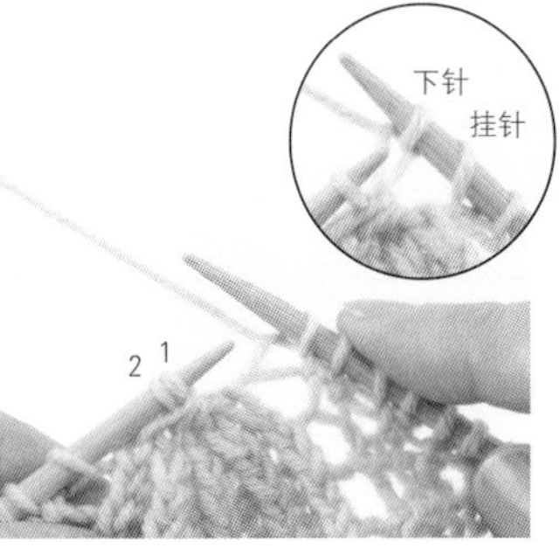

3 第3、4、5针均盖住了右侧的第1、2针后的样子。随后，编织挂针、下针。

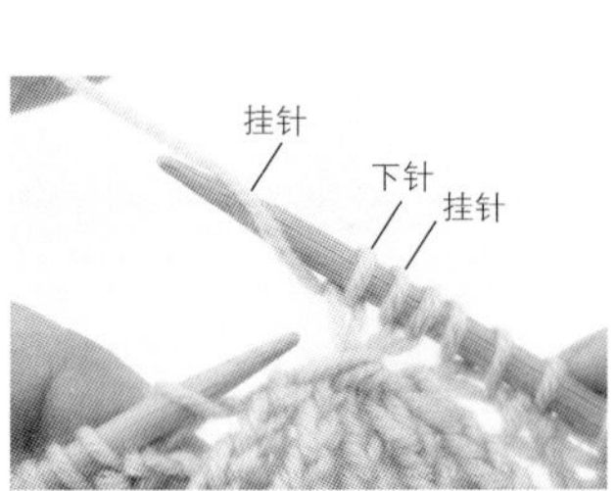

4 接下来，编织挂针、下针、挂针。穿入左针的盖针完成。

的编织方法

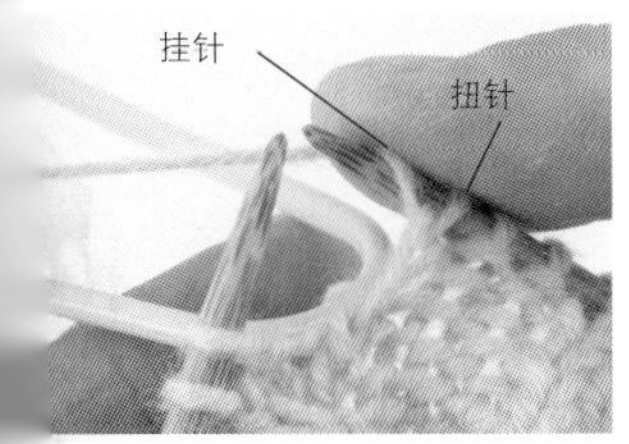

将第1针移至麻花针上，放在织片后备用，第2针编织扭针、挂针。

2 将刚刚移至麻花针上的第1针移回左棒针，将第1针与第3针移至右棒针上（第3针在上）。

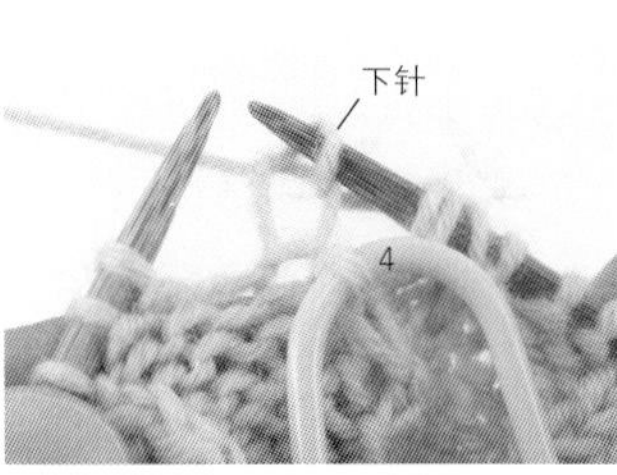

3 将第4针移至麻花针上，放在织片前备用，第5针编织下针。

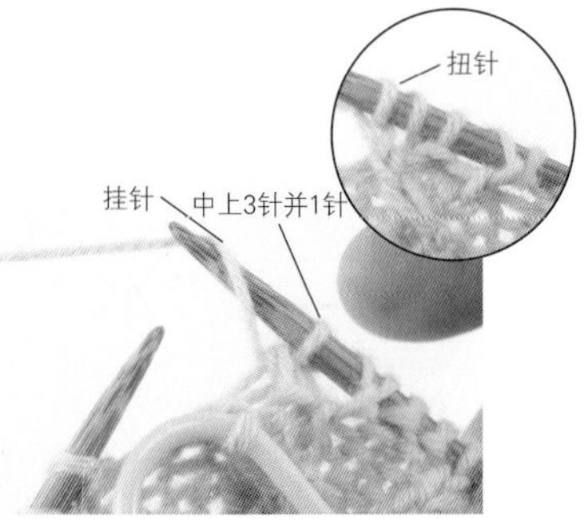

4 将第1针与第3针一起盖到第5针上，为中上3针并1针，编织挂针，麻花针上的第4针编织扭针，完成。

变化的3针中长针的枣形针

用钩针将线拉出，在同一针目上织3针未完成的中长针，在钩针挂线，从针尖上的前6个针目中拉出。

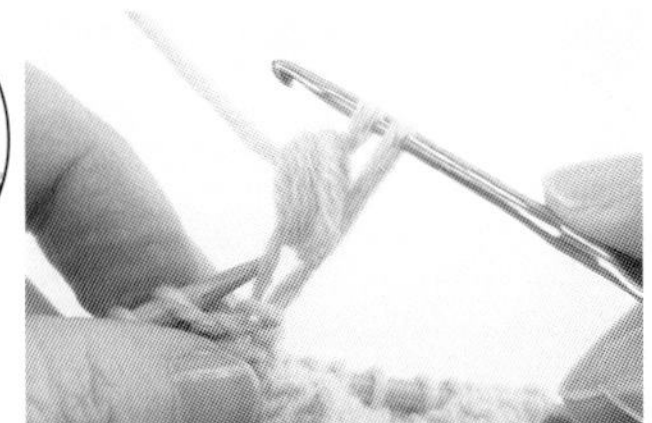
2 将线拉出后的样子。继续在钩针上挂线，从钩针上的2个线圈中一次性引拔拉出。

3 将钩针按照箭头方向，从反面插入上1行对应针目的上半弧中，将该针目拉出。

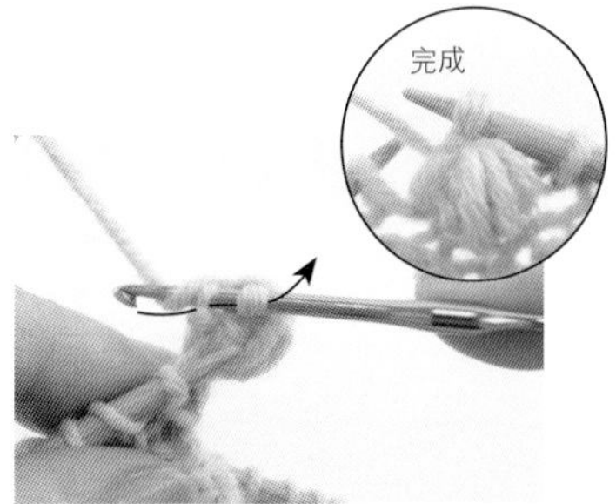

4 在钩针上挂线，从2个线圈中一次性引拔拉出。将针目移回右棒针。

扭针的右上2针并1针

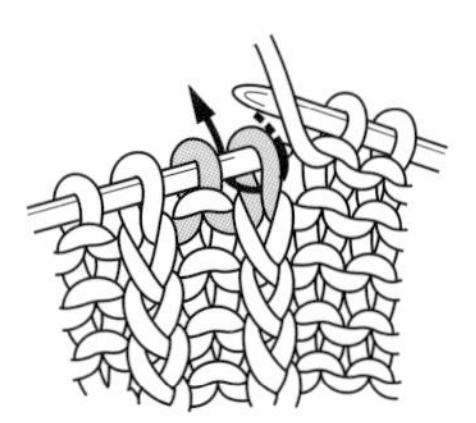

1 将右棒针按照箭头方向插入右侧的针目中，不编织，直接移至右棒针上。

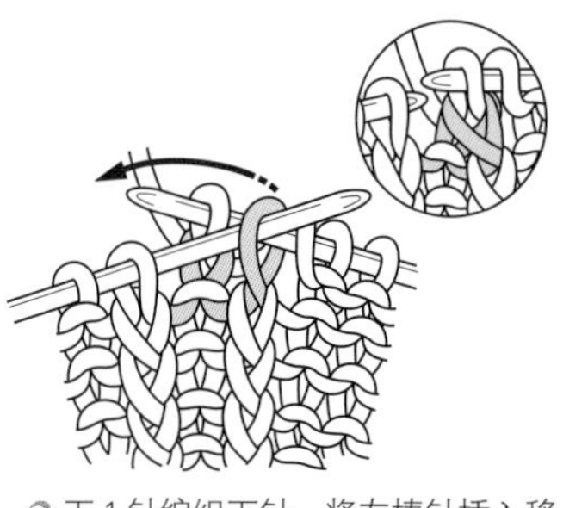

2 下1针编织下针，将左棒针插入移至右棒针上的针目，盖住刚刚编织的针目。

扭针的左上2针并1针

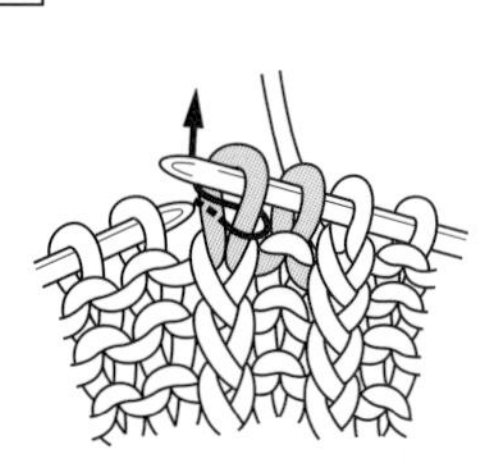

1 2针均不编织，直接移至右棒针上，按照箭头的方向，将左侧的针目移回左棒针，右侧的针目直接移回左棒针。

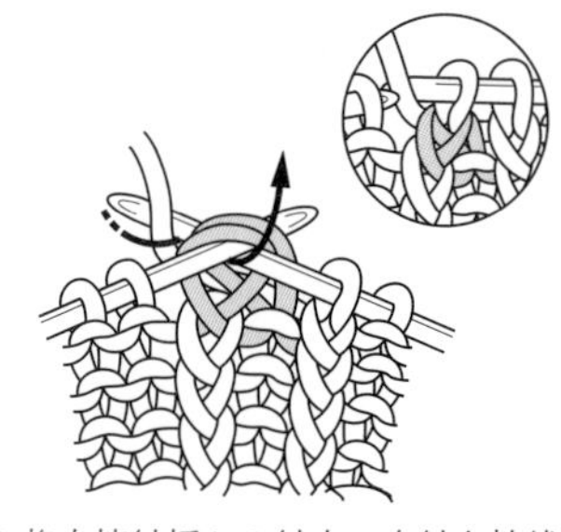

2 将右棒针插入2针中，在针上挂线，2针一起编织下针。

扭针的右上3针并1针

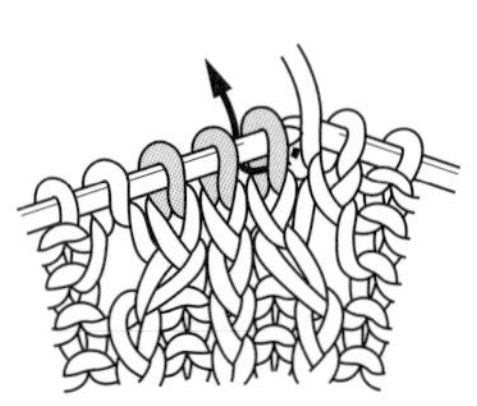

1 按照箭头方向，插入右棒针，不编织，直接移至右棒针上。

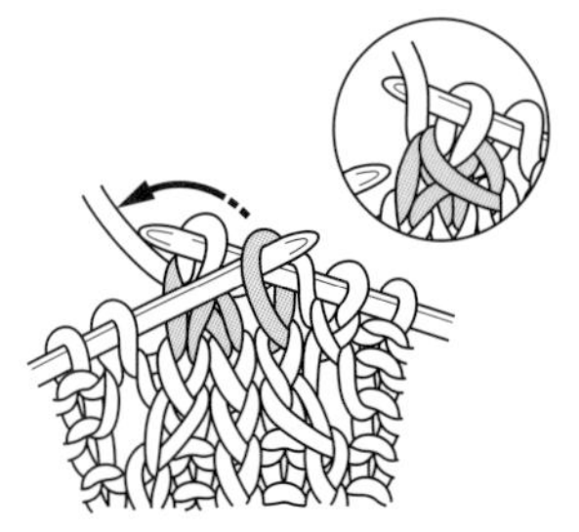

2 接下来的2针一起编织下针，将左棒针插入移至右棒针上的针目中，挑起针目，盖住刚刚编织的针目。

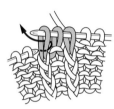

扭针的左上3针并1针

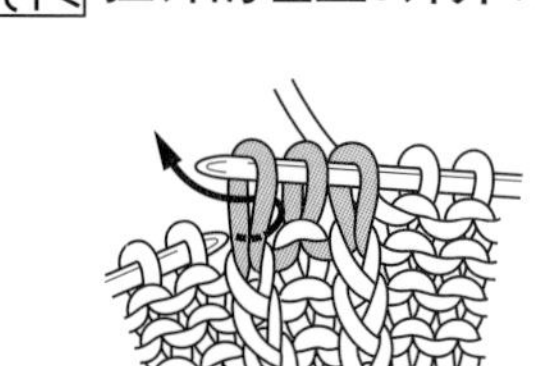

1 3针不编织，直接移至右棒针上，按照箭头的方向，将左棒针插入第3针中，将其扭一下，移回左棒针，剩余2针直接移回左棒针。

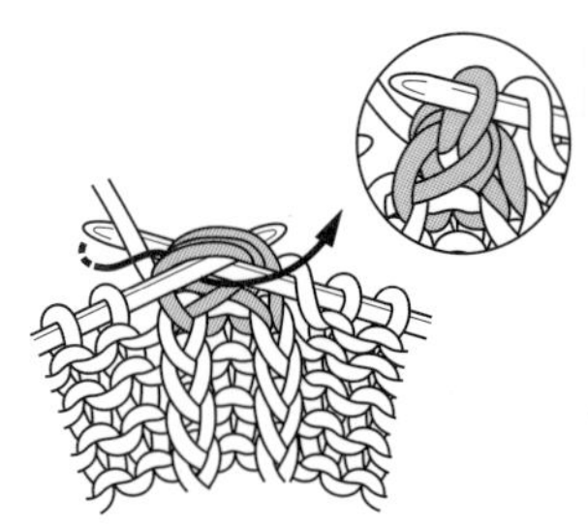

2 挂线后拉出，3针一起编织下针。

扭针的中上3针并1针

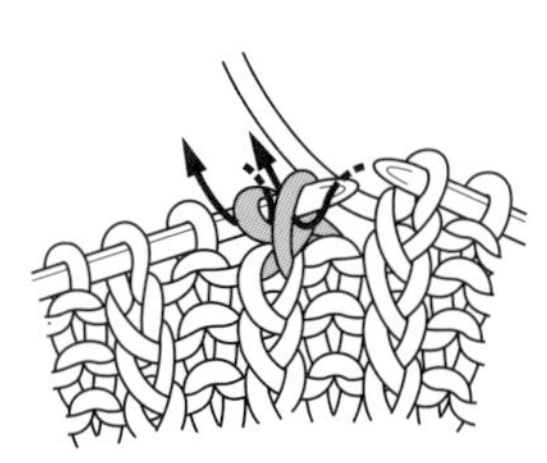

1 将2针调换顺序，按照箭头的方向，不编织直接移至右棒针上。

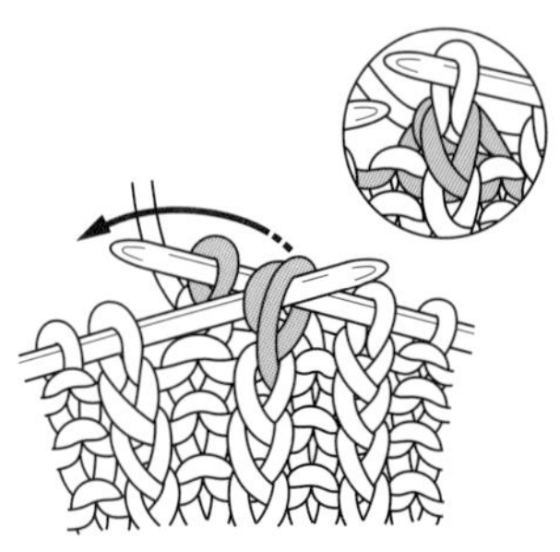

2 下1针编织下针，将左棒针插入刚刚移至右棒针上的针目中，盖住刚刚编织的针目。

右上1针扭针的交叉（中间织入1针上针）

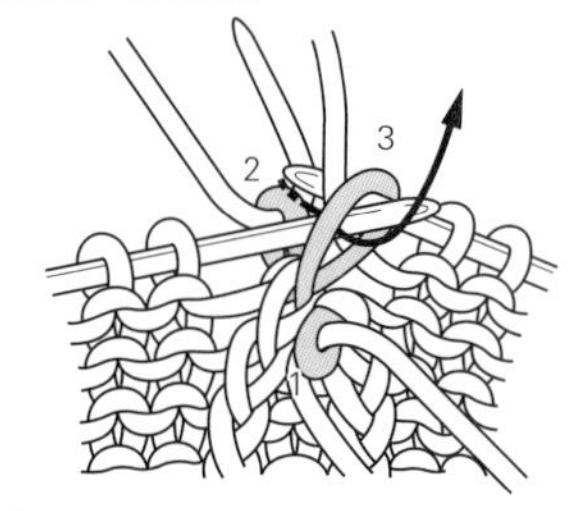

1 将第1针、第2针分别移至2根麻花针上，第1针放在织片前，第2针放在织片后，第3针编织扭针。

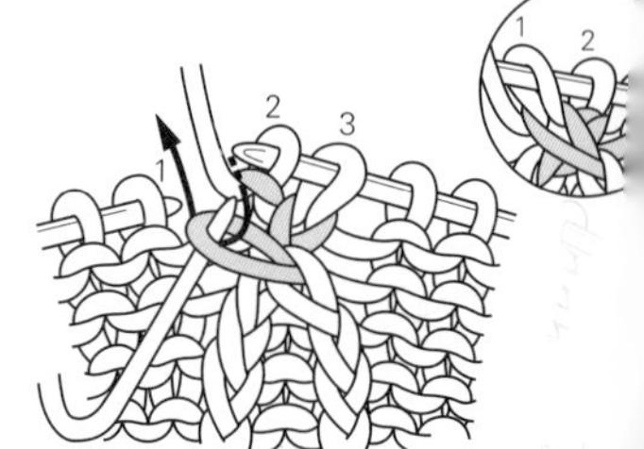

2 随后，第2针编织上针，第1针编织扭针。

下滑3行的3针的枣形针

←□
→△
←●
→×

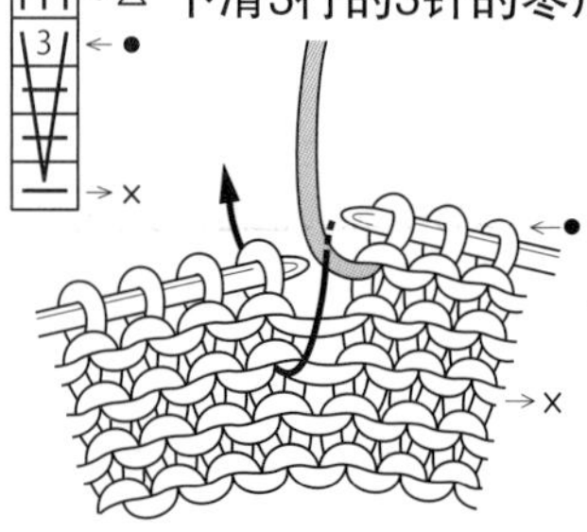

1 在编织●行时，按照箭头方向将右棒针插入×行对应的针目中。

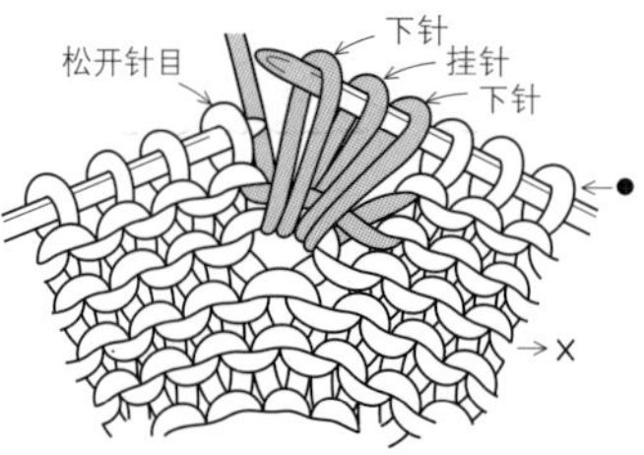

2 在同一针目上，编织下针、挂针、下针，编织时，要将线拉出一定的高度，松开左棒针上的第1针。

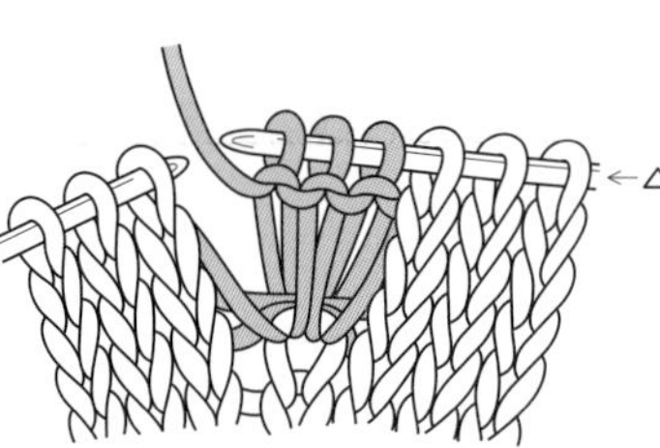

3 下一行从反面编织，正常地编织上针。

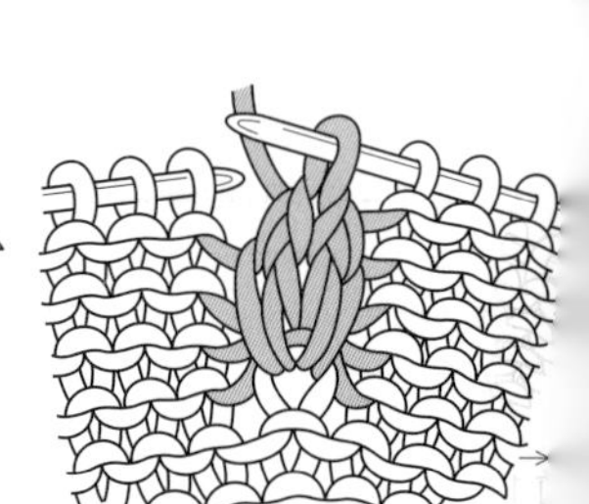

4 在编织□行时，编织中上3针并1针，完成。

下滑3行的5针的枣形针

←□
→△
←●
→×

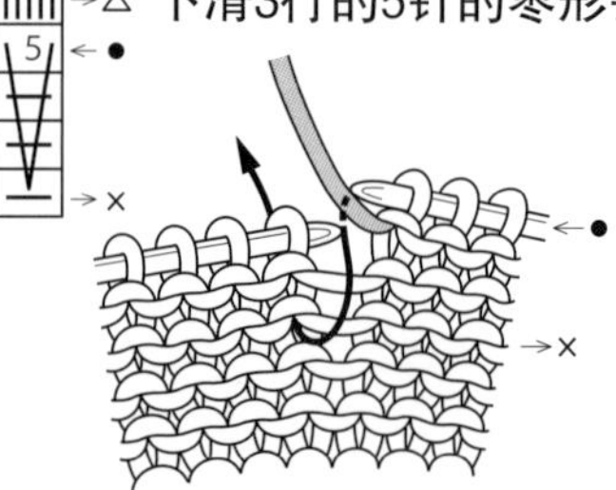

1 在编织●行时，按照箭头方向将右棒针插入×行对应的针目中。

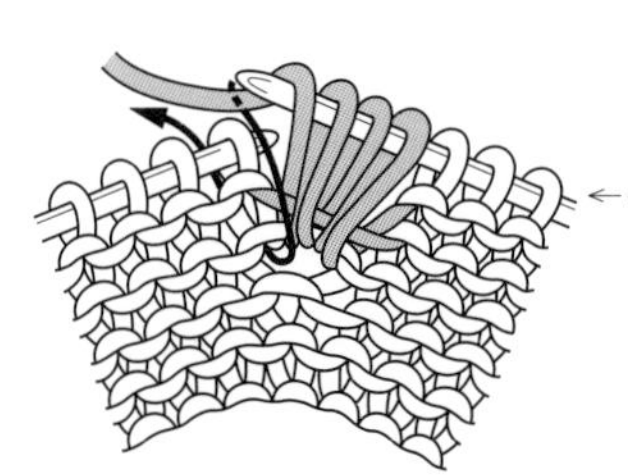

2 在同一针目上，编织下针、挂针、下针，编织时，要将线拉出一定的高度。

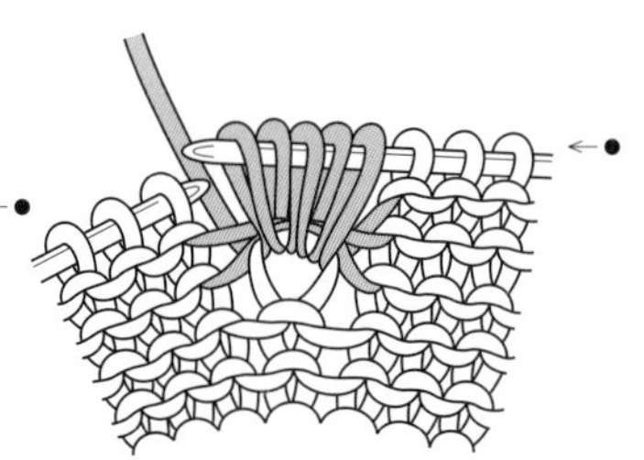

3 再编织挂针、下针，共编织5针，松开左棒针上的第1针，下一行从反面编织，正常地编织上针。

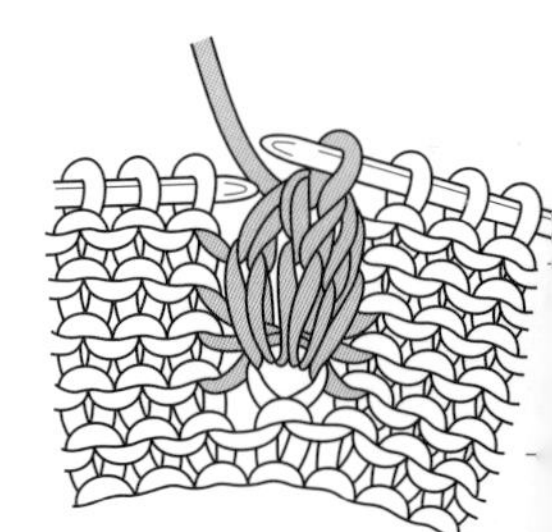

4 在编织□行时，编织中上5针并1针，完成。

2卷绕线编

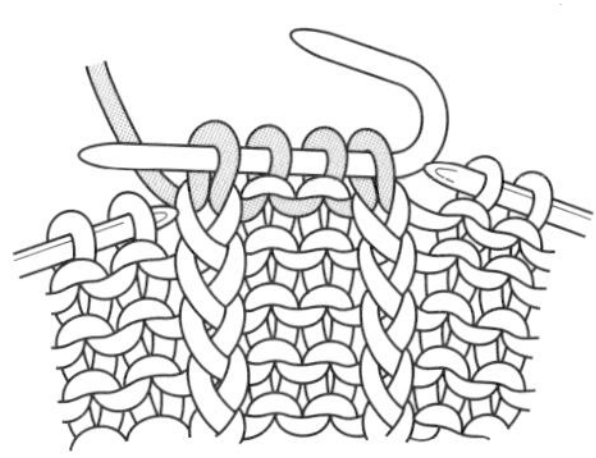

1 4 针编织完成后，移至麻花针上。

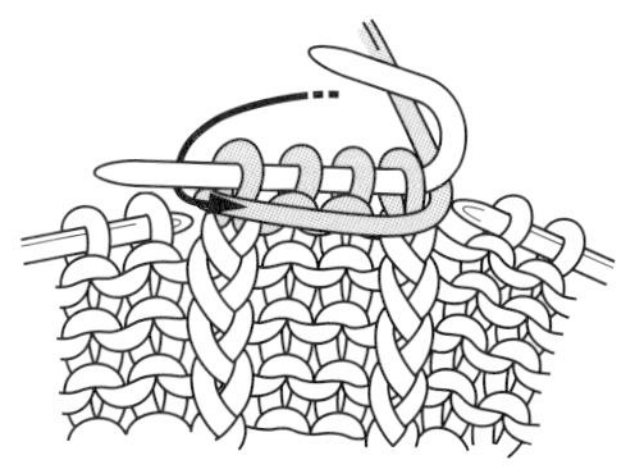

2 按照箭头方向，围绕着麻花针上的 4 针绕线。

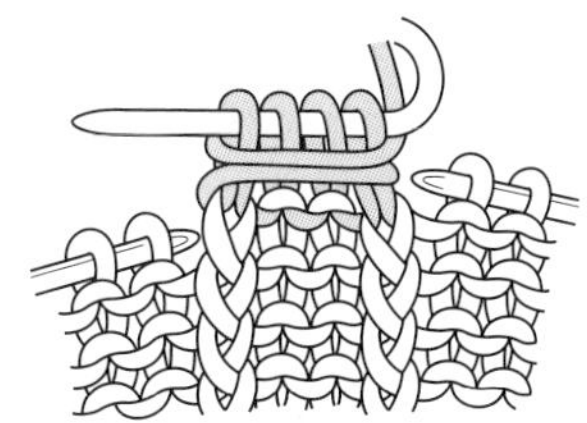

3 逆时针方向绕 2 圈。

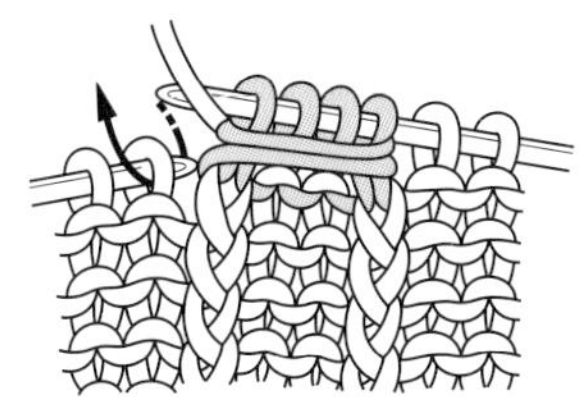

4 将针目从麻花针上直接移回右棒针，完成。

穿入左针的盖针（3针的情况）

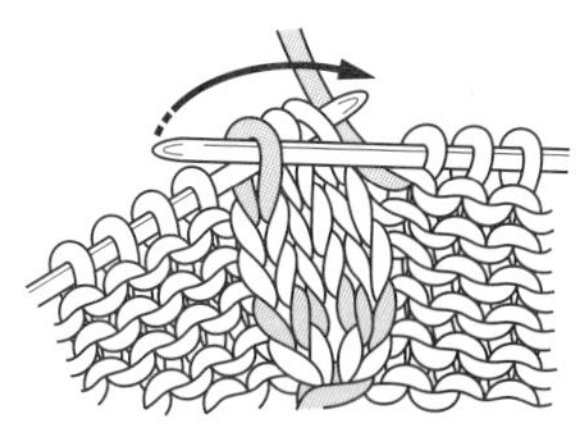

1 按照箭头方向，将右棒针插入第 3 针中，挑起盖住右侧的 2 针。

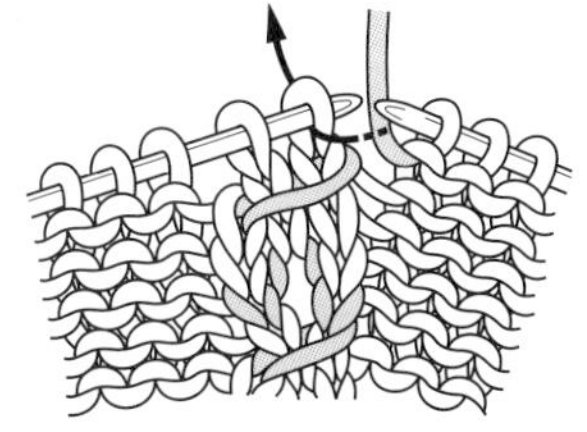

2 按照箭头方向，将右棒针插入右侧的针目中，编织下针。

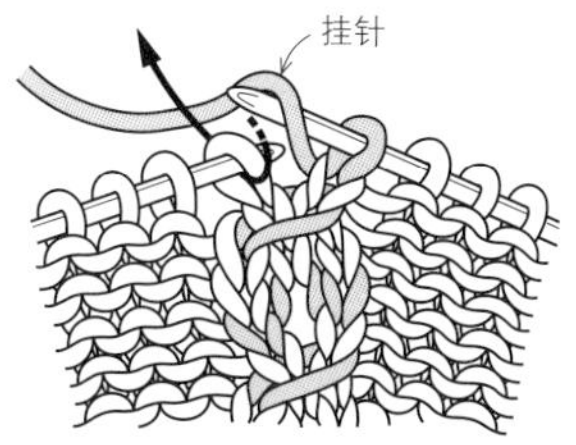

3 编织挂针，插入左侧的针目中，编织下针。

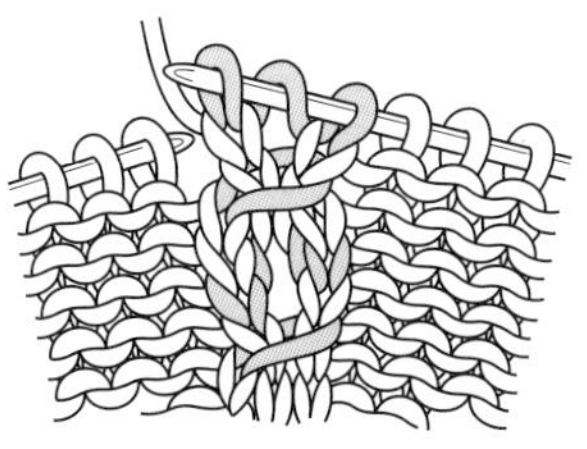

4 3 针的穿入左针的盖针完成。

穿入左针的盖针及右上2针并1针

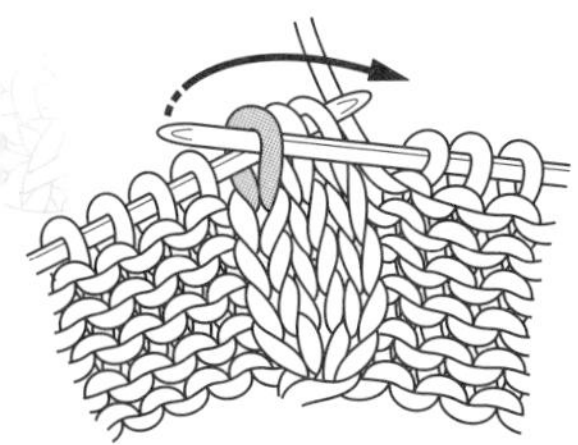

按照箭头方向，将右棒针插入第 3 针中，挑起盖住右侧的 2 针后松开。

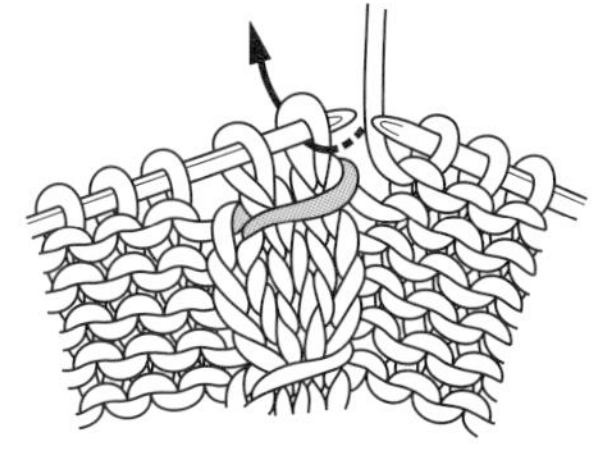

2 按照箭头方向，将右棒针插入右侧的针目中，编织下针。

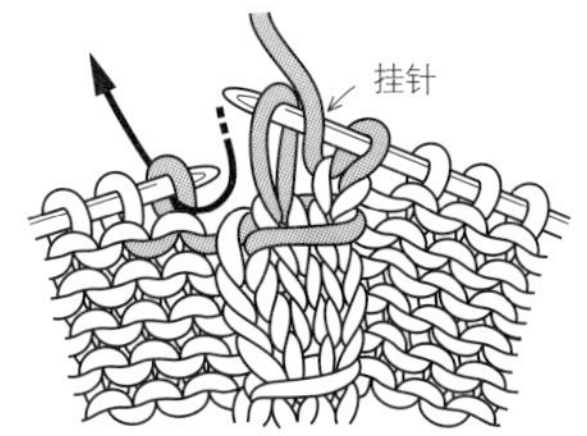

3 编织挂针，下 1 针不编织，改变针目的方向后，移至右棒针上，下 1 针编织下针。

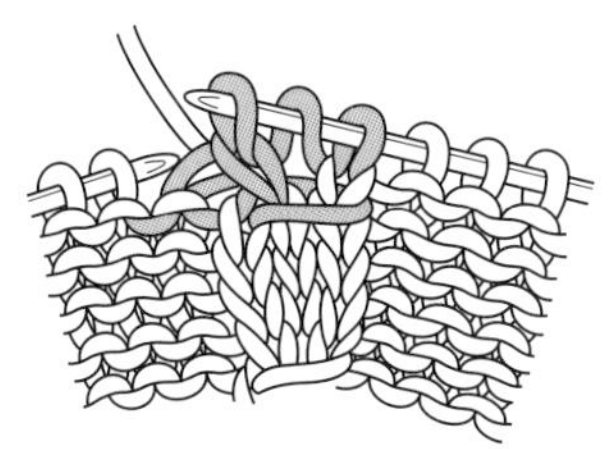

4 将刚刚没有编织直接移至右棒针上的针目盖住刚刚编织的针目，完成。

穿入左针的盖针及左上2针并1针

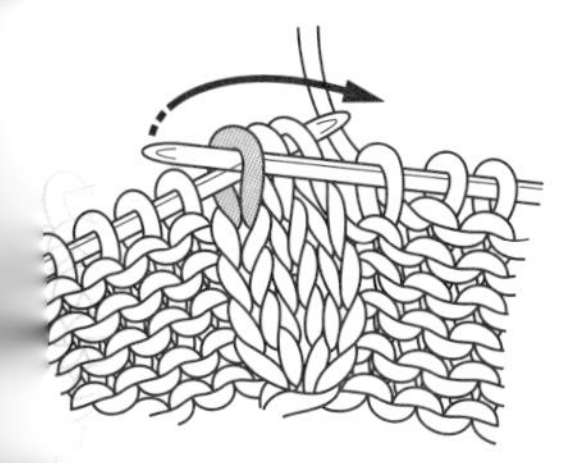

1 针不编织直接移至右棒针上，
右棒针插入第 3 针中，盖住右侧
2 针后松开。

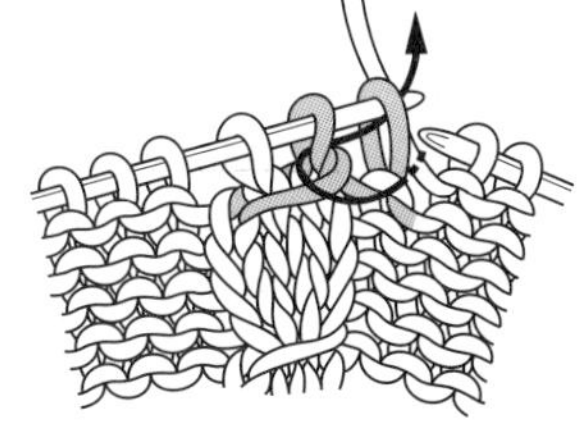

2 将移至右棒针上的针目移回到左棒针上，按照箭头的方向入针，2 针一起编织下针。

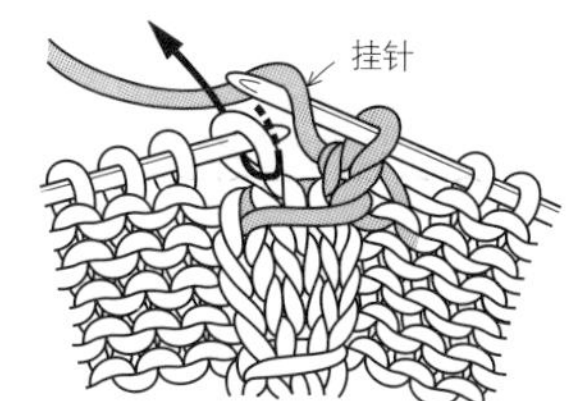

3 编织挂针，随后按照箭头方向入针，编织下针。

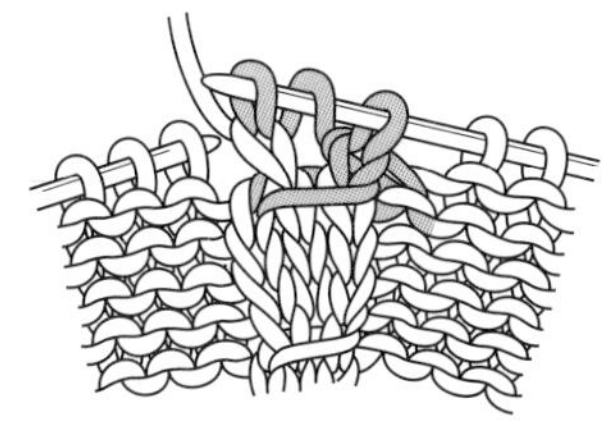

4 左上 2 针并 1 针及穿入左针的盖针完成。

3针中长针的枣形针

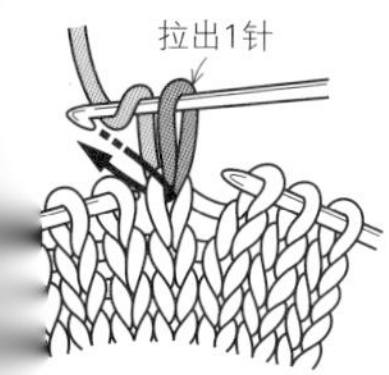

钩针，松松地拉出 1
在钩针上挂线，插入
针目中。

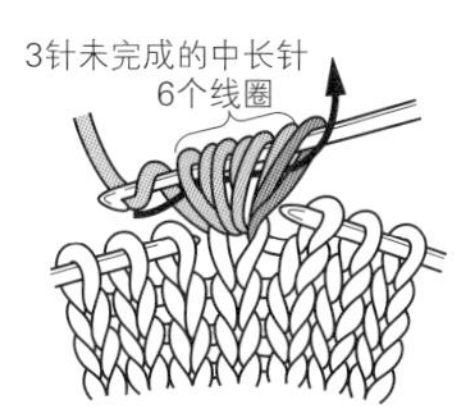

2 重复 3 次“在钩针上挂线、拉出”，在钩针上挂线后，从钩针上所有的线圈中一次性引拔拉出。

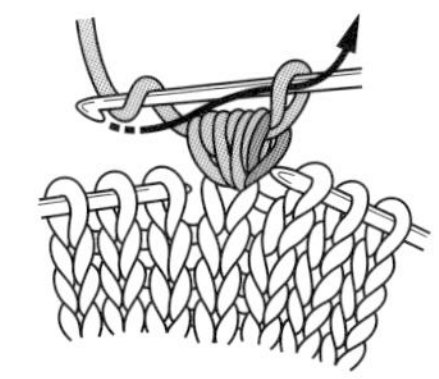

3 在钩针上挂线，再一次按照箭头的方向引拔拉出，收紧针目。

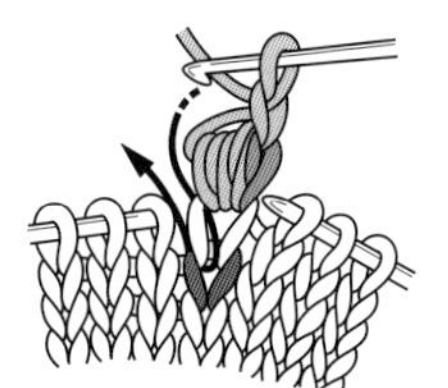

4 将钩针按照箭头方向，从反面插入上 1 行对应针目的上半弧中，将该针目拉出，移回右棒针。

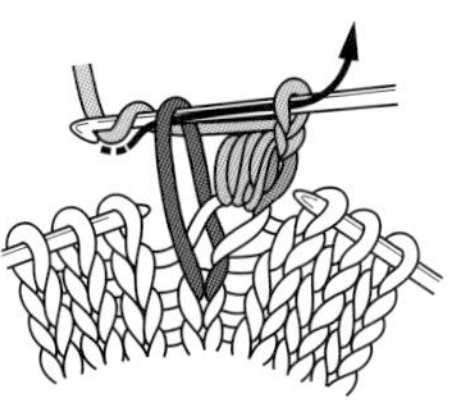

5 在钩针上挂线，从 2 个线圈中一次性引拔拉出，移回右棒针。

Photographers：NORIAKI MORIYA
Original Japanese edition published in Japan by NIHON VOGUE Corp.
Simplified Chinese translation rights arranged with BEIJING BAOKU INTERNATIONAL CULTURAL DEVELOPMENT Co., Ltd.

备案号：豫著许可备字-2015-A-00000515

志田瞳

出生在日本青森县，成长在琦玉县
1980年开始学习手工编织
1990年在原宿Ikat第一次举办个人作品展，随后在出版社等企业工作
1996年开始出版《志田瞳优美花样毛衫编织》系列
2001~2002年在宝库学园手编教室担任讲师
2005年出版《志田瞳经典编织花样250例》
2009年开始出版《志田瞳优美花样毛衫编织 春夏》系列
2012年出版《志田瞳优美花样毛衫编织17》
开始在中国出版《志田瞳优美花样毛衫编织》系列
在美国、英国的编织杂志中发表作品
2013年出版《志田瞳优美花样毛衫编织 春夏 5 》
（中文版名称为：《志田瞳优美花样毛衫编织 2：优雅的镂空花样》，下同）
在英国的编织杂志中发表作品
出版《志田瞳优美花样毛衫编织18》
（《志田瞳优美花样毛衫编织 1 》）
2014年出版《志田瞳优美花样毛衫编织 春夏 6 》
（《志田瞳优美花样毛衫编织 3：美丽的镂空花样》）
在中国上海举办讲座
出版《志田瞳优美花样毛衫编织19》
（《志田瞳优美花样毛衫编织 4：缤纷的创意花样》）
2015年出版《志田瞳优美花样毛衫编织 春夏 7 》
（《志田瞳优美花样毛衫编织 5：缤纷的镂空花样》）
出版《志田瞳优美花样毛衫编织20》
（《志田瞳优美花样毛衫编织 6：华美的编织花样》）
出版《优美花样毛衫编织 棒针编织花样集260》
（《志田瞳最新棒针编织花样260》2016年出版）

图书在版编目(CIP)数据

志田瞳最新棒针编织花样260/（日）志田瞳著；风随影动译. —郑州：河南科学技术出版社，2016. 4（2022.1重印）
ISBN 978-7-5349-7229-4

Ⅰ.①志… Ⅱ.①志… ②风… Ⅲ.①棒针－绒线－编织－图集 Ⅳ.①TS935.522-64

中国版本图书馆CIP数据核字（2016）第051180号

出版发行：河南科学技术出版社
地址：郑州市郑东新区祥盛街27号　邮编：450016
电话：（0371）65737028　65788613
网址：www.hnstp.cn
策划编辑：刘　欣
责任编辑：刘　欣
责任校对：张小玲
封面设计：张　伟
责任印制：张艳芳
印　　刷：河南新达彩印有限公司
经　　销：全国新华书店
幅面尺寸：210 mm × 297 mm　印张：8.5　字数：120千字
版　　次：2016年4月第1版　2022年1月第7次印刷
定　　价：49.00元